U0171810

/周毅翻糖教室/

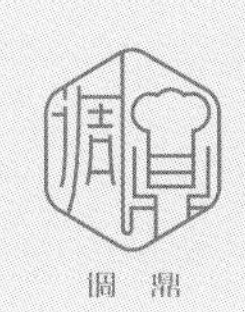

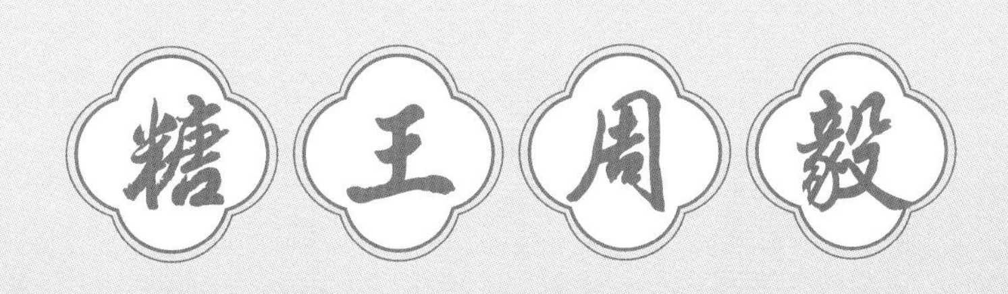

翻糖蛋糕之卡通集

周毅　主编

副主编◎徐寅峰　陈　龙　戴　伟　谢　玮　唐佳丽　王　黎

参　编◎龙群华　陈晓军　熊华涌　周启伟　马瑞玲

翻转吧，甜蜜的事业，甜蜜的生活！

创造翻糖蛋糕的每分每秒都是甜蜜的，我希望大家看我的书也可以拥有相同的心境。

对我而言，制作翻糖蛋糕既是爱好也是事业，这种开心是不言而喻的。偶然的机会接触到翻糖，结果很快深陷其中不可自拔。从翻糖领域的小白到后来的世界冠军，这段人生既是我成长创业的历程，又是甜蜜生活的缩影，其中有梦想和欢笑，有痛苦和泪水，还有我想传达的不拘自我的生活方式。

2017年11月，我参加了于英国举办的世界权威性翻糖蛋糕大赛“Cake International”，一举获得三金两铜的好成绩，并获得全场最高奖。因为刻画的服装、器物过于逼真，评委一直都在询问：这真的是用糖做的么？糖做的衣服为什么可以薄如蝉翼？在得到我们肯定的答复后连声惊呼：“Amazing！ Amazing！ Amazing！”

参赛前，我们在上海还有一个展会，参展结束后距离比赛还有5天，就在这5天里，我们通宵达旦地赶制作品，每天只能睡两三个小时。在这种高强度、精神高度集中的工作过后，我和伙伴们在登上去英国的飞机后即秒睡，一直睡到飞机落地。到达比赛现场，看到高手云集，有来自全世界的1500多个作品，心中很是忐忑不安。经过紧张激烈的评选，在宣布颁发全场最高奖时，作品《武则天》突然出现在大屏幕上，同时主持人激动地宣布获奖作品就是《武则天》。那一刻，我整个人是懵的，强烈的震撼令我怀疑自己出现了幻觉，直到现场所有的中国人都激动万分，纷纷望着我，簇拥着我走向颁奖台。我和现场的中国人一起高呼：“China！China！……”一些国外的粉丝和朋友，都过来祝贺我。

在2018年10月，我从全球候选人中胜出，获得了被誉为蛋糕界的奥斯卡奖——Cake Masters（蛋糕大师组织）全球提名！拿到了国际人偶蛋糕最佳设计师奖（Modelling Excellence Award），同时摘得2018年年度国际翻糖蛋糕设计全场最高艺术家奖（Cake Artist of the Year）的桂冠。我成为在这样权威的国际比赛中两次被授予全场最高奖的中国人，再一次为祖国捧回荣誉。当天晚宴上，英国爵士率先起立为我们鼓掌，其后上千名来自全世界的最顶尖的蛋糕师们纷纷起立为我们鼓掌欢呼。我们再次让全世界看到璀璨的中国技艺、中国文化以及匠人匠心的创造力。

如果你也想进入这个甜蜜的世界，那么就从现在开始吧。学习，每天都是开始的最佳时机。欢迎关注我的微信公众号，让我们一起在这个甜蜜的世界度过甜蜜时分吧。

周　毅

微信扫一扫
线上课程学习

作者简介

周　毅

翻糖蛋糕大师、面塑大师、拉糖大师、食品雕刻大师、畅销书作者。

2017 年，糖王周毅带领团队，参加了在英国举办的世界权威性翻糖蛋糕大赛（Cake International），摘得三金两铜，其中作品《武则天》获全场最高奖。

2018年10月，周毅获得了被誉为蛋糕界的奥斯卡奖——Cake Masters（蛋糕大师组织）全球提名！从全球10万多名候选人中脱颖而出，拿到了国际人偶蛋糕最佳设计师奖（Modelling Excellence Award），同时摘得2018年年度国际翻糖蛋糕设计全场最高艺术家奖（Cake Artist of the Year）的桂冠。

人民网、英国BBC、CCTV4-中文国际、北京青年报、腾讯新闻、今日头条、环球时报、中国新闻网、梨视频、二更视频等各大媒体争相采访报道。受邀参加了《快乐大本营》《天天向上》《中国梦想秀》《有请主角儿》《过年七天乐》《端午正风华》《行走苏城》等节目。

戴　伟

这个时代，谁在改变世界？除了天才，还有偏执狂。我是戴伟，介于两者之间。

我出生于顶厨世家，父亲是中餐厨师，但我却对西点情有独钟，因为它承载了人们对食物最原始的甜蜜幻想。我想把这份甜蜜愉悦的感受带给更多人，所以从 2009 年开始西点造型的学习之路。从食物雕刻开始，每天练习超过 9 小时，以近乎偏执的精神，成就了今天娴熟的拉糖、翻糖技术。

法国西点大师 Jean-Francois Arnaud 先生曾说过，用美好的食物给人们带来愉悦，是从事这份职业的初衷，而我也非常享受制作的过程。将简单的材料把玩于股掌之间，稍作构思，便像画家泼墨一般在案板上行云流水，幻化出一个个精妙的造型，食物也像被赋予了生命一般，带着我的巧思走进每个人的口中、心中。

谢　玮

仙妮贝儿创始人，仙妮贝儿是 SK 糖王学院战略合作单位。接触到翻糖这个行业只有短短 10 年，但对我来说，糖是陪伴我成长的玩伴。祖父和父亲是家乡传统糕点传承人，幼时的我和家人一起生活在父亲的工坊中，那是一个充满香味和甜蜜的世界，麦芽糖和面粉混合在一起就是我童年的玩具泥，对于忙碌的家人来说，不用担心误食。从小的耳濡目染让我对烘焙产生了浓厚的兴趣。在接触到翻糖这种从国外引进的技术时，我经仔细研究发现产品结构竟然和幼时父亲做的手工泥十分相似，欣喜的我投入了很多精力改善提升翻糖原料的品质，机缘巧合下创立了仙妮贝儿翻糖公司。本着对烘焙事业的热爱，用心做好每一份原料。

唐佳丽

爱美是每个女孩的天性，而我不仅爱美，更爱创造美好的事物。接触翻糖行业之前，我就喜欢画画，画一些美好的事物。当遇到翻糖时，我惊奇地发现美丽的事物可以通过双手，从平面转成立体，在蛋糕上用各种工艺塑造出不一样的状态，比如用糖霜做出高贵烦琐的蕾丝，用干佩斯做出惟妙惟肖的花朵、造型各异的人偶等，翻糖能搭建出各类梦幻的场景。因为热爱，所以专注。为了检验自己的技艺，我开始参加国内外翻糖比赛，在竞争中磨炼自己，也结识了很多志同道合的朋友，渐渐在行业中有了一定的知名度，开始教导学生。这不仅是手艺的延续，也是热爱的传承。

个人获得的荣誉：2015 年亚洲日本蛋糕展（Japan Cake Show）铜奖；2016 年香港国际婚礼蛋糕比赛金奖；2017 年英国国际蛋糕大赛（Cake International）皇室糖霜组金奖。

目录

工具介绍

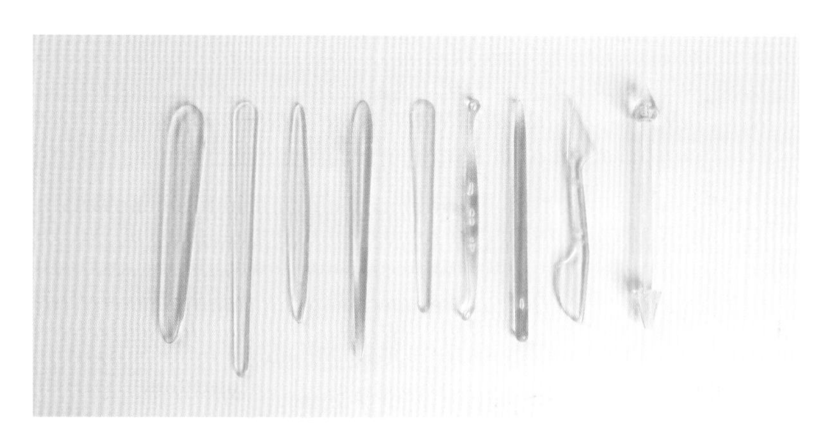

常用的工具 9 件套

主塑刀 3 件

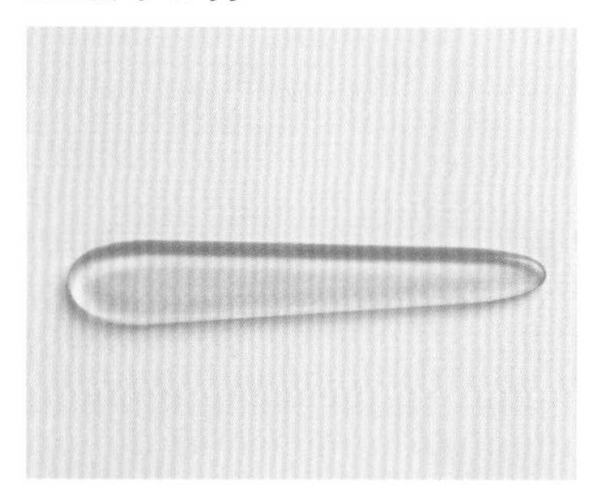

大号主塑刀

主要用于五官大体的塑型，以及一些大型的人物制作。正文中称“大号主刀”。

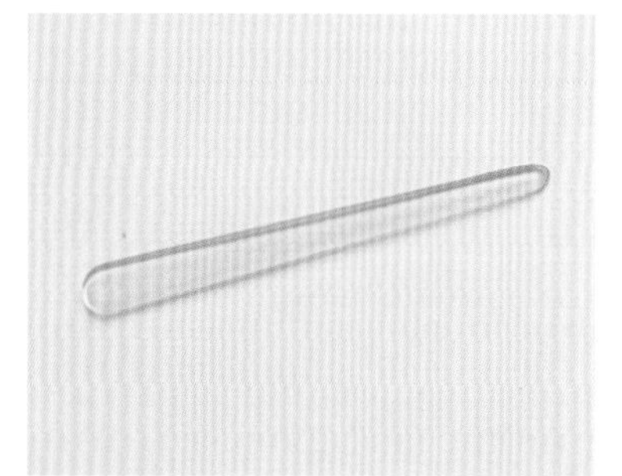

中号主塑刀

用于制作眼包、嘴唇等比较小的五官。正文中称“中号主刀”。

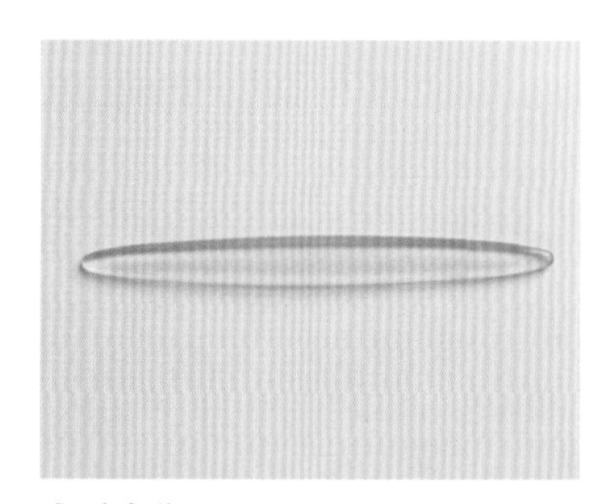

小号主塑刀

制作一些很小的人物头像或衣服褶皱等。正文中称“小号主刀”。

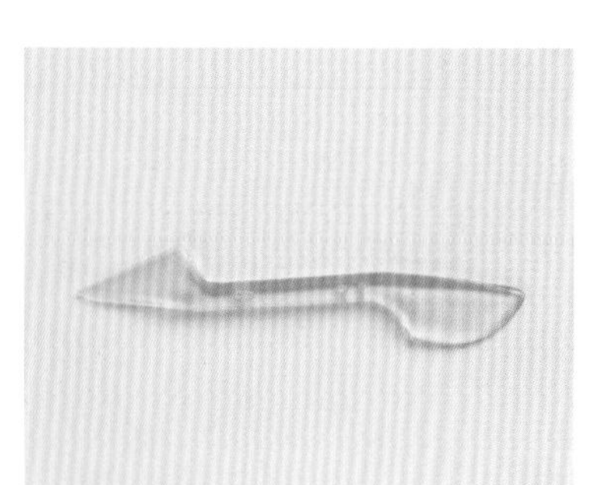

刀型棒

制作头发纹路、衣服纹路，裁一些衣服料。

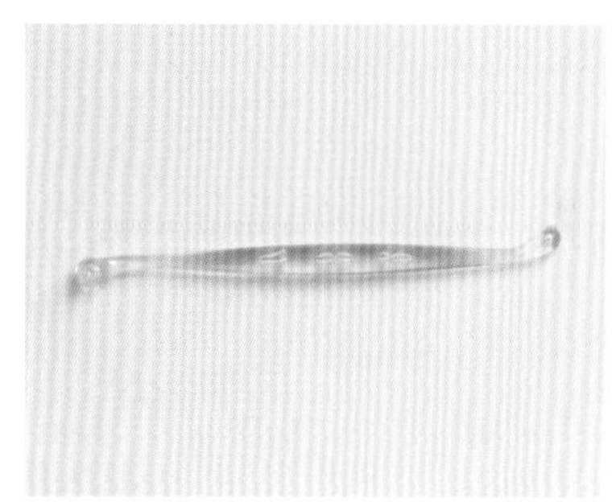

豆型棒

制作人物及卡通动物的眼窝，使眼睛更立体有型。

圆锥形塑型棒

制作花芯，捻花瓣等。

开眼刀

制作人物的眼睛、衣服、头发纹理等。

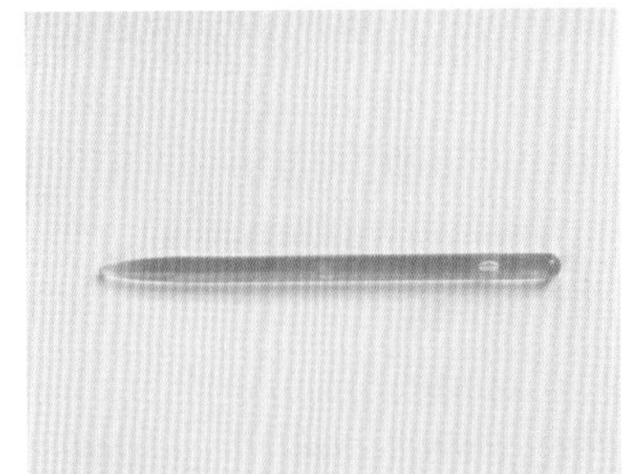

针型棒

固定头部，制作衣服褶边等。

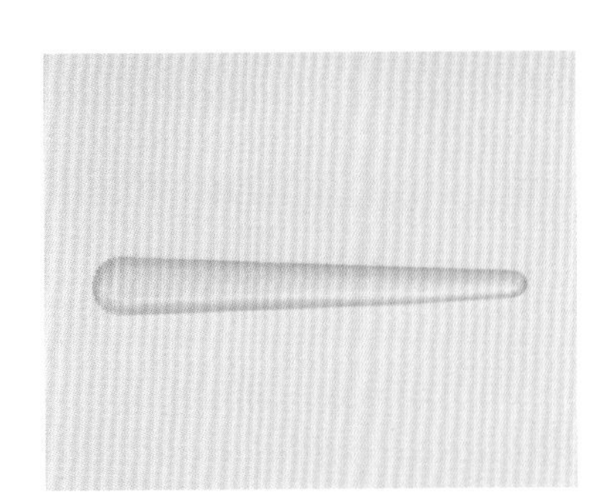

鳞型棒

制作头发纹理、贝壳花纹等。

其他工具

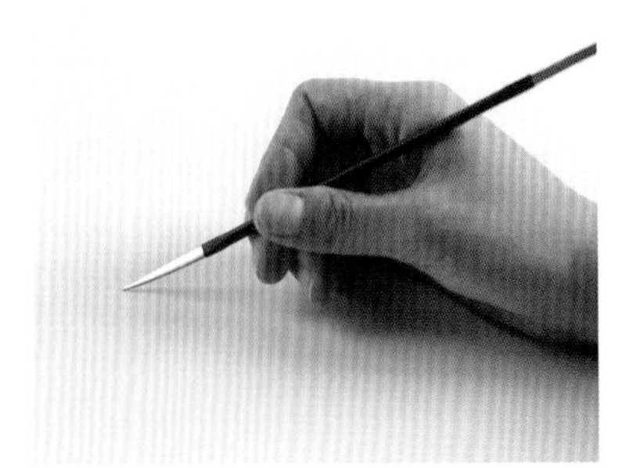

金属开眼刀

开嘴、开眼，辅助粘贴眼睫毛等。

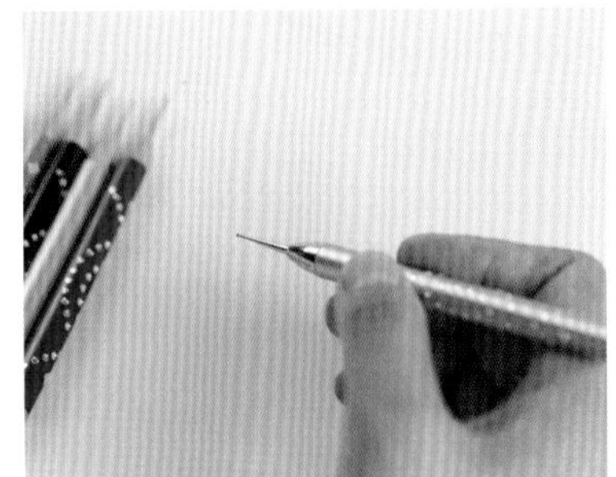

小球刀

人物五官定位、制作圆形纹理等。

大球刀

捻薄花瓣边缘、衣服边缘，制作一些大型的圆形纹理等。

镊子

镶嵌宝石、粘饰品等。

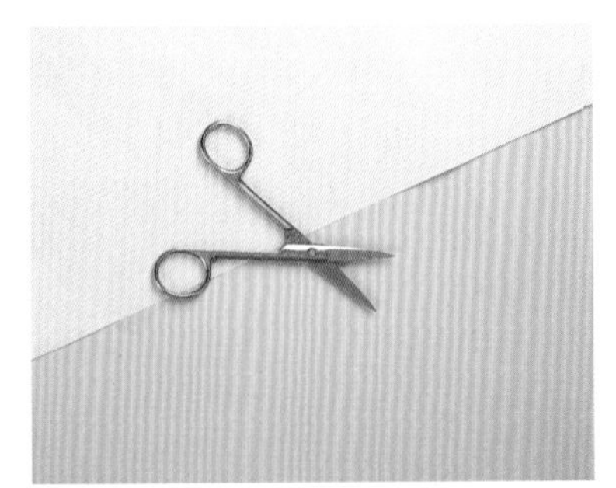

小剪刀

修剪手指、脚趾、头发、衣服等。

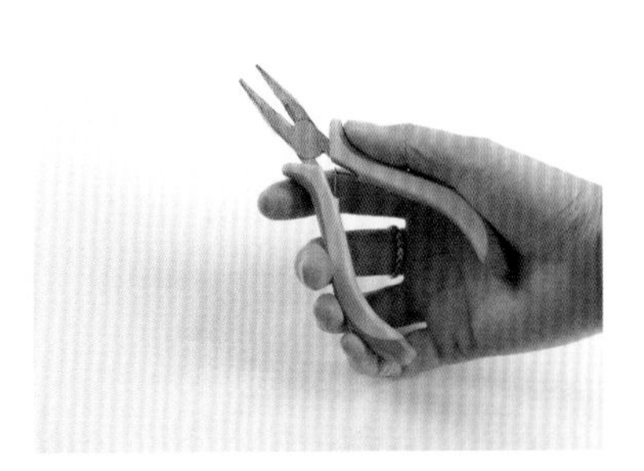

钳子

制作人物支架。

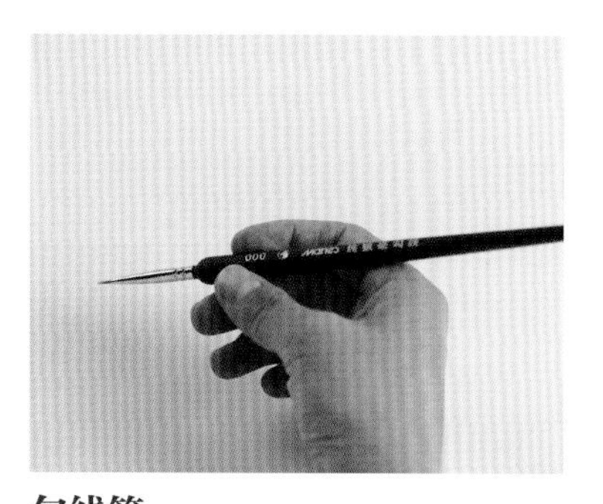

勾线笔

常用的是 000（正文中称 3 个 0）号、00000（正文中称 5 个 0）号勾线笔（0 越多越细），绘制面部妆容。

粉刷

面部及其他部分上色。

雕刻刀（美工刀）

裁剪衣服、鞋子等。

粉扑

防粘。

白油

在人偶制作过程中用于整体保湿。

食用胶水

粘东西。

食用胶水笔

装食用胶水。

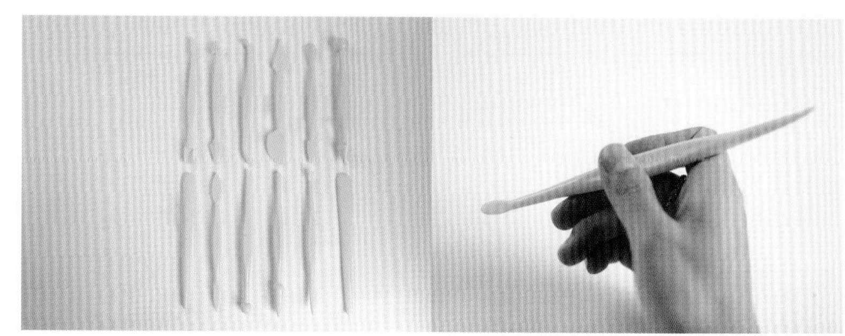

糖花造型工具 12 件套

制作蛋糕、人偶配件等。

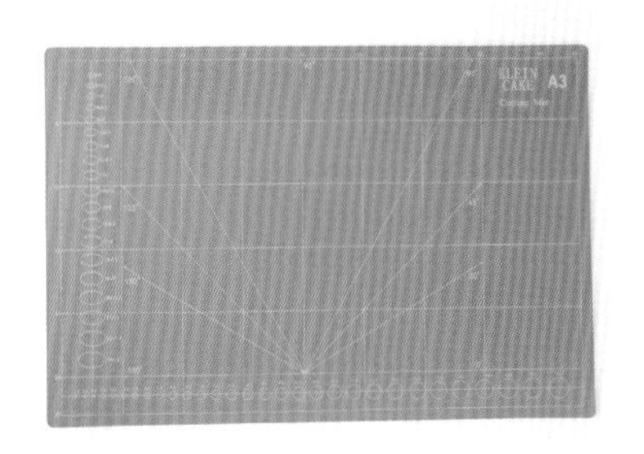

切割垫

可以在上面任意切割，保护桌面。

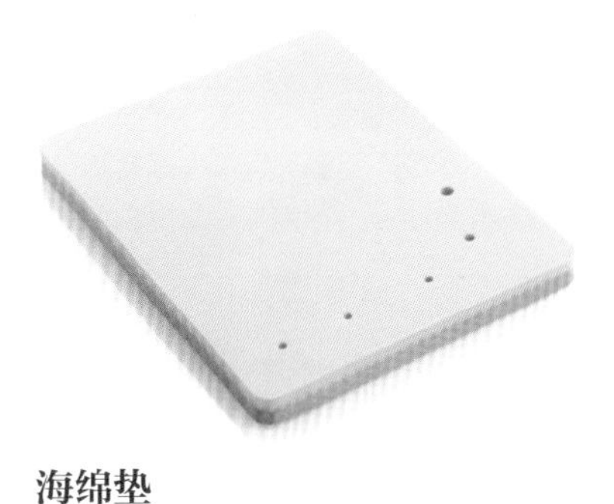

海绵垫

捻花瓣或各类花纹、褶皱等。

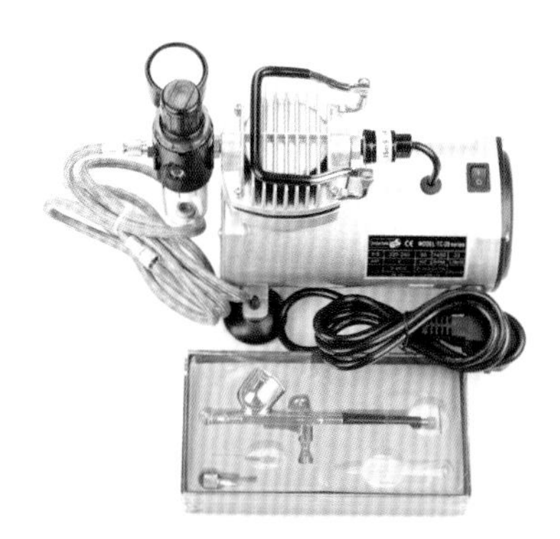

喷枪

给蛋糕、人物上色。

工具箱

放置各类工具、模具。

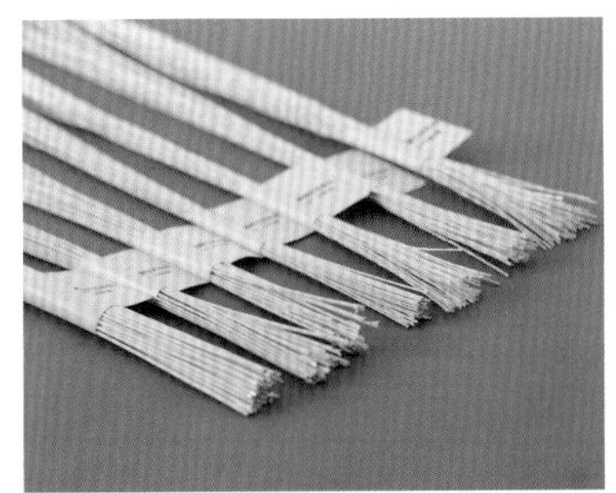

铁丝

制作身体支架、头发支架、衣服支架等（型号不同粗细也不同，号越大铁丝越细）。

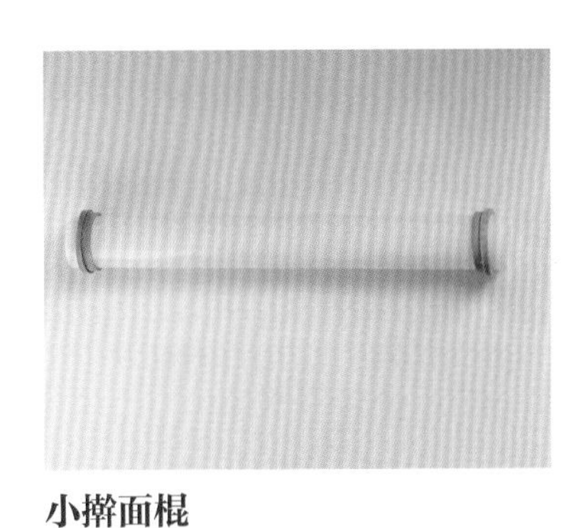

小擀面棍

擀薄一些做衣服或者鞋子等的翻糖皮。

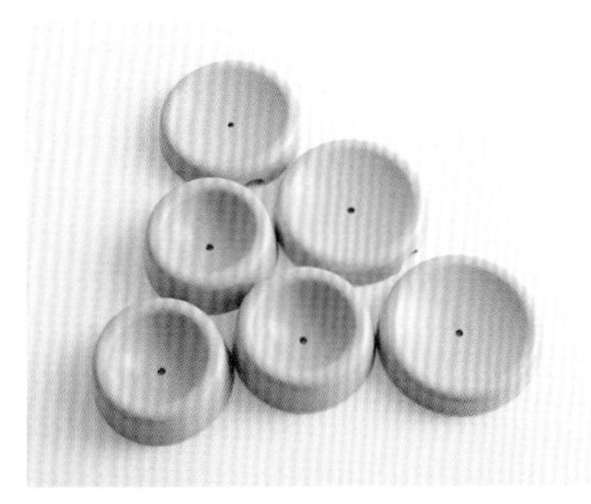

凹形工具

放置制作的头部，使其不易变形，也可用于辅助花瓣定型等。

纸胶带

捆绑各类支架、花枝等。

原料介绍

翻糖膏

翻糖膏是用来做翻糖皮用的，质量好的翻糖膏颗粒细微，质地细腻，无颗粒感，延展性和定型性更佳，表面如丝绸般顺滑。拥有透明度高、色泽洁白、高延展性、手感扎实等特点。保湿性强，包面时不易出现破口、褶皱，可以反复使用，容易操作，因此初学者也更易上手。使用范围极广，在制作欧式布纹和窗帘时效果极佳。

奶香味翻糖膏

奶香味翻糖膏与普通翻糖膏最大的不同点就在于它的口感，入口一股纯正的奶香味在口腔中徘徊，口感更好，味道更纯正。

高质量的奶香味翻糖膏具有高保湿、手感细腻、操作性强等优点，蛋糕制作好以后 2 天内不会有干掉的情况出现，会一直保持柔软，保证顾客吃蛋糕时表皮依旧是刚做好的口感。

花卉干佩斯

花卉干佩斯是一种延展性强、定型快、干燥时间短的翻糖原料，能够制作出生动精细的花枝叶脉、花瓣纹路。用花卉干佩斯制作出来的糖花造型生动逼真，花瓣轻薄、透光性强，整体效果更好。

好的花卉干佩斯选用轻微保湿性原材料，使得干燥时间延长但又不会影响作品的定型效果，更适合制作一些精细的小物件，不会在操作过程中很快出现干裂、死痕等情况。制作花瓣时可以一次性多擀出5~10瓣备用，提高工作效率的同时不影响成品效果，所以就算初学者也能做出精美的糖花。

人偶干佩斯

人偶干佩斯是根据现代翻糖使用情况而衍生出的一种新产品。与花卉干佩斯一样，人偶干佩斯的出现就是为了让大家在制作人偶时更好上手。其表面细腻光滑，干燥慢，定型快，不粘手，适合刻画人物的五官及一些精巧的位置，表现皮肤细腻的质感。干燥速度慢可以让我们拥有充足的时间操作，不用担心表面干裂，而在制作手臂、头发时就能体现出定型速度快的好处了，制作好的部件摆放在边上 5 分钟就开始变硬，方便操作。

柔瓷干佩斯

新一代的柔瓷干佩斯和传统材料相比，在柔韧性、保湿性、透光性等特性上显著提升。这种柔瓷干佩斯做好的仿真花卉，花瓣柔软、纹路清晰、不易破损，与真花一般无二。也同样因为柔瓷的优点，在制作仿真人物的服饰时，柔韧性好，不易破损，透明度高，使得服饰更通透，仿真度高。柔软度高使得材料可以反复操作折叠，不会因为材料干燥发愁，对于人物服饰的制作绝对是一大助力。

糖牌干佩斯

糖牌干佩斯能防潮，适合做所有配件类产品，如小公仔、装饰花卉、糖牌、半立体配件等，可在奶油蛋糕、甜品、冰淇淋上当装饰使用。手感细腻扎实，不粘手、不粘桌子、不粘工具，脱模容易，质地柔软好操作，干燥后防潮效果极佳。

即时蕾丝膏

即时蕾丝膏是代替传统蕾丝粉的新型产品，不仅价格更便宜，而且省去了中间等待脱模的时间，即刮即用。色泽洁白，可以调配任何想要的颜色，延展性极佳，在取模时不会发生断裂的情况。手感更加柔软，在刮蕾丝时更省力，现在就算是女生也能轻易刮得动。

蕾丝酱料

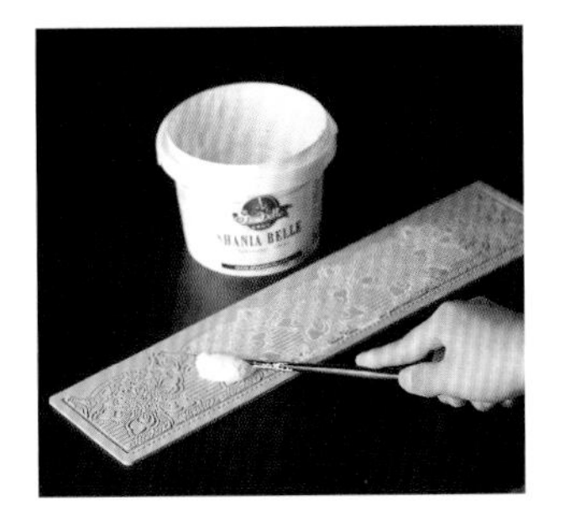

蕾丝酱料进入大家的视线只有短短的一年时间，现在还有很多朋友不知道它，绚丽的金色和银色是它的主色调，刮在蕾丝垫上烘烤10分钟即可出品，免去了制作金银色产品时涂抹金粉的麻烦。一款翻糖蛋糕包面后只围上轻盈的蕾丝就可以销售了，为蛋糕增添几分高贵典雅的气质，既降低了时间和原料成本，又提升了档次。

高浓度色素

高浓度色素全系 48 色，选用进口原料调配，颜色种类齐全，着色能力强，色彩饱和度高，不易褪色。适用于为各类烘焙、甜点、巧克力、糖果等产品调色，为其增添靓丽的色彩。

天然色素

天然色素全系 9 色，成分天然，安全健康，添加量使用限制低。在大众理念趋于健康的现状下，天然色素的非合成、安全、健康等特点无疑会让产品更受欢迎。

花仙子

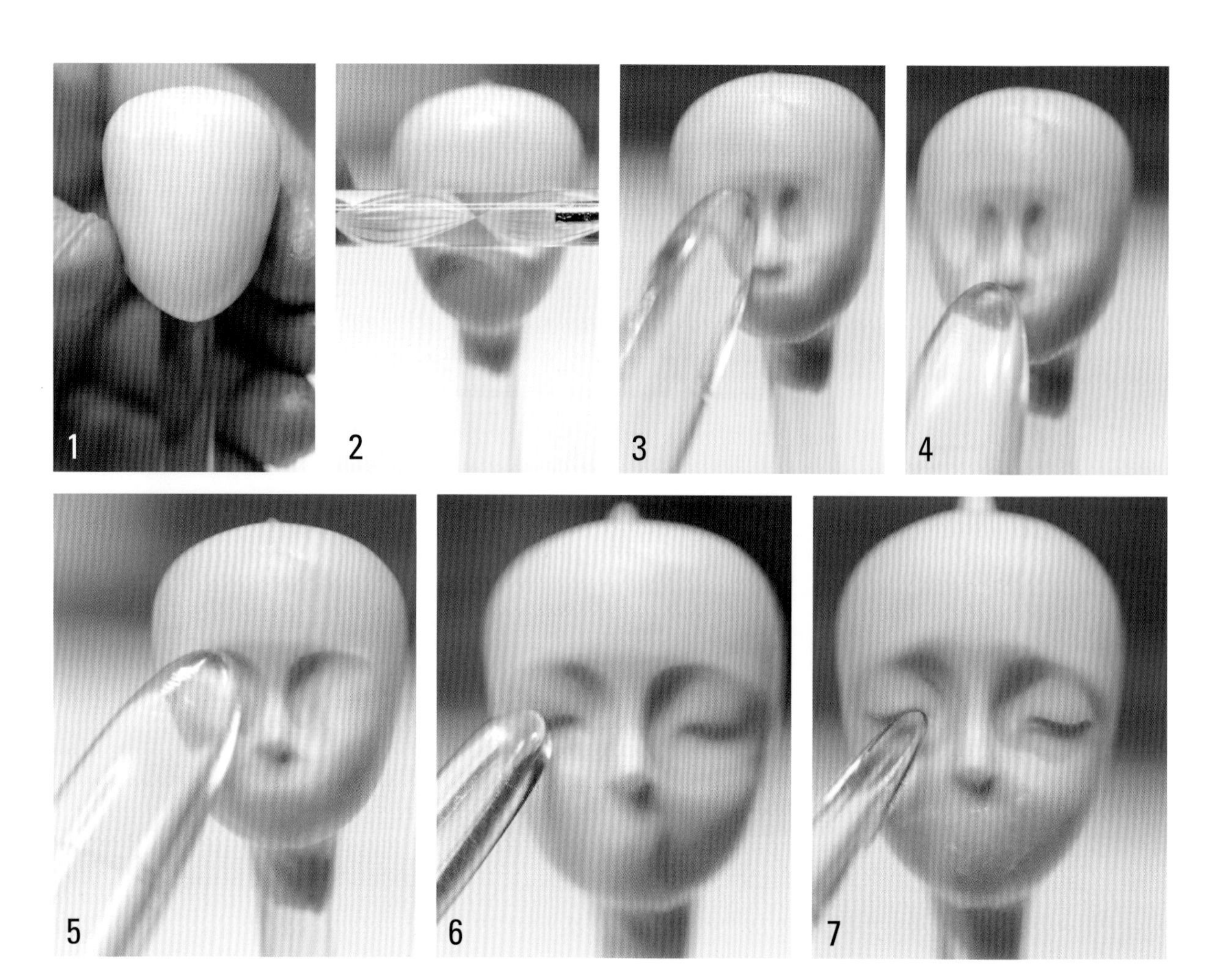

1 取一块肤色翻糖反复折叠揉至表面光滑后捏出头型，固定在针型棒上。

2 小球刀压出眉骨的深度。

3 大号主刀压出鼻梁两侧的深度，定出鼻梁的宽度。

4 在中庭的位置定出鼻子的长度。

5 大号主刀向两侧延伸，做出眉骨。

6 中号主刀在眉骨与鼻尖之间高度的 1/2 处开始，向两侧做出眼包。

7 开眼刀平面朝上开出眼缝。

8 向上推出一点点下眼皮。

9 小球刀开出鼻孔。

10 小球刀定出嘴巴的宽度。

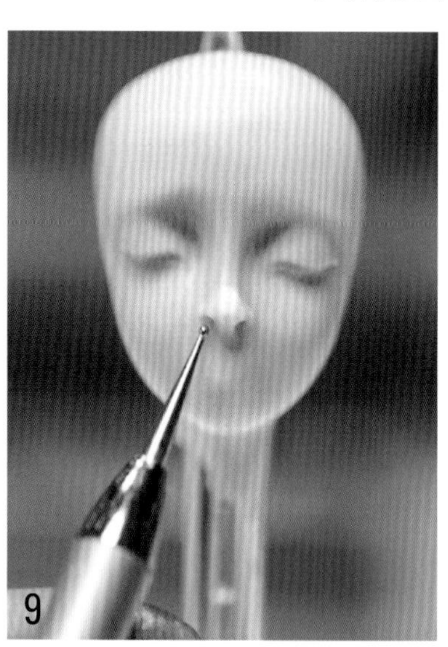

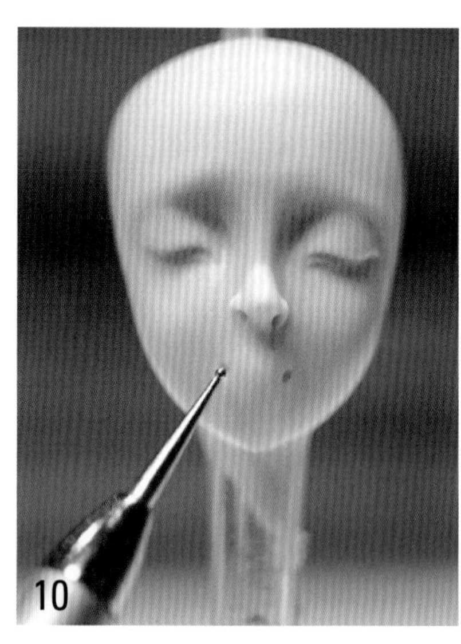

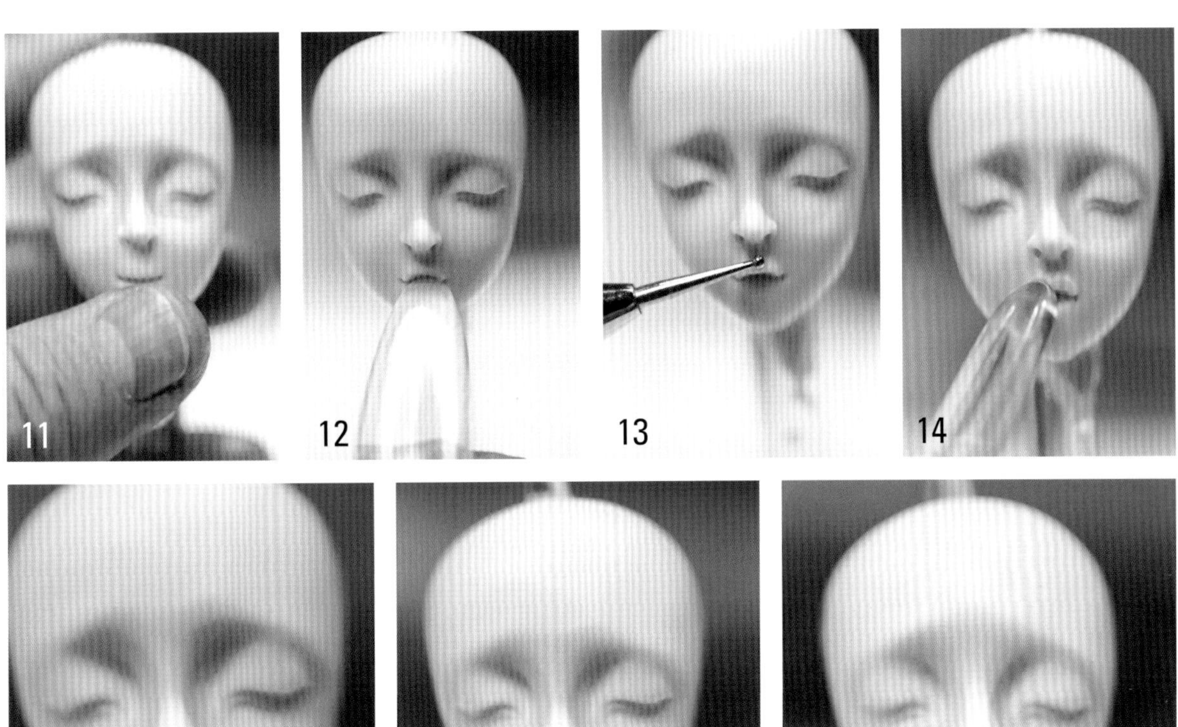

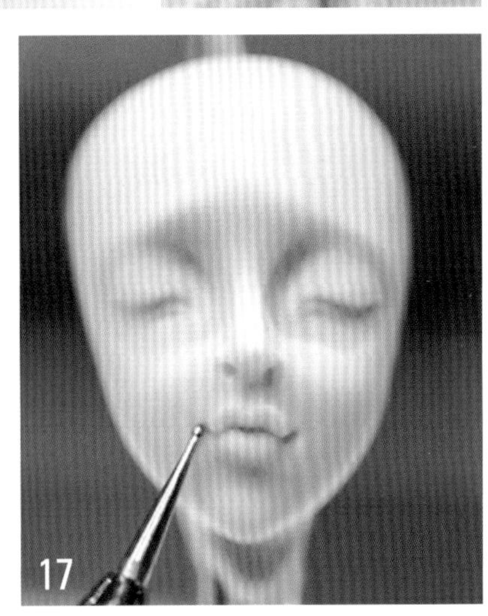

11　用手指把下嘴唇压低一点点。

12　开眼刀弧面朝上推出上嘴唇的弧度。

13　小球刀做出人中。

14　中号主刀向上推出上嘴唇。

15　中号主刀向上推出一定厚度的下嘴唇。

16　把下嘴唇两侧收进嘴角。

17　小球刀点出嘴角。

18　取黑色翻糖搓成细条贴在眼皮的缝隙处做成眼线，然后用 5 个 0 勾线笔画出下眼皮的睫毛。

19　画出双眼皮。

20　3 个 0 勾线笔沾咖啡色色粉刷出眉毛。

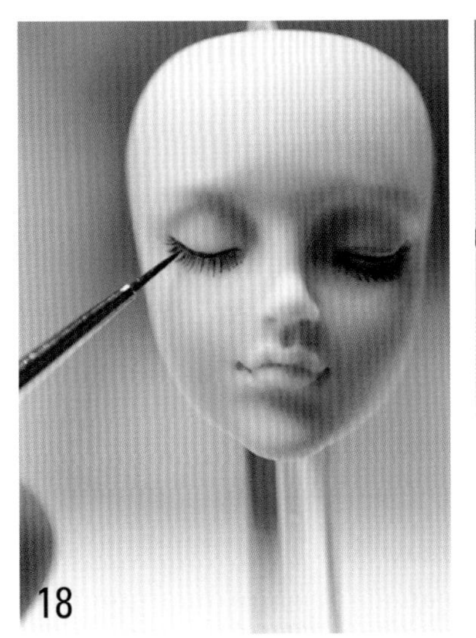

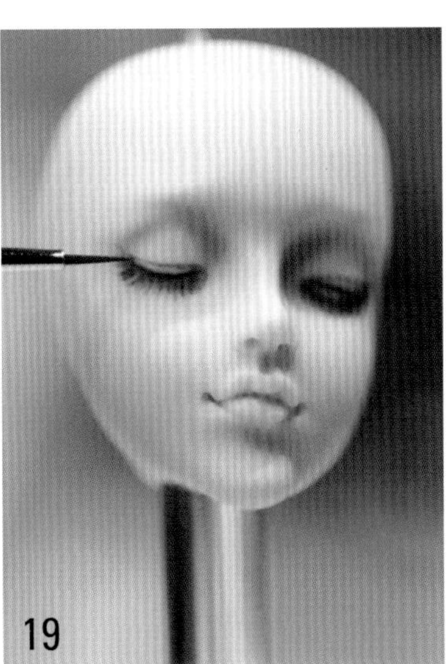

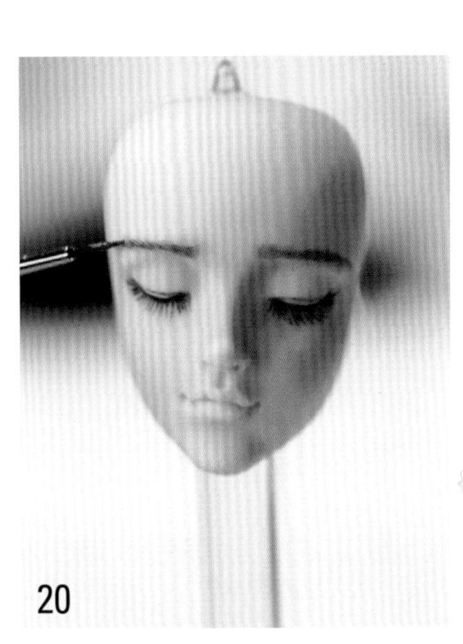

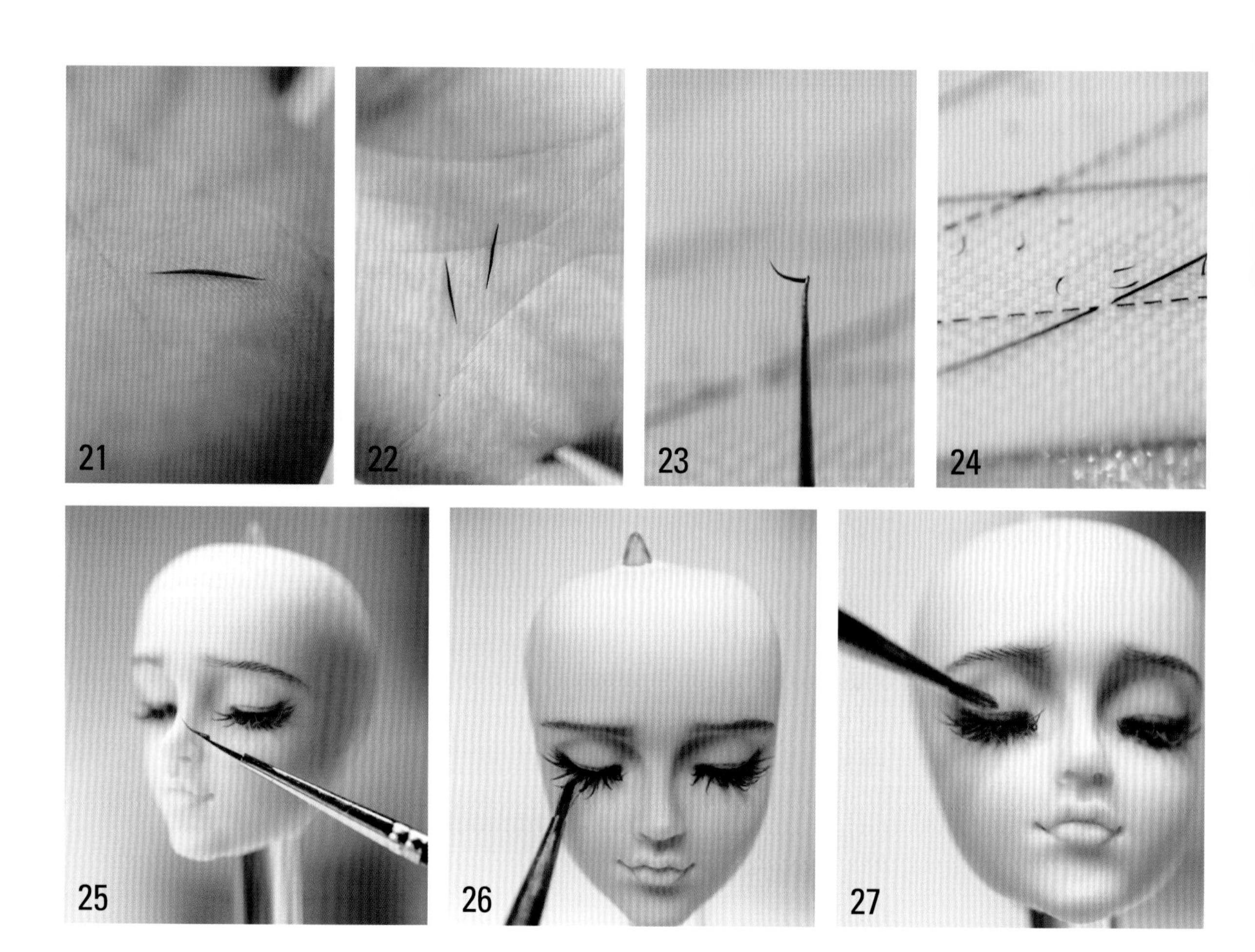

21 制出上眼皮的睫毛。黑色翻糖搓成细条。

22 同时搓两条，避免大小不一。

23 切出需要的尖端。

24 多准备一些眼睫毛。

25 在上眼皮粘上眼睫毛。

26 在眼眶处用 3 个 0 勾线笔刷粉色眼影。

27 上眼皮也需要刷上色粉。

28 眉毛靠近眉心的一端刷上一点点粉色形成渐变。

29 嘴唇刷上粉色口红，夹缝处的颜色刷得深一些。

30 刷上粉色腮红。

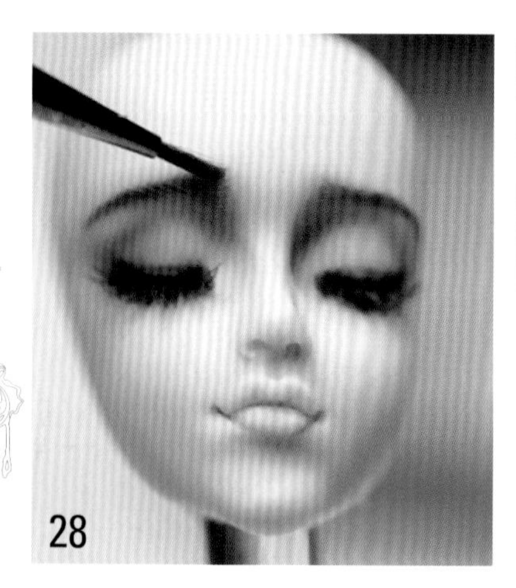

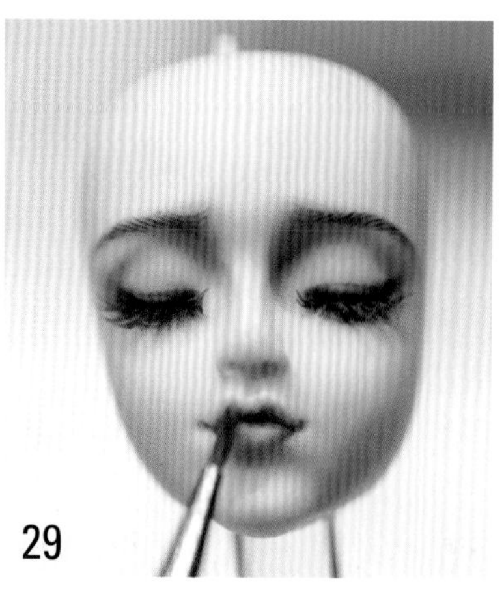

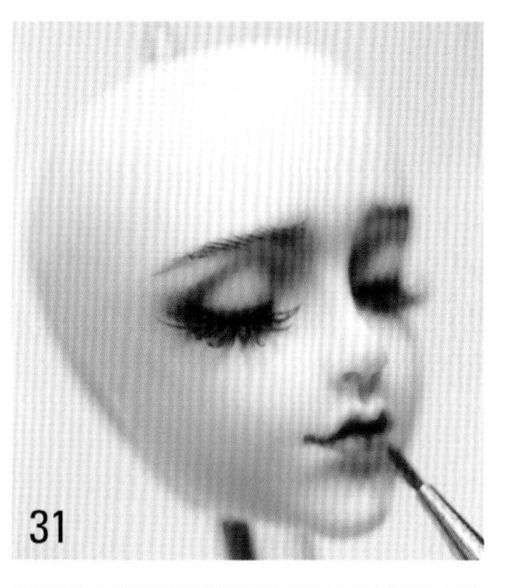

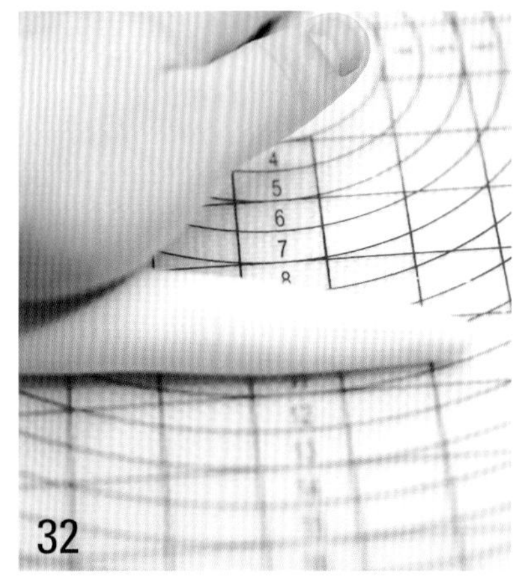

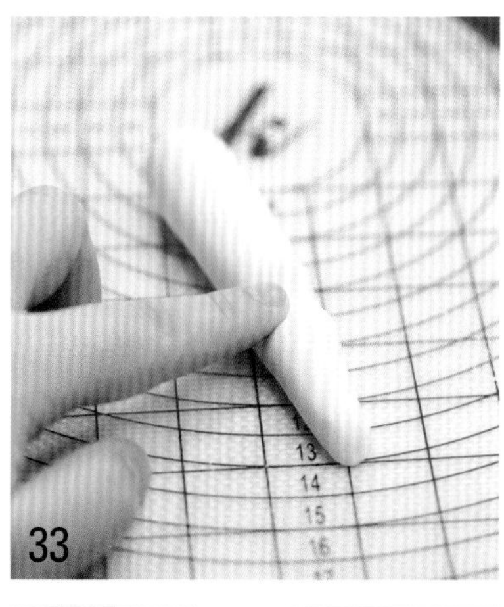

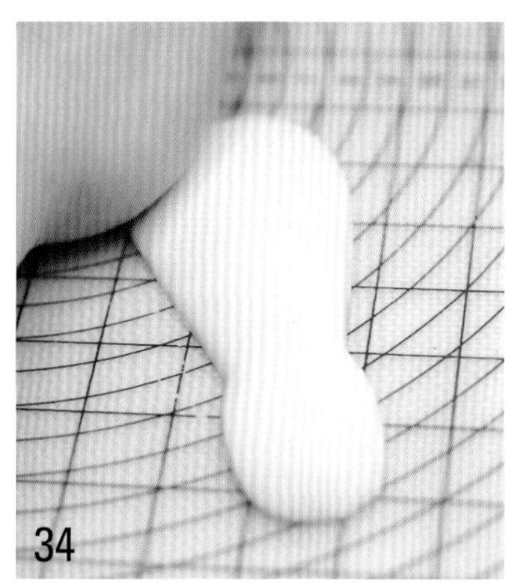

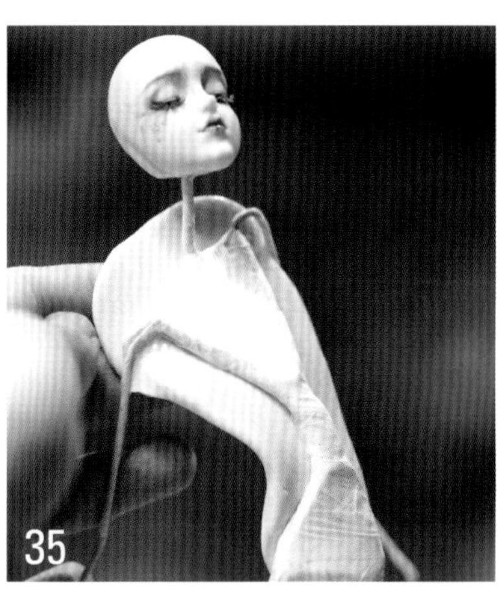

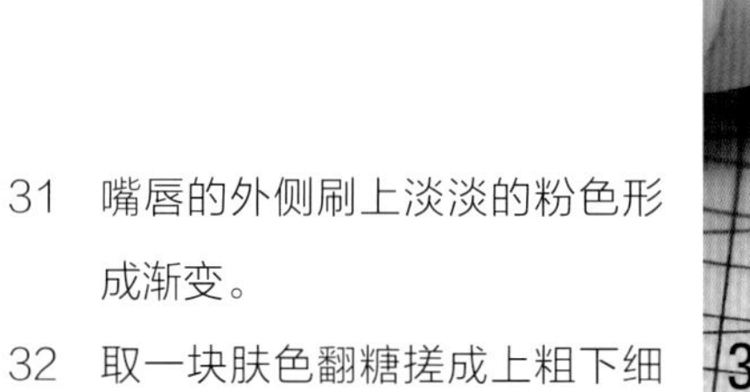

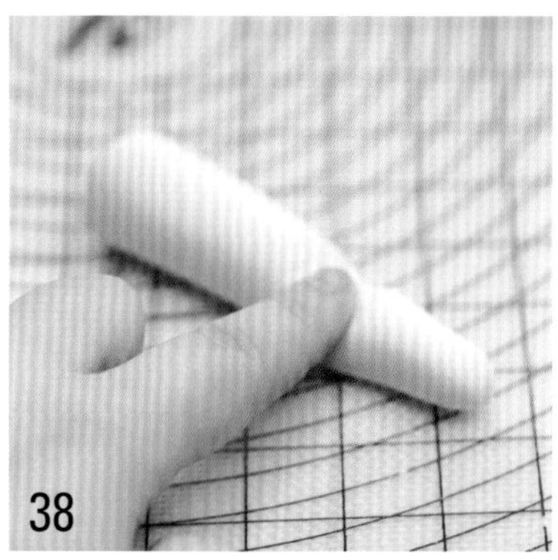

31　嘴唇的外侧刷上淡淡的粉色形成渐变。

32　取一块肤色翻糖搓成上粗下细的条，用作后背。

33　在腰的位置用手滚压出凹槽。

34　用手掌拍扁。

35　安装在人物后背的支架上。

36　首先固定肩膀两侧，向前粘在支架上。

37　制作人物正面。取一块肤色翻糖搓成条。

38　在腰的部分压出凹槽。

39　拍扁整块材料。

40　安装在人物前胸的支架上。

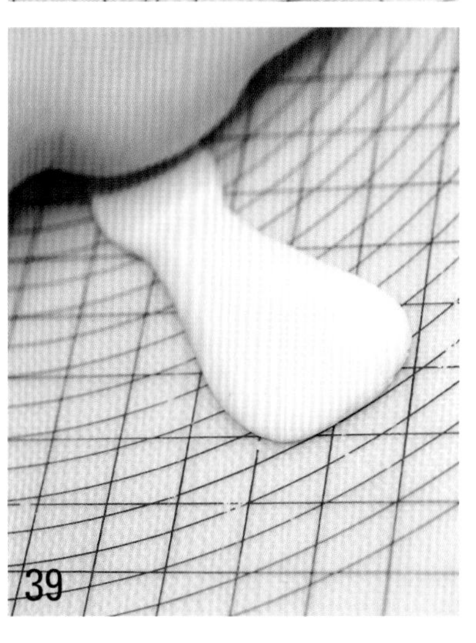

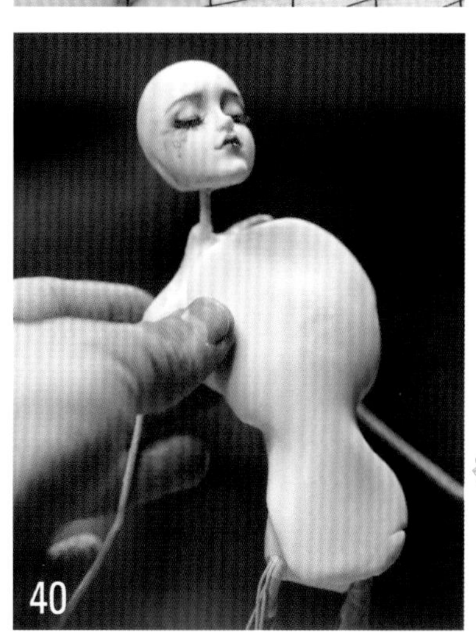

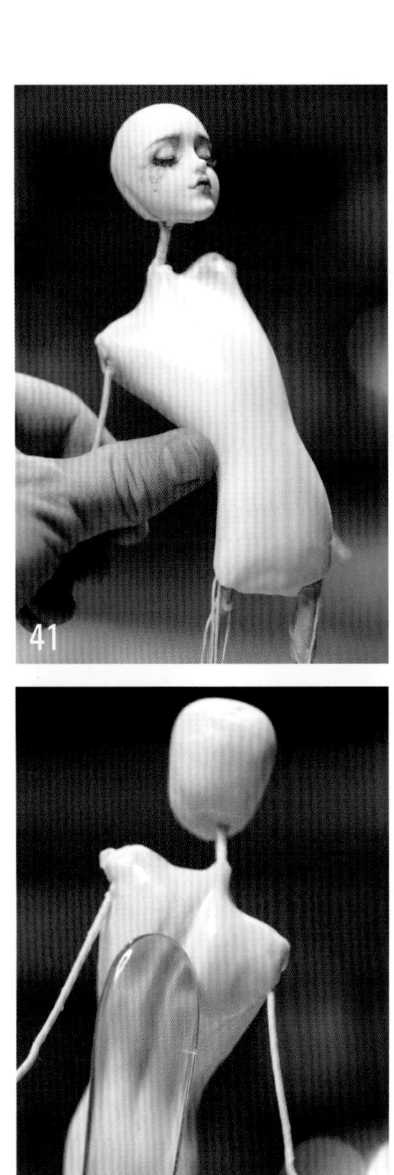

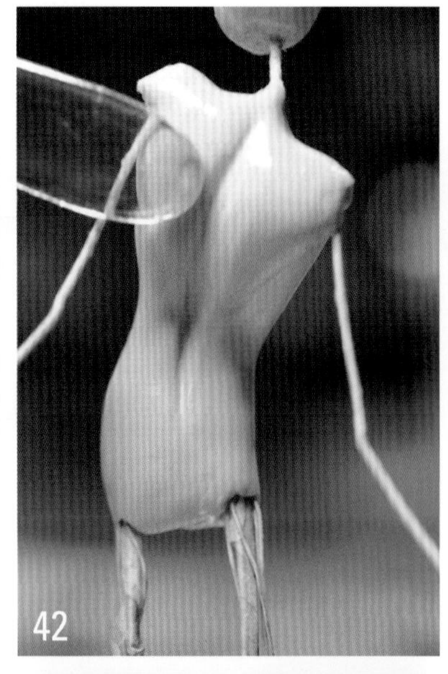

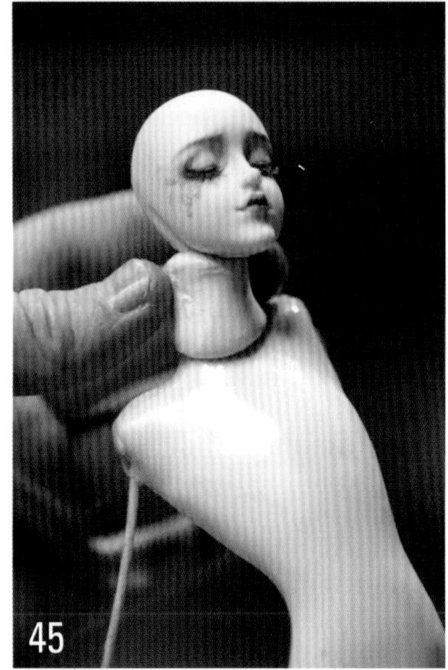

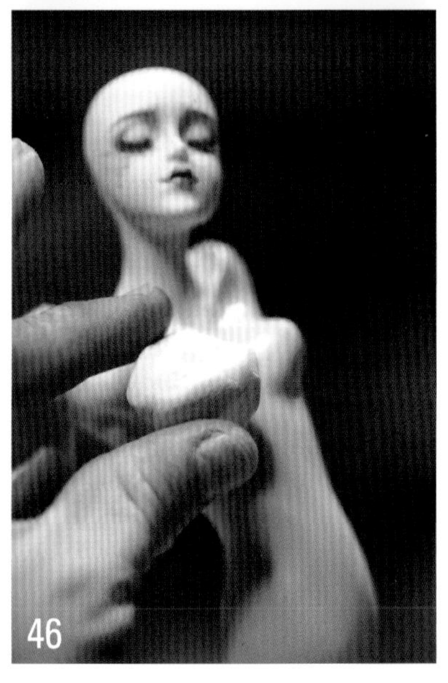

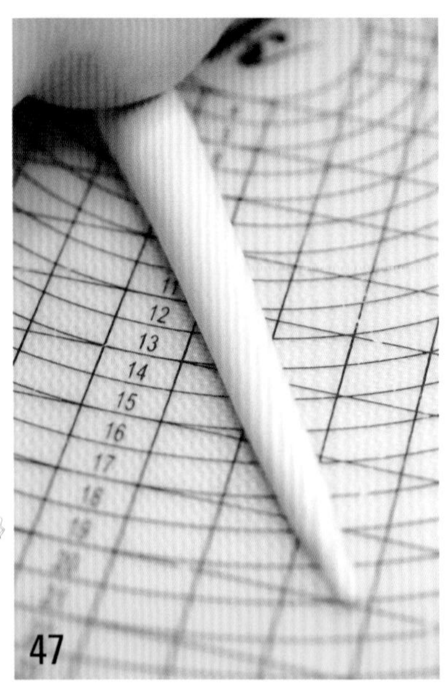

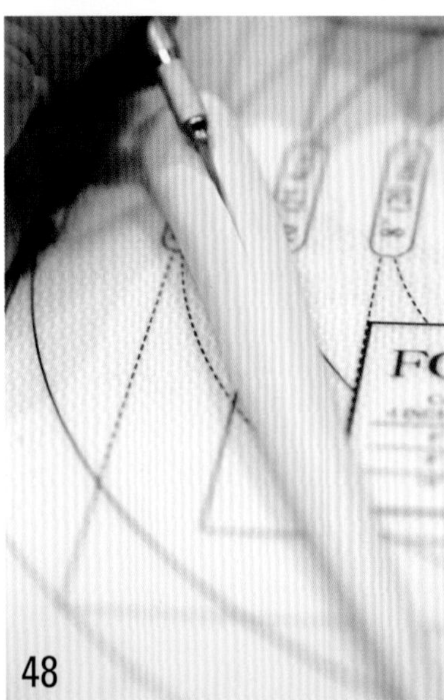

41　固定好肩膀后把腰两侧的材料向后贴合，抹平接口。

42　大号主刀在后背从上往下压出背脊线。

43　从上往两边延伸，制作出肩胛骨。

44　压出来的凹陷处有一些棱角，用大号主刀和手指抹圆滑一些。

45　另取一块肤色翻糖从前往后包裹在脖子的支架上，抹平接口。

46　取两块肤色翻糖制作胸部。

47　制作腿。取一块肤色翻糖搓成上粗下细的长条。

48　美工刀从后面切开一条缝。

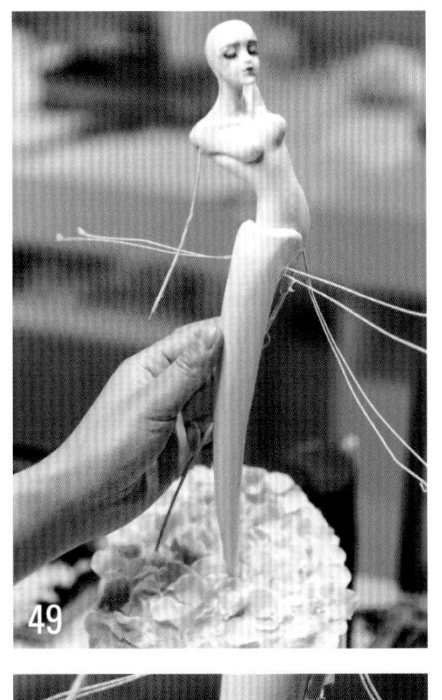

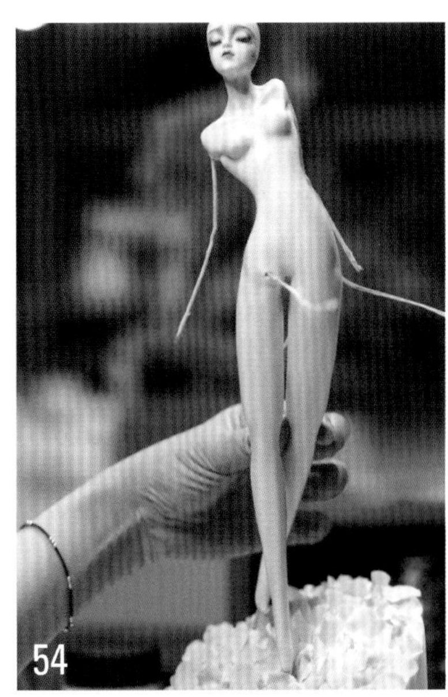

49　安装在腿部支架上。

50　捏出膝盖。

51　多余的翻糖全部向后收，用手捏紧。

52　美工刀切除多余的材料。

53　同样的方法制作出另外一条腿。

54　捏出膝盖。

55　把多余的材料向后捏。

56　切除另一条腿多余的材料。

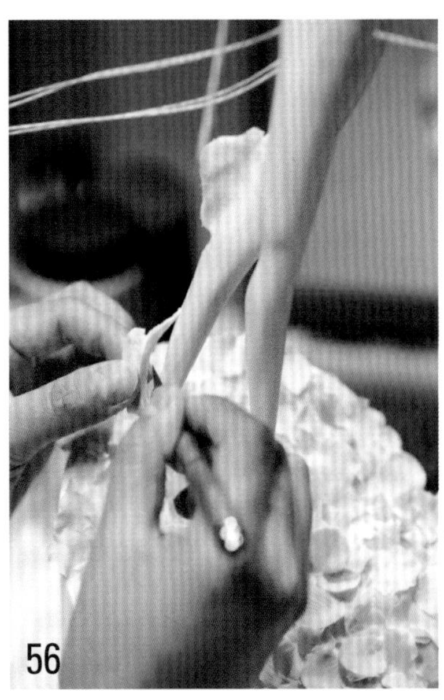

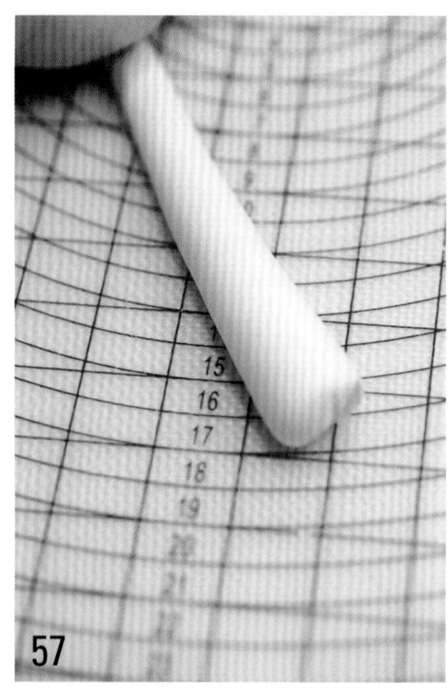

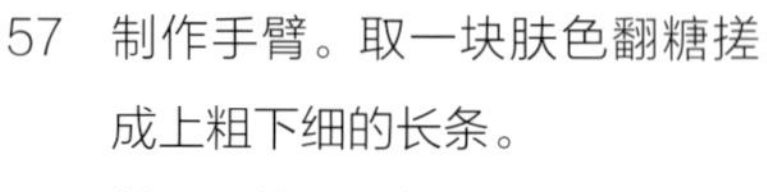

57　制作手臂。取一块肤色翻糖搓成上粗下细的长条。

58　美工刀从后面切开。

59　安装在手臂支架上。

60　抹平接口后，用大号主刀在胸的两侧做出腋下。

61　大号主刀在手臂内侧轻压两下，把不平整的地方抹光滑。

62　制作脚。取一块肤色翻糖搓成一端略尖的条。

63　把尖端拍扁。

64　捏出脚跟后方凹陷的深度。

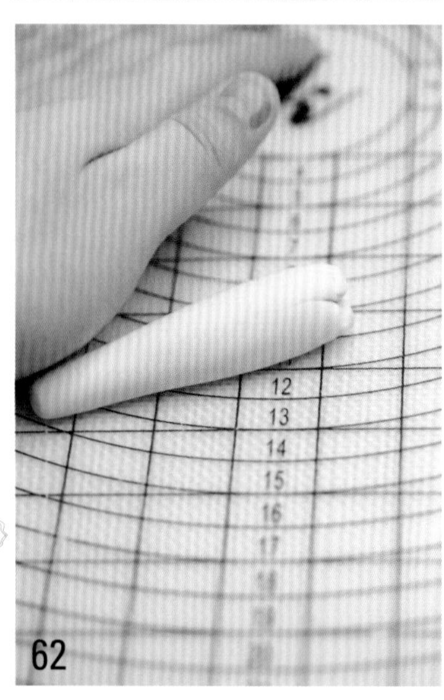

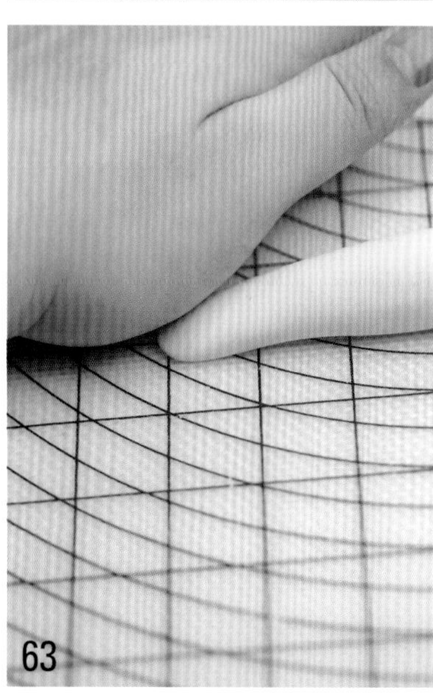

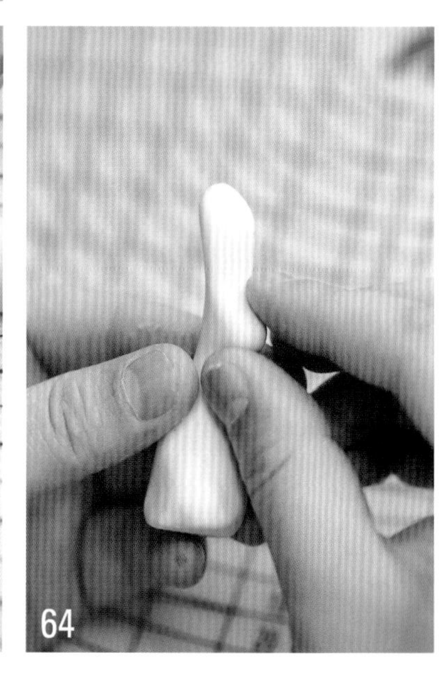

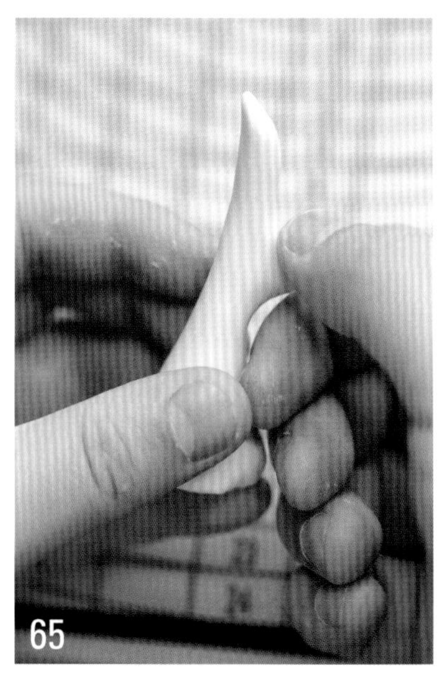

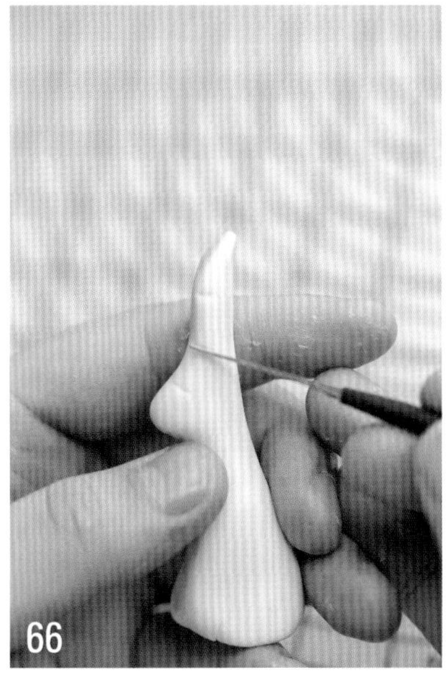

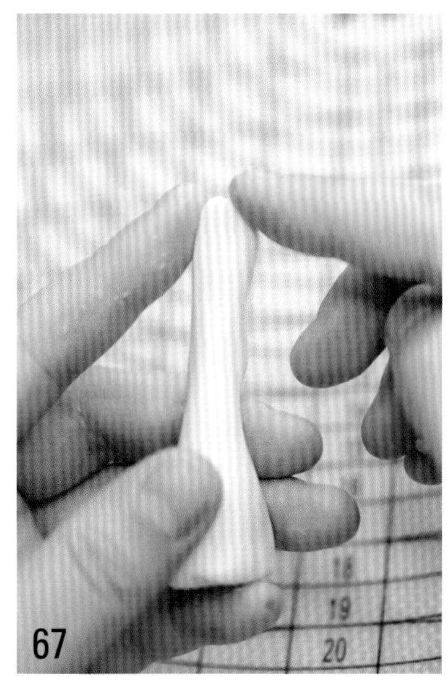

65　捏出足弓。

66　把整个脚平均分成四份并塑出高低。

67　做成右脚，大脚趾最长，并且在内侧。

68　金属开眼刀分出脚趾。

69　做出脚指甲。

70　把做好的脚安装在支架上，抹平接口。

71　同样的方法制作安装左脚。

72　另取一块肤色翻糖贴在臀部，抹光滑。

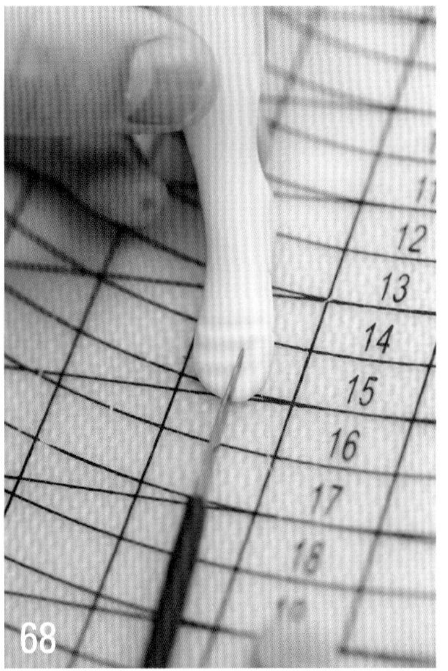

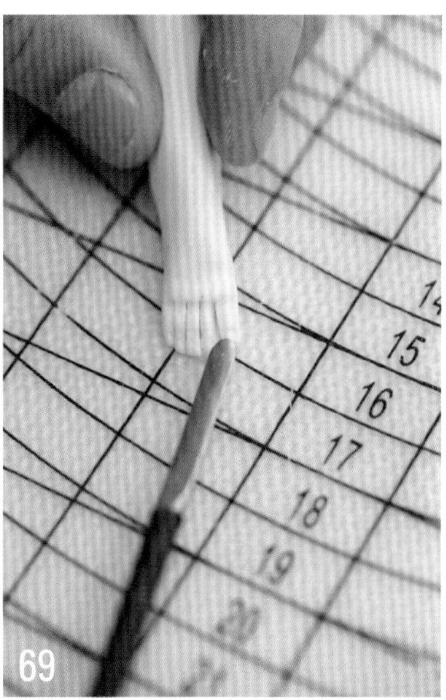

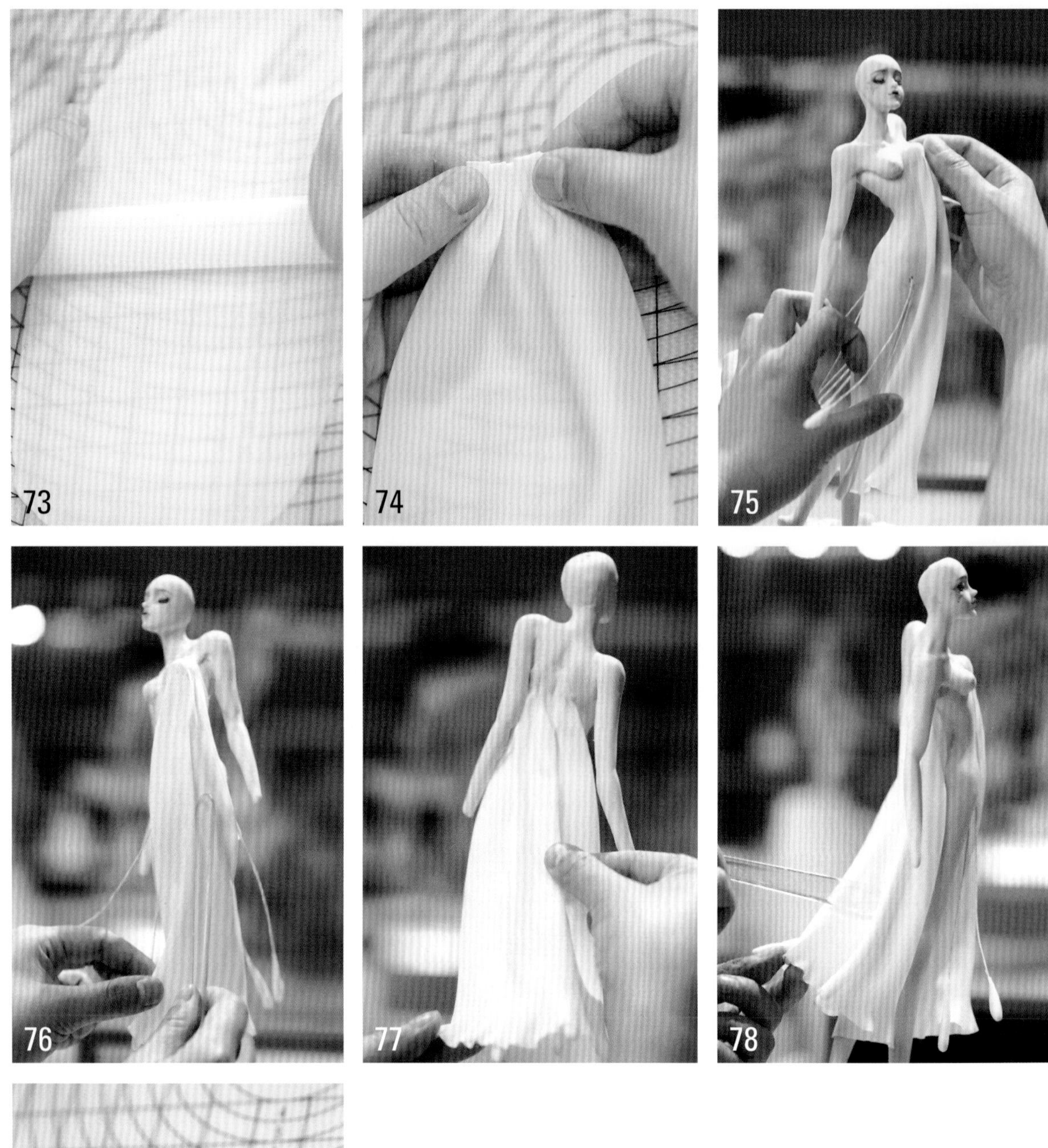

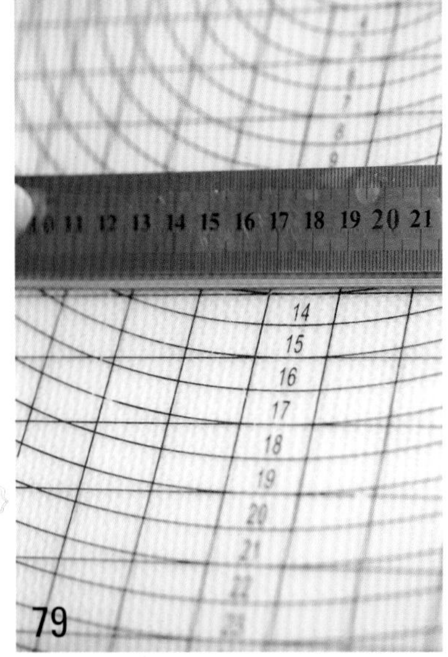

73 制作裙子。擀一片大一点的白色糖皮。

74 折叠糖皮上端。

75 折叠好的糖皮粘在胸部上方。

76 梳理裙子的褶皱后，将其余的材料搭在支架上。

77 另取一片白色糖皮折叠后贴在背部。

78 中号主刀梳理裙子的褶皱。

79 制作裙子的镶边。擀一片紫色糖皮，用钢尺压出纹理。

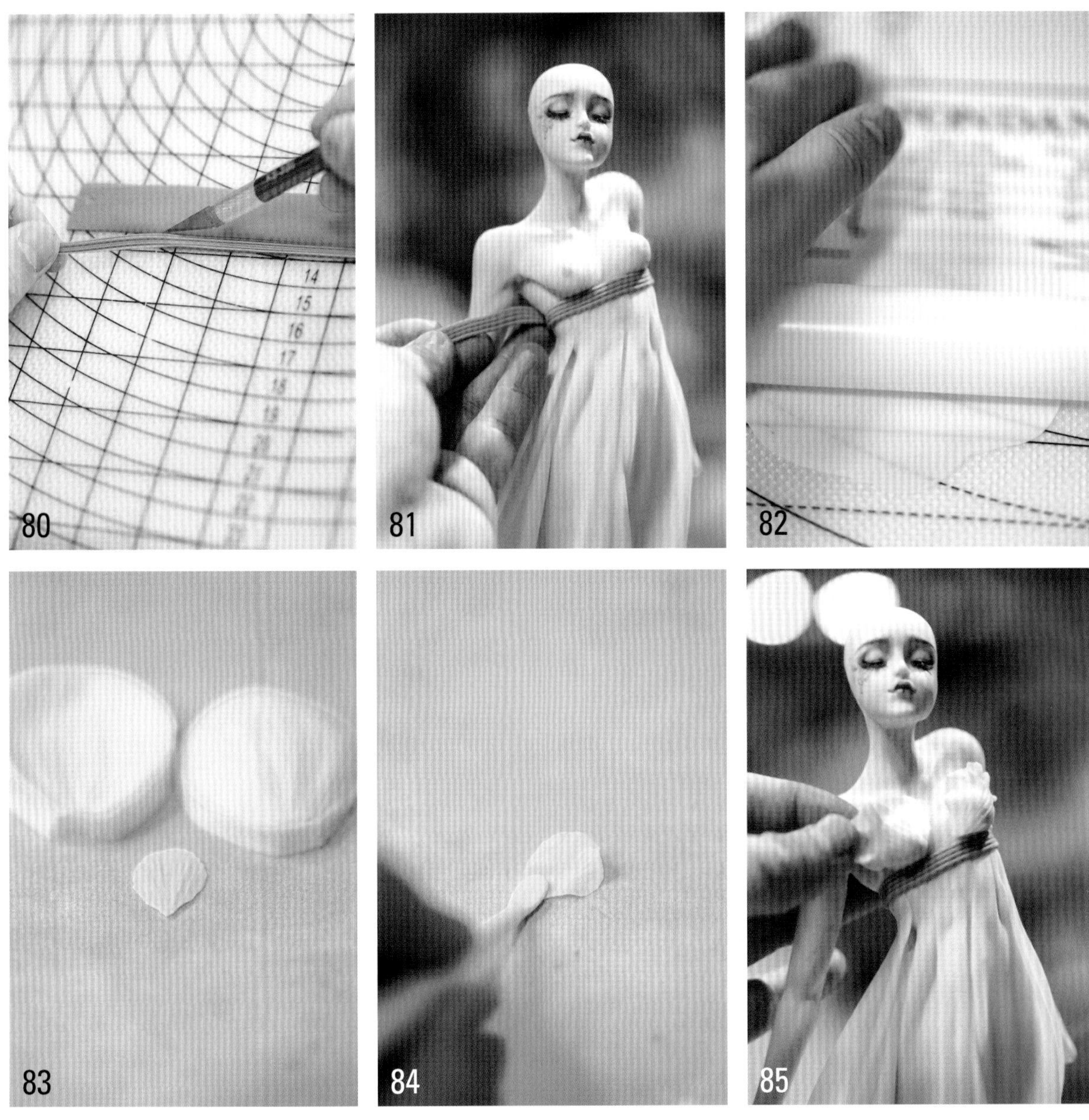

80 裁成条状。

81 围绕着裙子的上方贴一圈。

82 制作文胸。擀一片薄一点的淡紫色糖皮。

83 用切模切出花瓣后放入硅胶模具中压出纹理。

84 放在海绵垫上把花瓣边缘压薄，使其更自然一些。

85 制作好的花瓣粘贴在胸部的位置。

86 依次叠加花瓣来制作文胸。

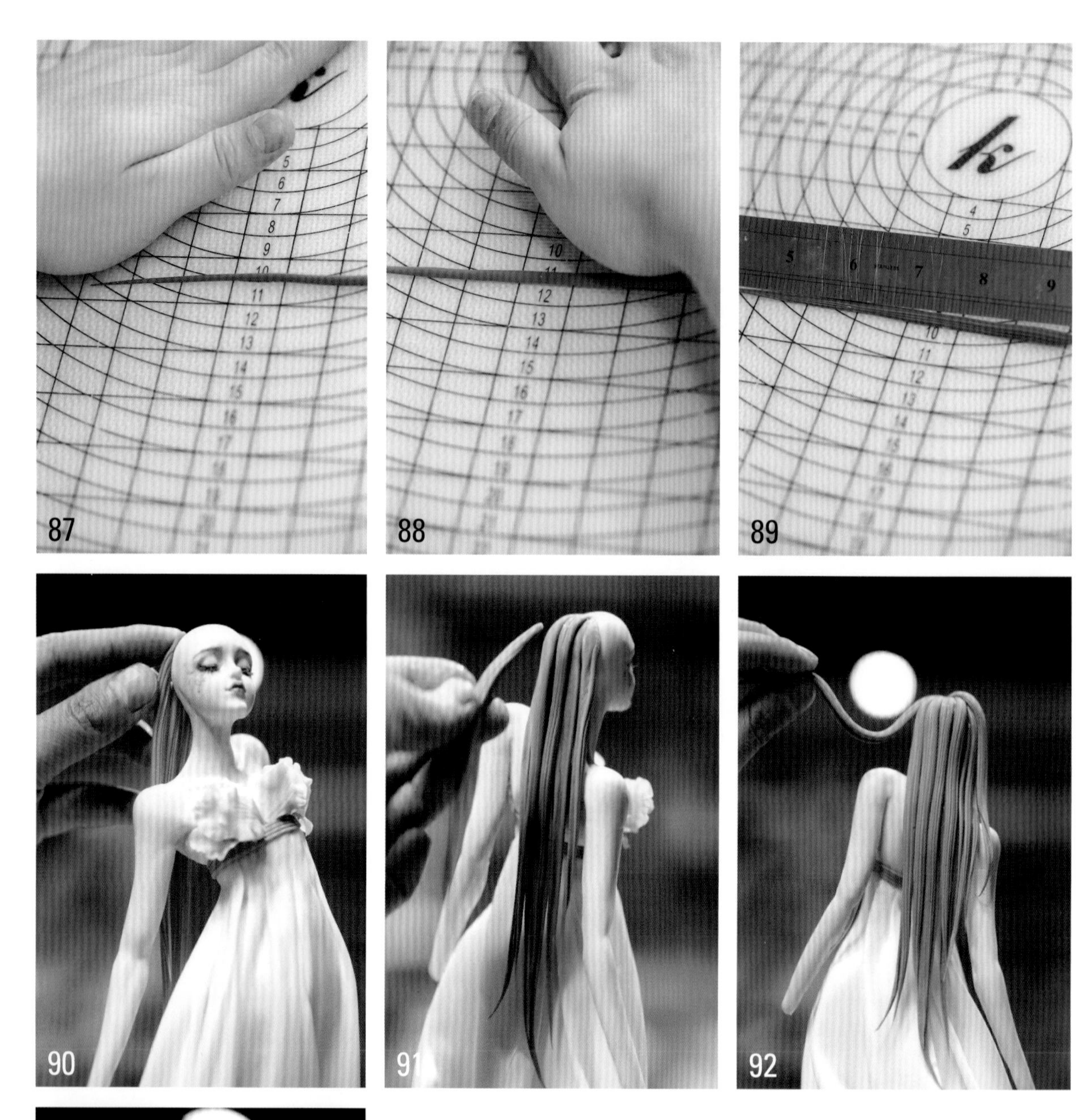

87 制作头发。取一块棕色翻糖搓成一头尖的长条。

88 用手掌拍扁。

89 钢尺压出头发的纹理。

90 把制作好的头发安装在后脑勺上。

91 安装头发的时候注意叠加，头发尖一定要细。

92 依次叠加后面的头发。

93 两侧的头发逐渐变短一些。

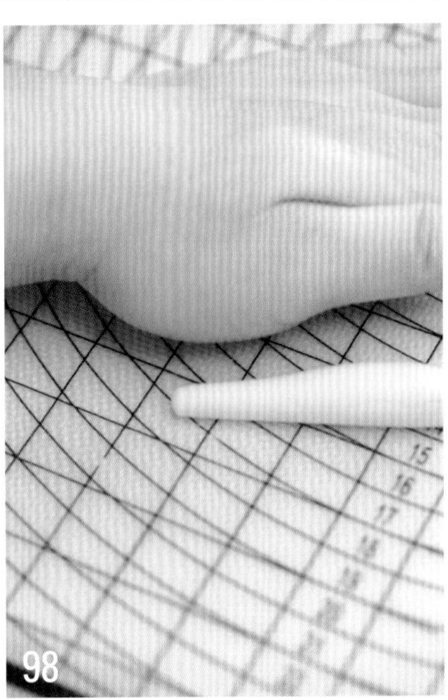

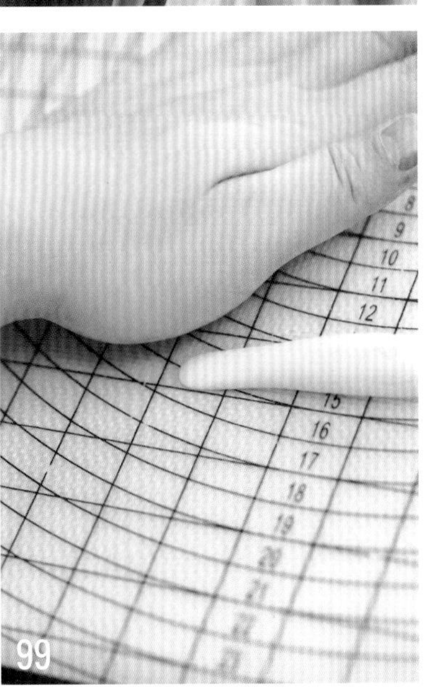

94　每根头发的弧度要流畅方显得自然。

95　依次叠加前面两侧的头发。

96　刘海需要营造出轻盈感。

97　前方刘海需要增加一些碎发，显得精致一些。

98　制作手。取一块肤色翻糖搓成一头尖的条。

99　把尖端拍扁。

100　中号主刀压出手腕的凹陷。

101　剪出大拇指。

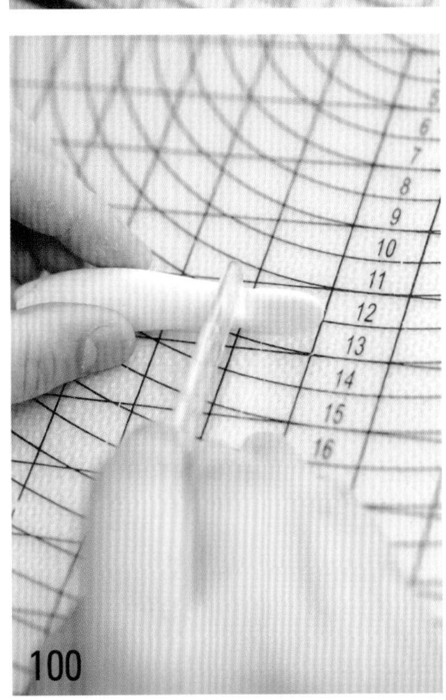

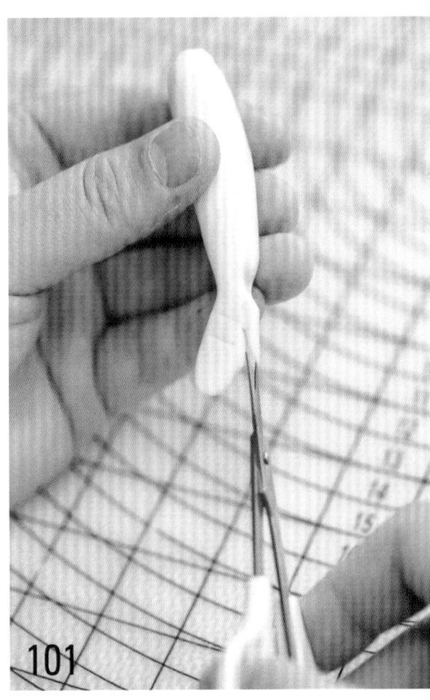

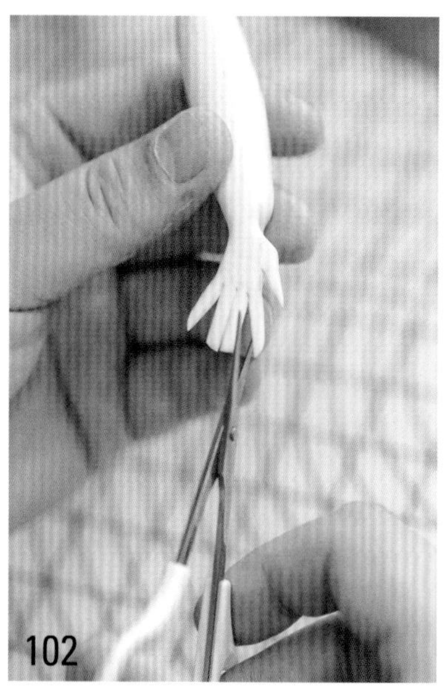

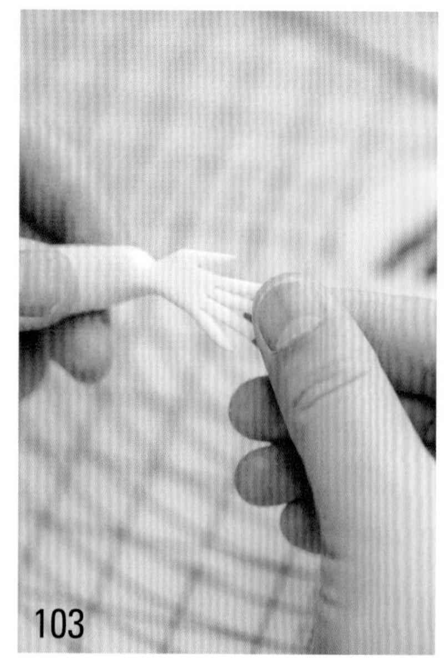

102　剪出其余四根手指。

103　把手指全部搓圆润并且拉长一些。

104　中号主刀做出手掌上的肌肉。

105　调整好手指的角度。

106　把制作好的手掌安装在支架上。

107　用色粉刷上美甲。

108　胸前花瓣的顶端也刷上淡淡的色粉做一个渐变。

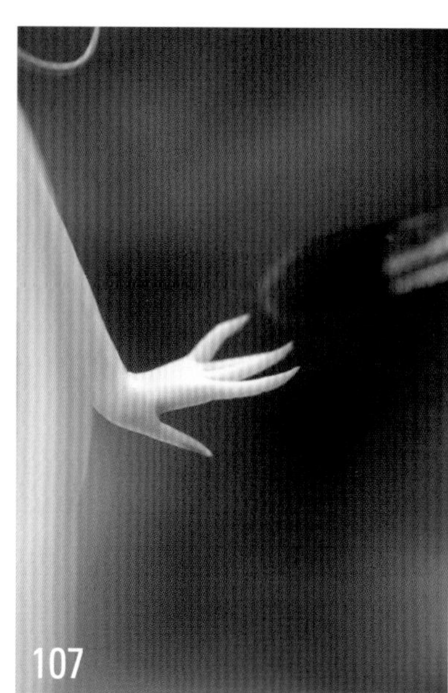

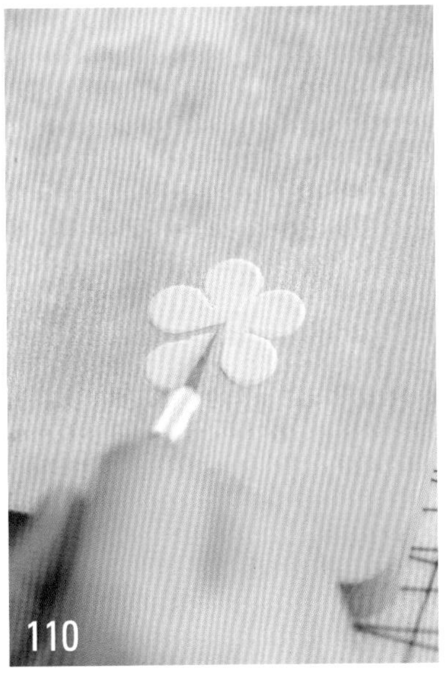

109　制作头上的花环。用模具压出大量淡粉色花瓣。

110　美工刀分开每一瓣花瓣。

111　硅胶模具压出纹理后做出花瓣的弧度。

112　给花瓣刷上色粉。

113　把做好的花瓣粘贴在制作好的花环支架上，花环上的花瓣不宜太多，不然会显得笨重。

114　把制作好的花环戴在头上。

115　底座撒上花瓣，花瓣的顶端刷上色粉形成渐变。

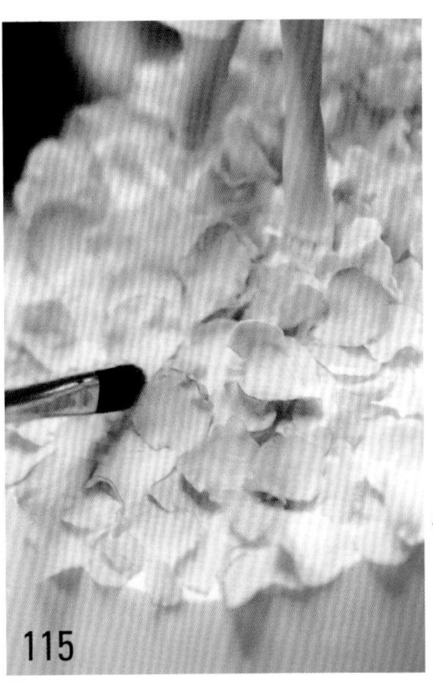

牛角精灵

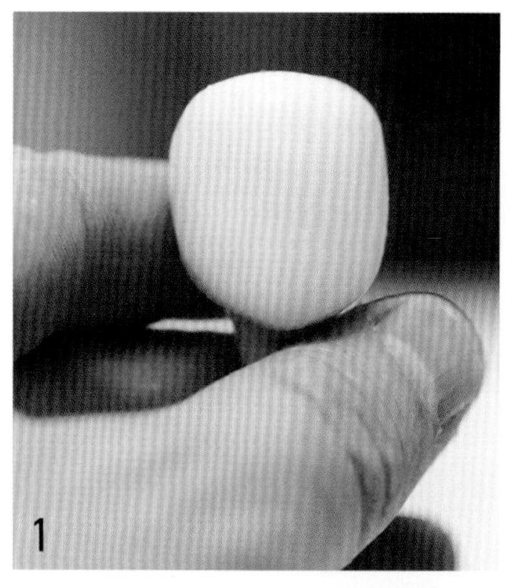

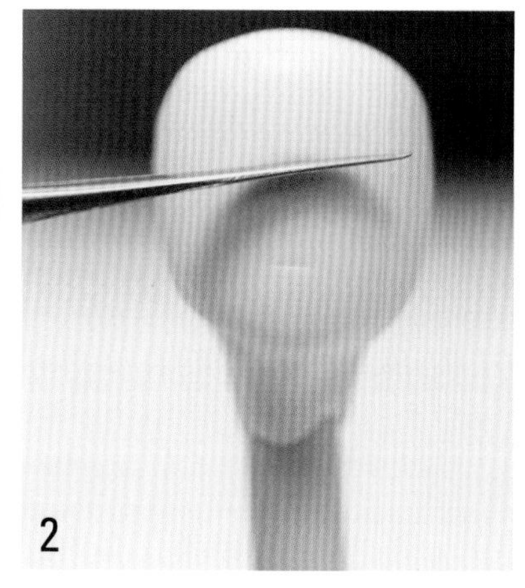

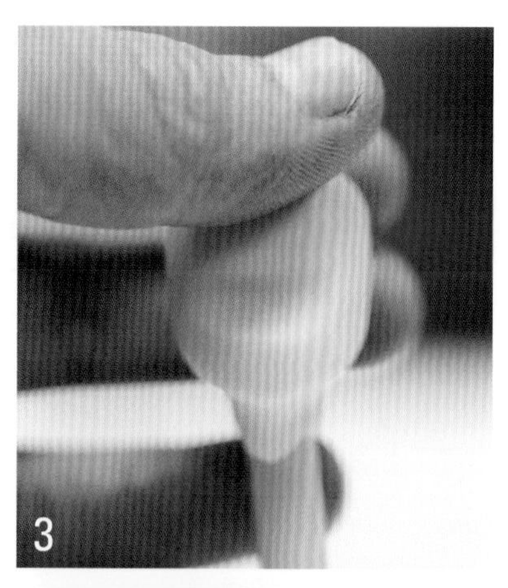

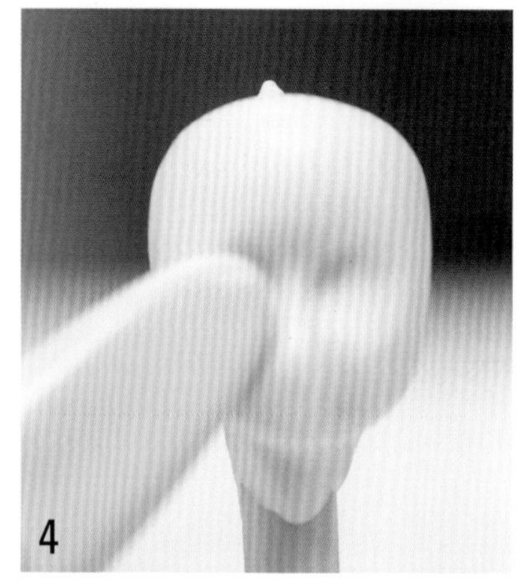

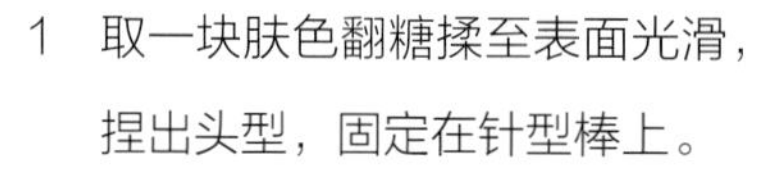

1　取一块肤色翻糖揉至表面光滑，捏出头型，固定在针型棒上。

2　金属开眼刀定出头像的三庭。

3　金属开眼刀压出眉骨的深度后，用大拇指把额头的位置往下压低一些。

4　大号主刀压出鼻梁两侧的宽度。

5　大号主刀向两侧延伸，制作眉骨。

6　开眼刀弧面部分压出眼眶的深度。

7　中号主刀向上推出鼻子的长度。

8　小球刀做出鼻孔。

9　中号主刀压出嘴包，并且把脸的两侧修圆滑。

10　小球刀定出嘴巴的宽度。

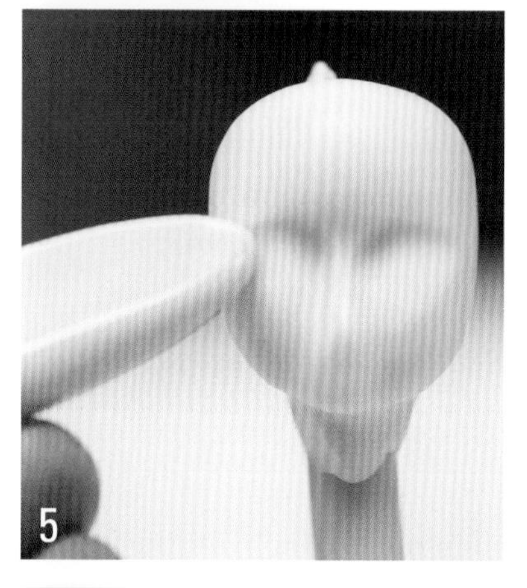

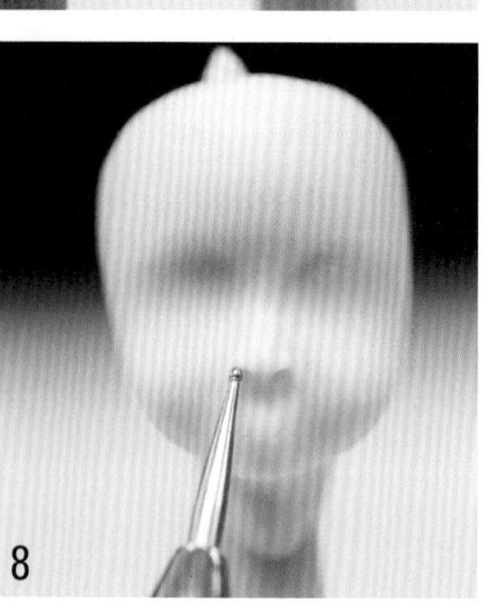

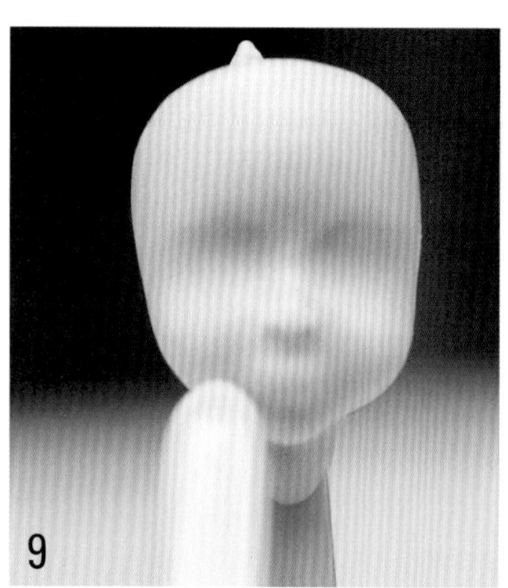

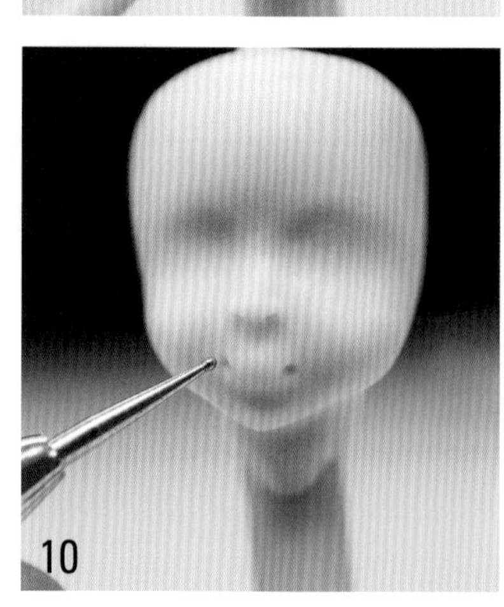

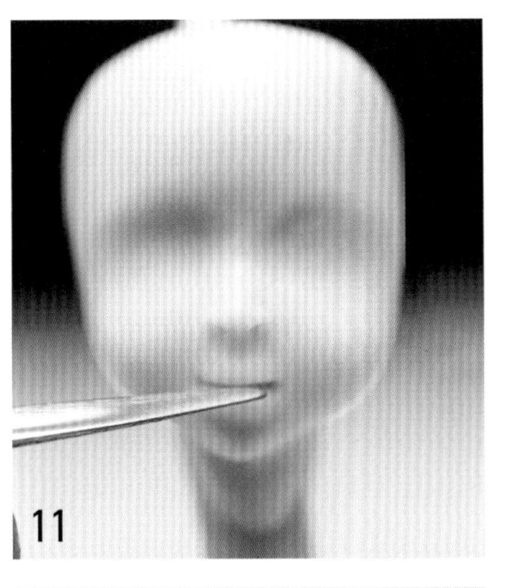

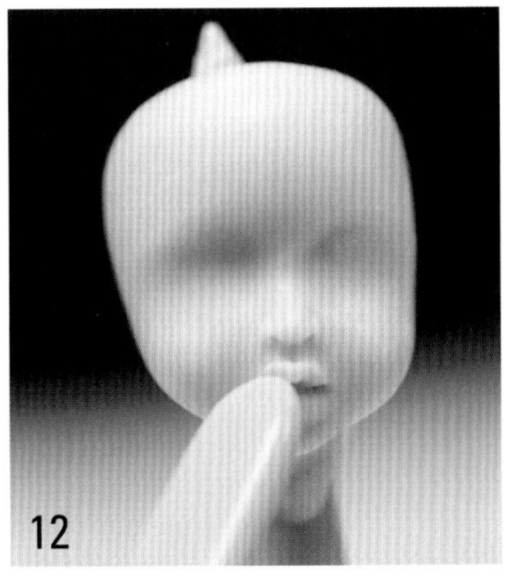

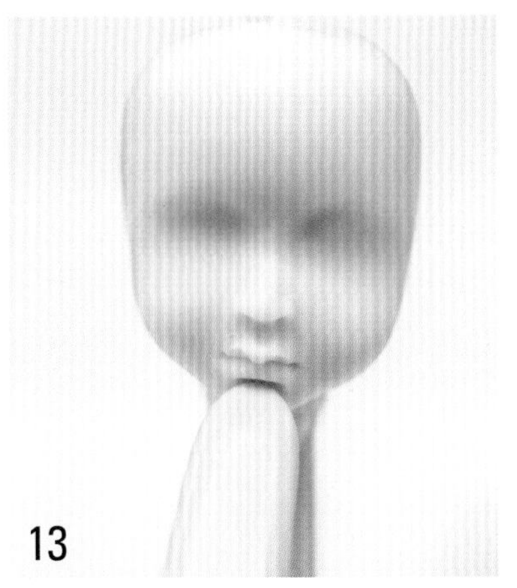

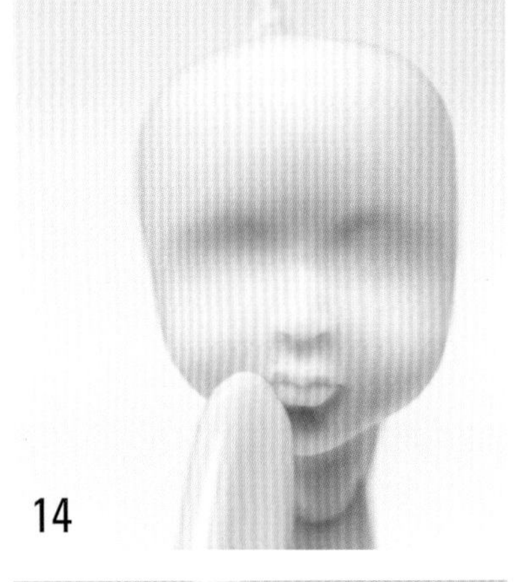

11 金属开眼刀连接两个点并把上下嘴唇分开。

12 中号主刀往上推，做出上唇。

13 中号主刀向上推，做出下唇。

14 中号主刀把下唇两侧向内侧收。

15 小球刀定出眼睛的宽度。

16 开眼刀小头部分做出眼眶的上眶和下眶。

17 开眼刀小头部分将眼眶左侧往下压，左右各压一下并连接上，形成完整的眼眶。

18 开眼刀向上推，做出下眼皮。

19 在眼眶内填入白色翻糖当眼白。

20 在眼白上贴上眼珠并压平整。

16

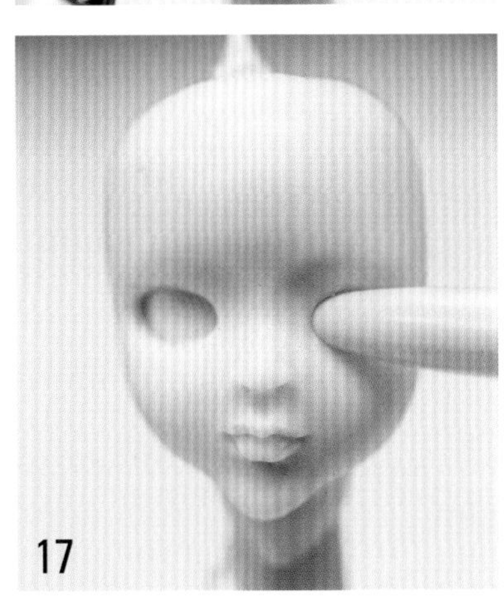

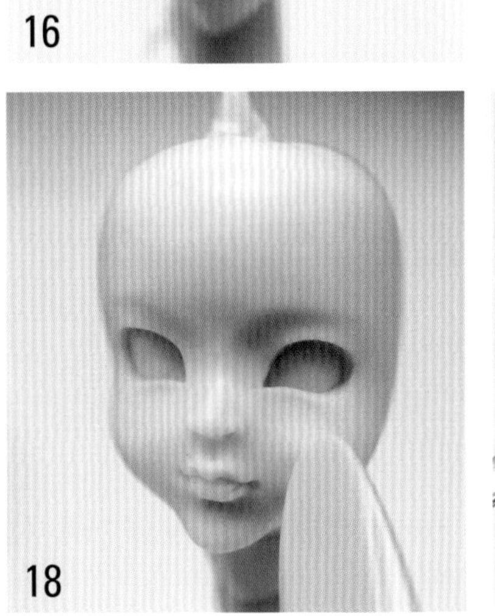

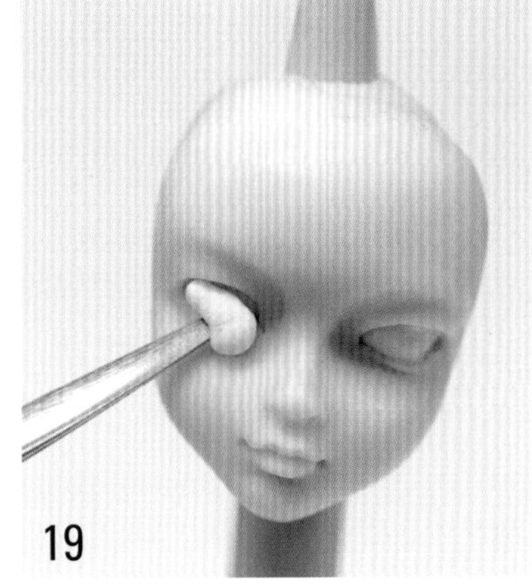

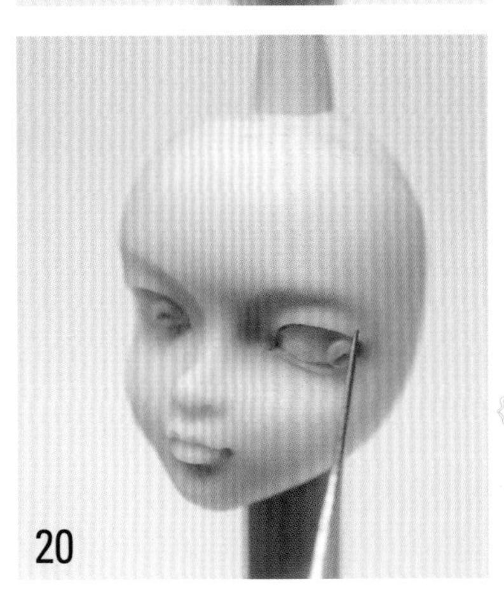

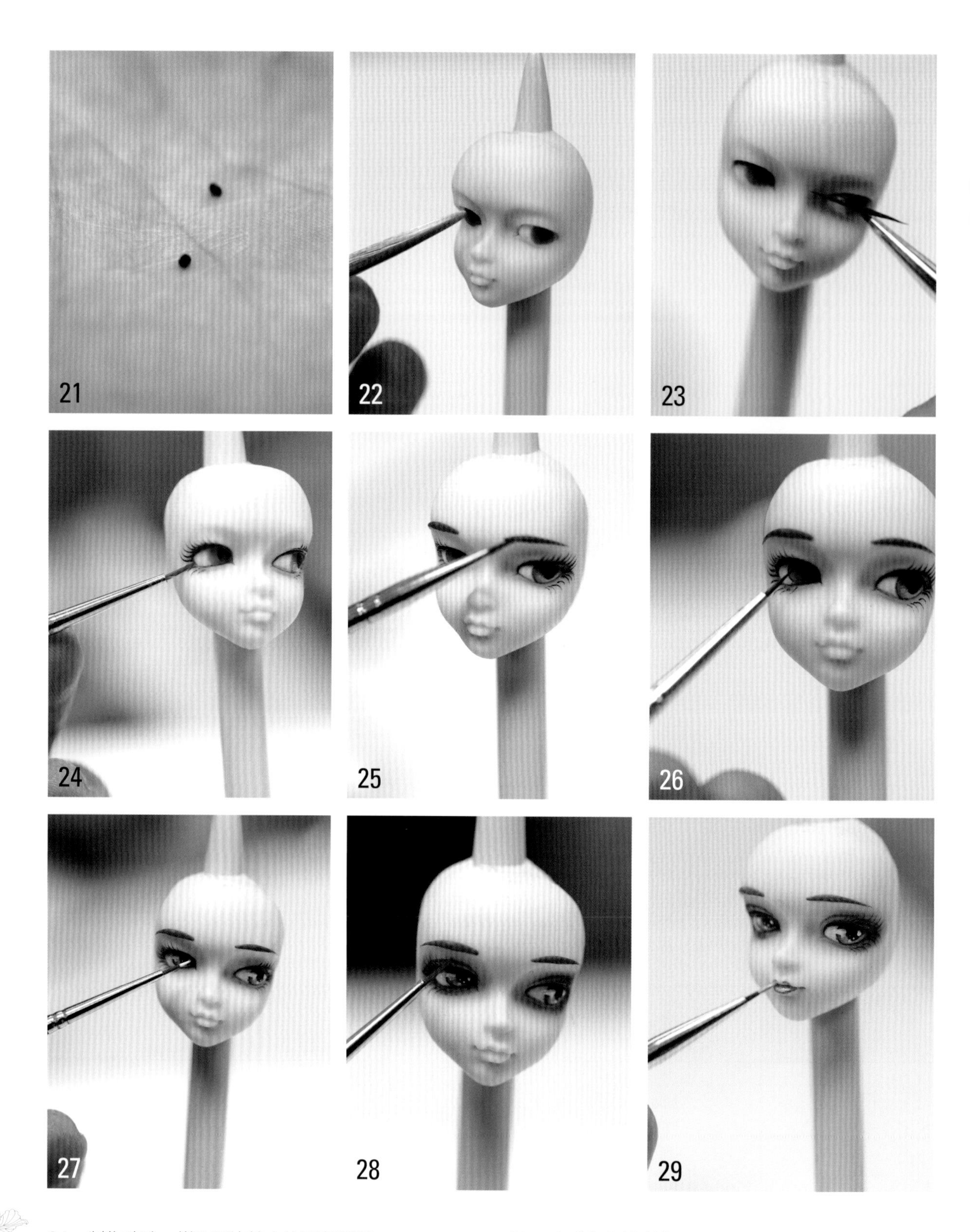

21　制作瞳孔。搓两颗比较小的黑色翻糖。

22　贴在眼珠中间。

23　制作眼线。搓一条比较细的黑色糖条并贴在上眼皮处。

24　5 个 0 勾线笔画出下眼线和睫毛。

25　咖啡色翻糖制作眉毛。

26　在眼珠的外围画一圈黑色轮廓线。

27　画上瞳孔高光。

28　画上双眼皮并用色粉刷上眼影。

29　在嘴唇上刷色粉。

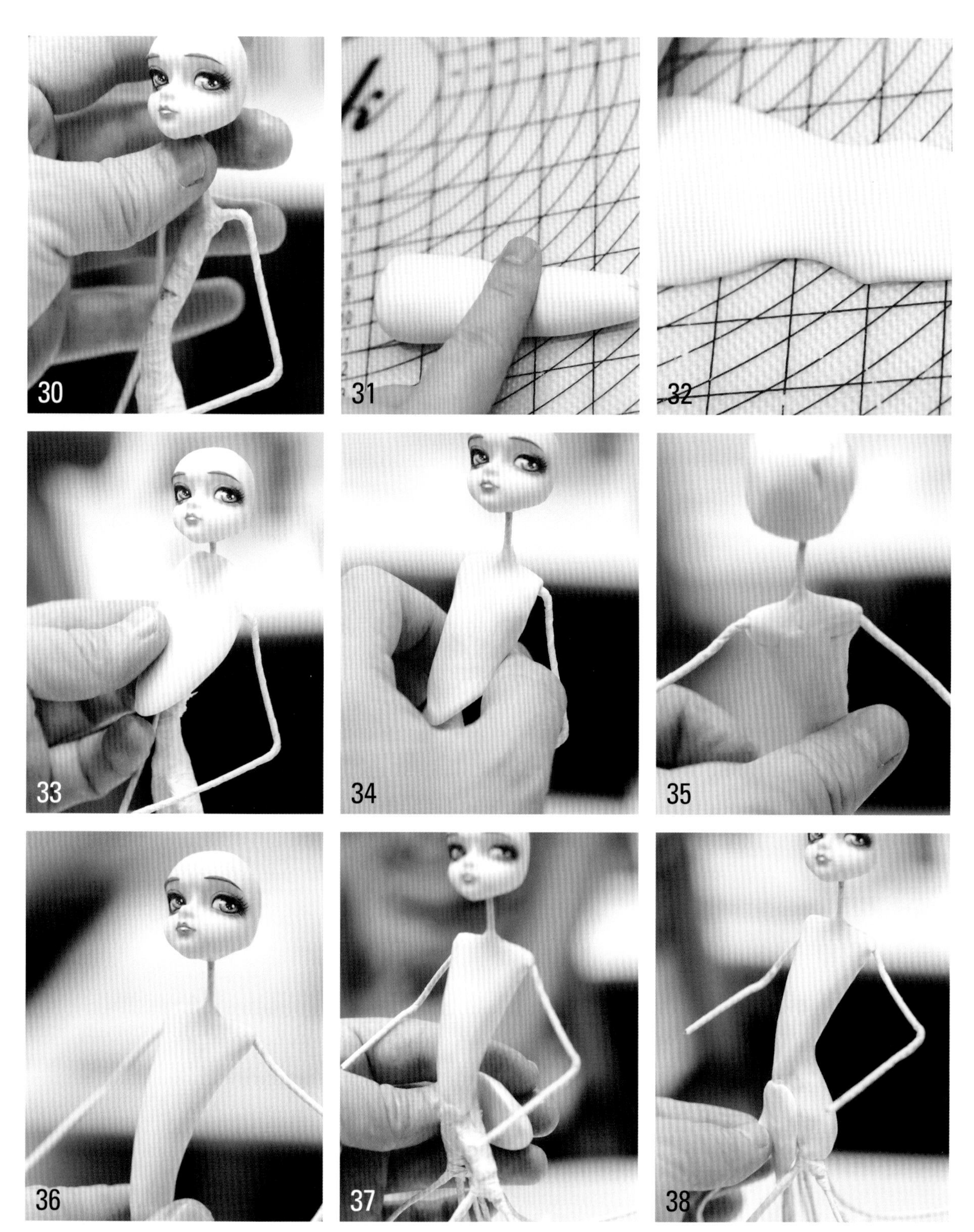

30　把制作好的头像安装在支架上。

31　制作人物正面。取肤色翻糖揉匀后搓条。

32　将搓好的翻糖压成厚片，有肌肉的部分厚一些。

33　将打好胶的翻糖片粘在身体支架上。

34　先固定肩膀处的翻糖，然后把腰部的翻糖向后挤。

35　整体收细，把多余的翻糖包裹在后背支架上。

36　把身体整体抹光滑。

37　另取一块肤色翻糖拍扁后放在臀部的位置。

38　前方也贴一块肤色翻糖制作腹部。

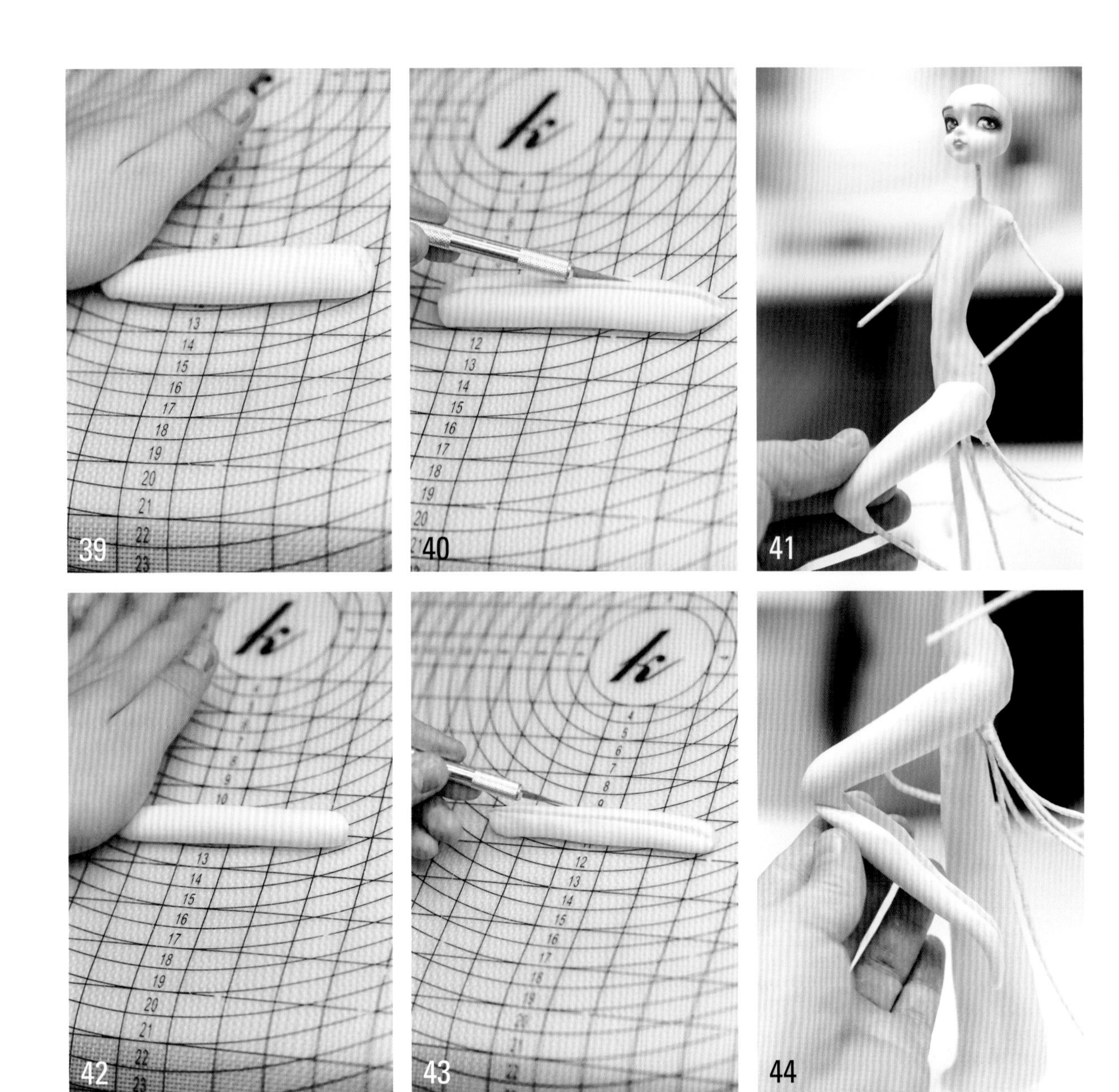

39 制作大腿。取肤色翻糖揉匀后搓长条，注意保持翻糖的光洁度。

40 美工刀将翻糖背面切开，准备打胶组装。

41 将做好的大腿打胶，粘在胯部，与身体连接好。

42 制作小腿。取肤色翻糖揉匀后搓长条，注意小腿大形的结构是一端大一端小。

43 美工刀将翻糖背面切开，注意下刀至深度 1/2 处。

44 将小腿打胶后粘到大腿下端，注意膝盖部分衔接好并抹平。

45 同时将脚面的大形也做出来。

46　同样的方法制作另外一条腿。

47　制作胸部。取相同大小的肤色翻糖搓成球形，平贴在胸大肌部分。

48　针型棒尖头部分梳理胸的上方。

49　中号主刀调整胸部下端位置。

50　手指辅助将胸部抹平衔接好。

51　制作脖子。另取一块肤色翻糖从前往后贴在脖子支架上。

52　切除多余的翻糖。

46

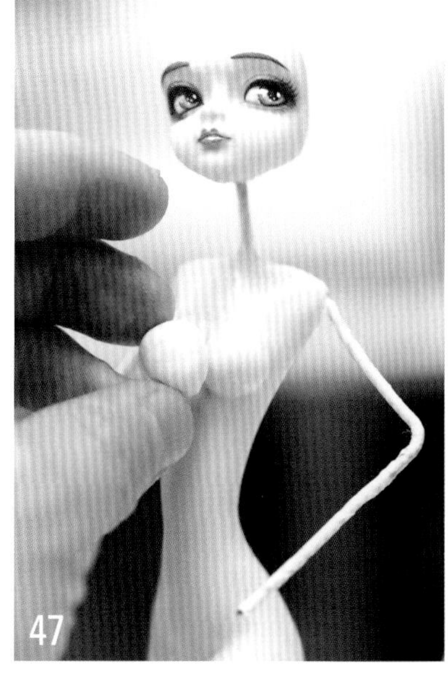

47

48

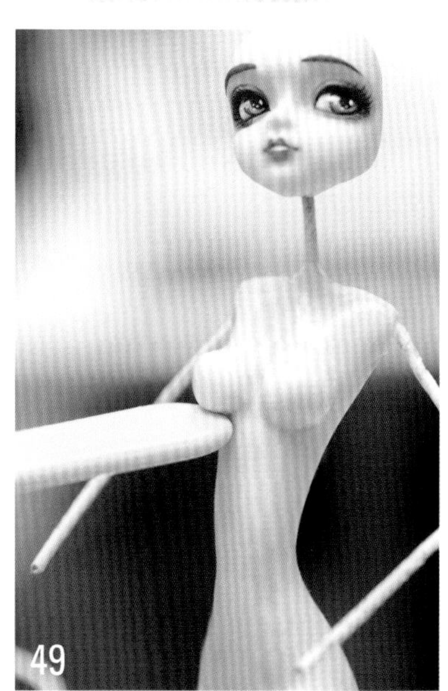

49

50

51

52

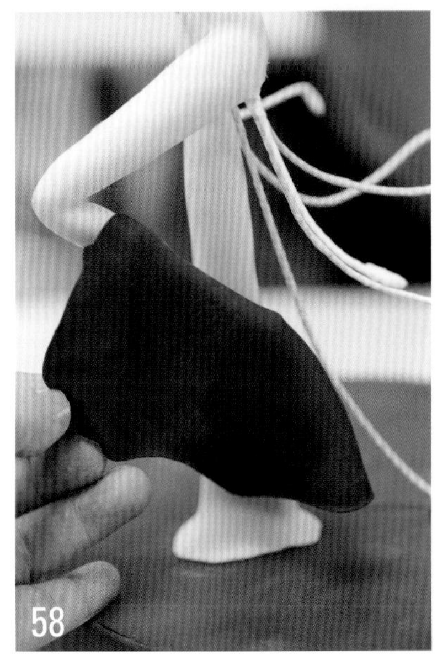

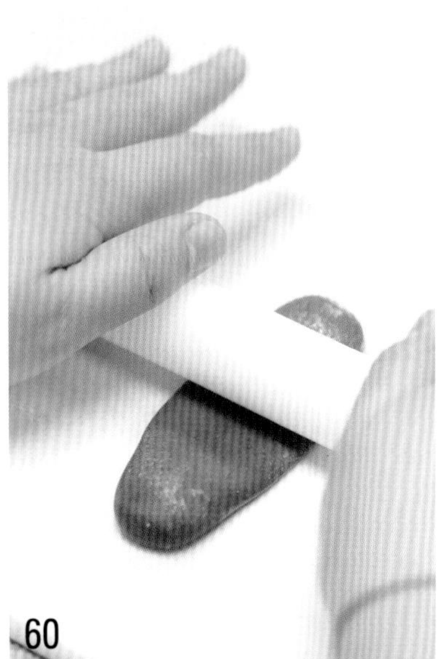

53 压出锁骨中间的凹陷处。

54 中号主刀平行于肩部压出锁骨大形。

55 中号主刀向上推做出锁骨的立体效果。

56 做出脖筋。

57 中号主刀完善锁骨与斜方肌。

58 制作靴子。擀一块黑色的糖皮贴在小腿上。

59 制作出靴子。

60 制作裙子。取一块红色翻糖擀成糖皮。

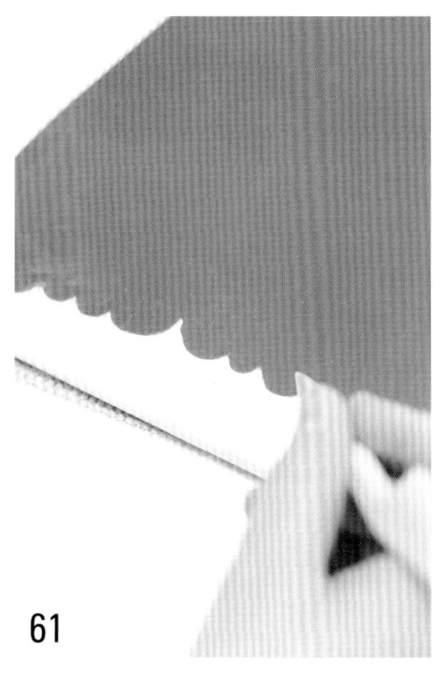

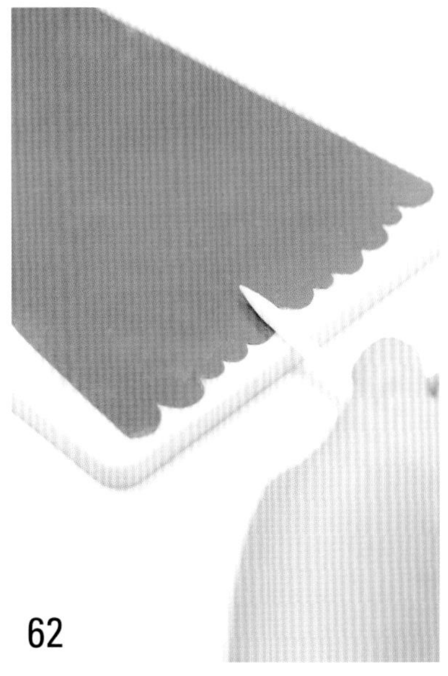

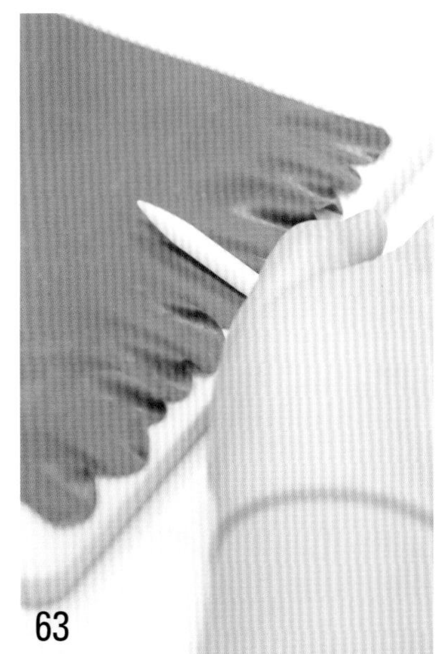

61　切出不规则半圆形边。

62　放在海绵垫上。

63　用针型棒擀出波浪形的褶皱。

64　折叠糖皮的上方。

65　整理好褶皱形状。

66　贴在腰部。

67　中号主刀调整裙子的褶皱。

68　裙子的褶皱需要多次调整。

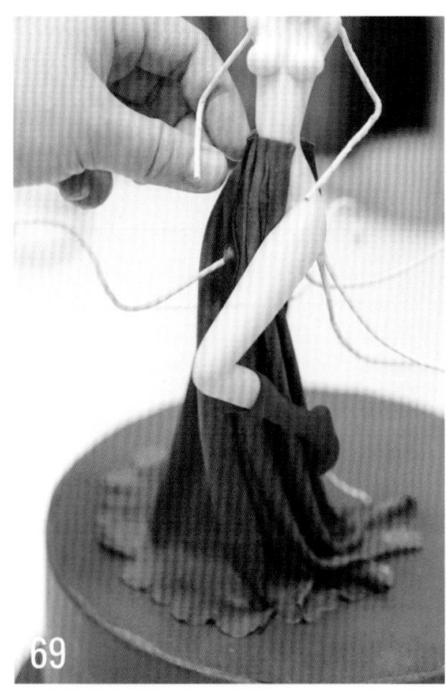

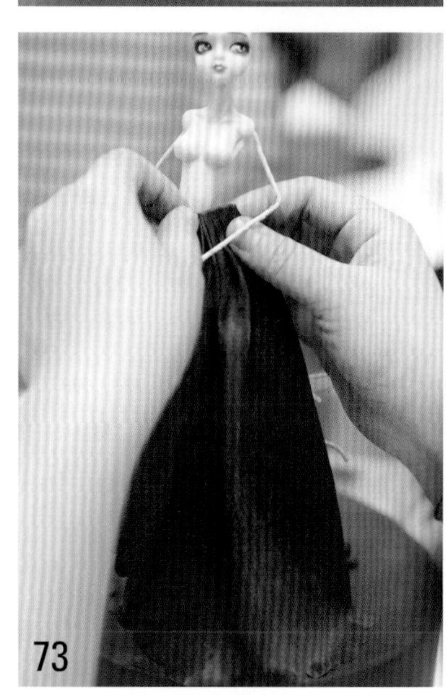

69 制作出第二片裙子。

70 贴上第三片裙子。

71 调整裙子的褶皱。

72 多次调整褶皱。

73 同样的方法制作并贴好另外一侧的裙子。

74 制作飘起来的裙子。前端贴在左腰上，其余的部分贴在铁丝上。

75 调整裙子的褶皱。

76 制作人物右侧飘起来的裙子。取一小块红色糖皮折叠。

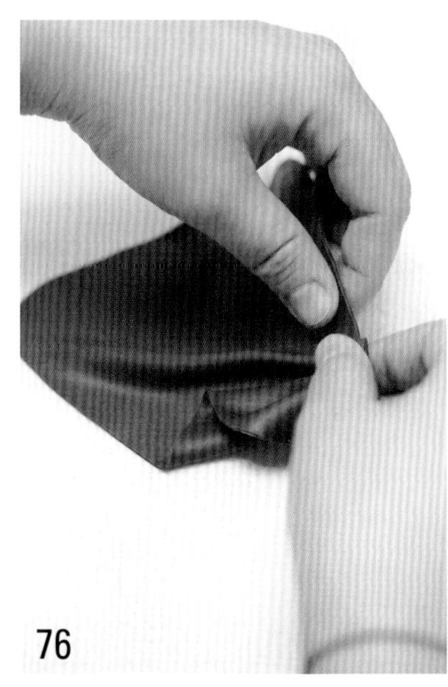

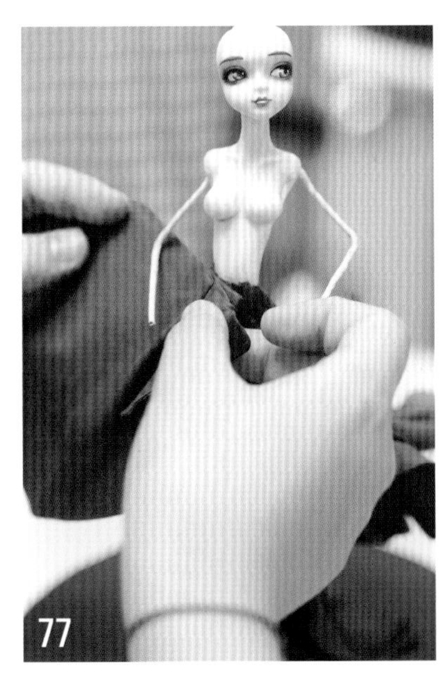

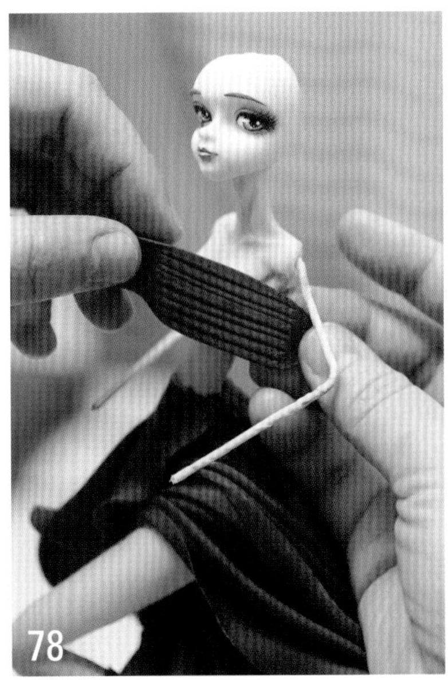

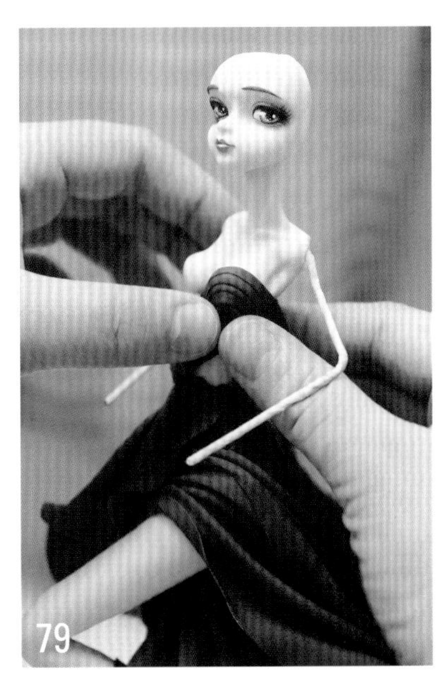

77　贴在右腰处。

78　制作文胸。小片糖皮压出纹理。

79　弯曲纹理做成文胸。

80　切除文胸多余的糖皮。

81　同样的方法制作另外一边文胸。

82　用压好纹理的红色糖皮包裹住腰部，制作成腰带。

83　切除多余的部分。

84　用黄色翻糖在头顶两侧制作出头发的大形。

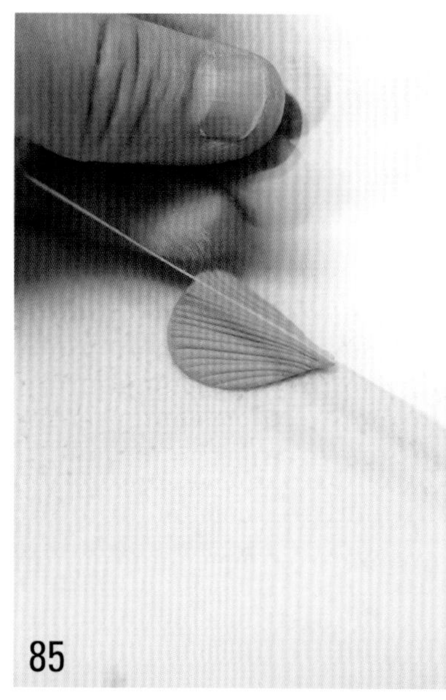

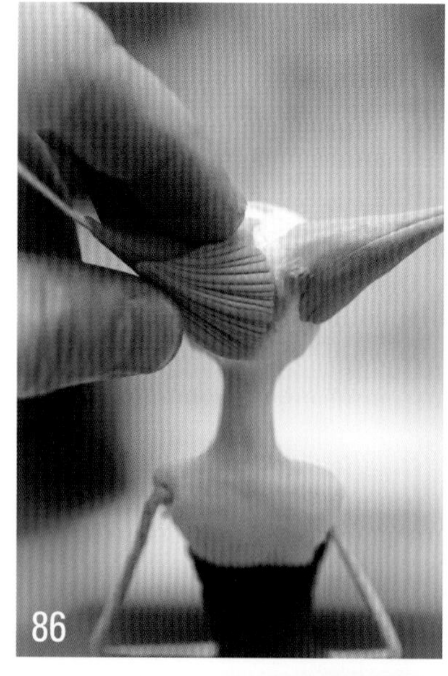

85 取一块黄色糖皮用亚克力板压出纹理。

86 贴在后脑勺的一侧。

87 取一块略厚的黄色糖皮压出纹理。

88 贴在头顶中间位置。

89 继续在右侧贴一片带纹理的黄色糖皮。

90 贴好的效果图。

91 左右贴好后的头发需要往后卷曲一下。

92　做一条窄长的头发绕在刚才贴好的头发上面。

93　制作手臂。取肤色翻糖（约 10 克）揉匀搓条。

94　在翻糖背面切出缝隙，准备组装。

95　将手臂打胶组装后抹平接缝（注意手臂和身体之间的过渡）。

96　同样的方法制作另外一条手臂。

97　制作围脖。取一块红色翻糖贴在脖子上。

98　在鬓角处贴上碎发。

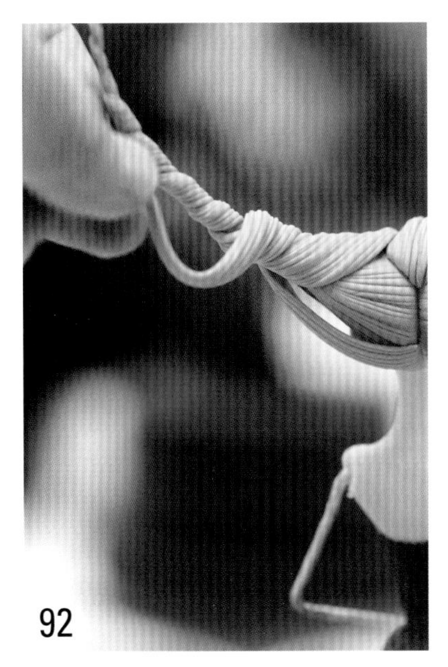
92

93

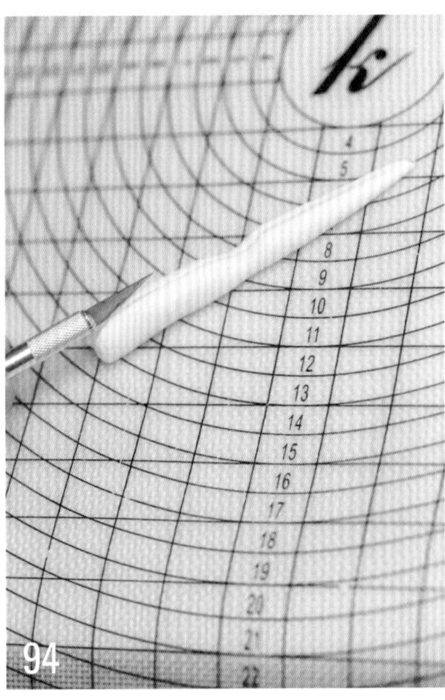

94

95

96

97

98

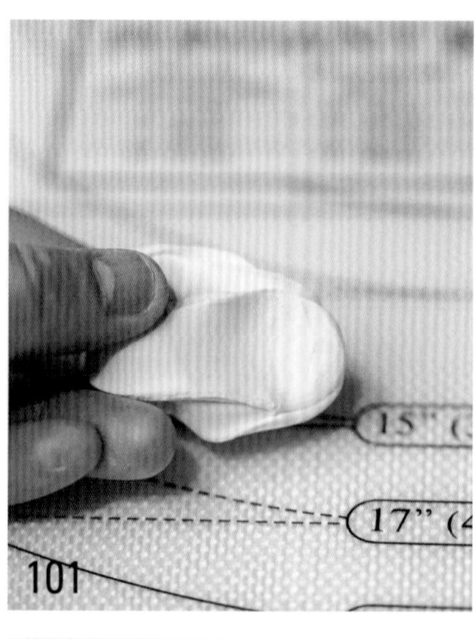

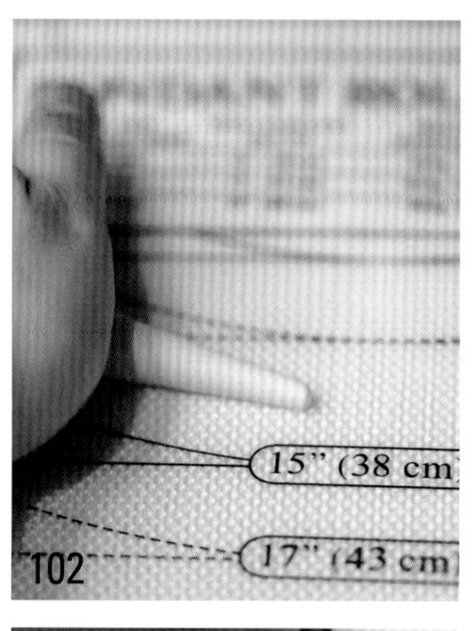

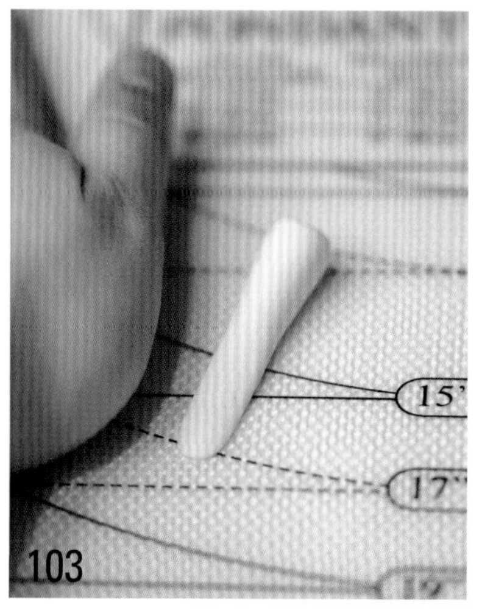

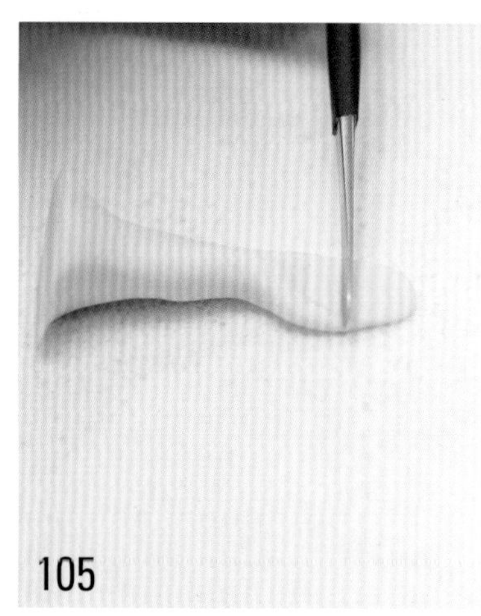

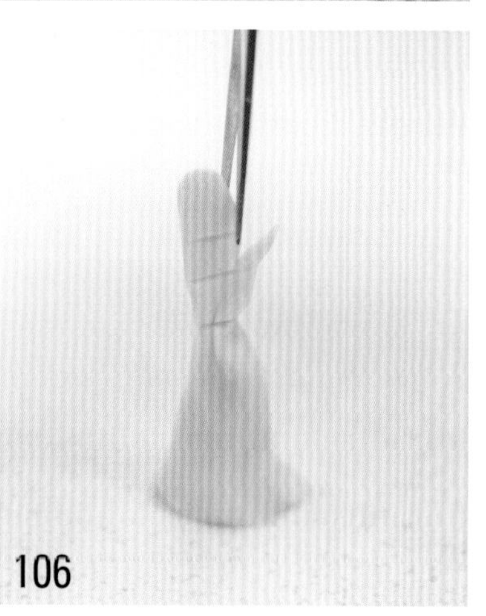

99　在发髻上依次贴上碎发。

100　在发髻上点缀小花装饰。

101　制作手。取肤色翻糖揉捏均匀。

102　揉成一端粗一端细的长条，手掌的长度一般是发际线到下巴尖的长度，但卡通的手会略长，显纤细。

103　将细的一端压扁。

104　用手指把翻糖抹光滑一些。

105　分出手指与手掌。

106　剪出大拇指。

107　剪出其余手指。

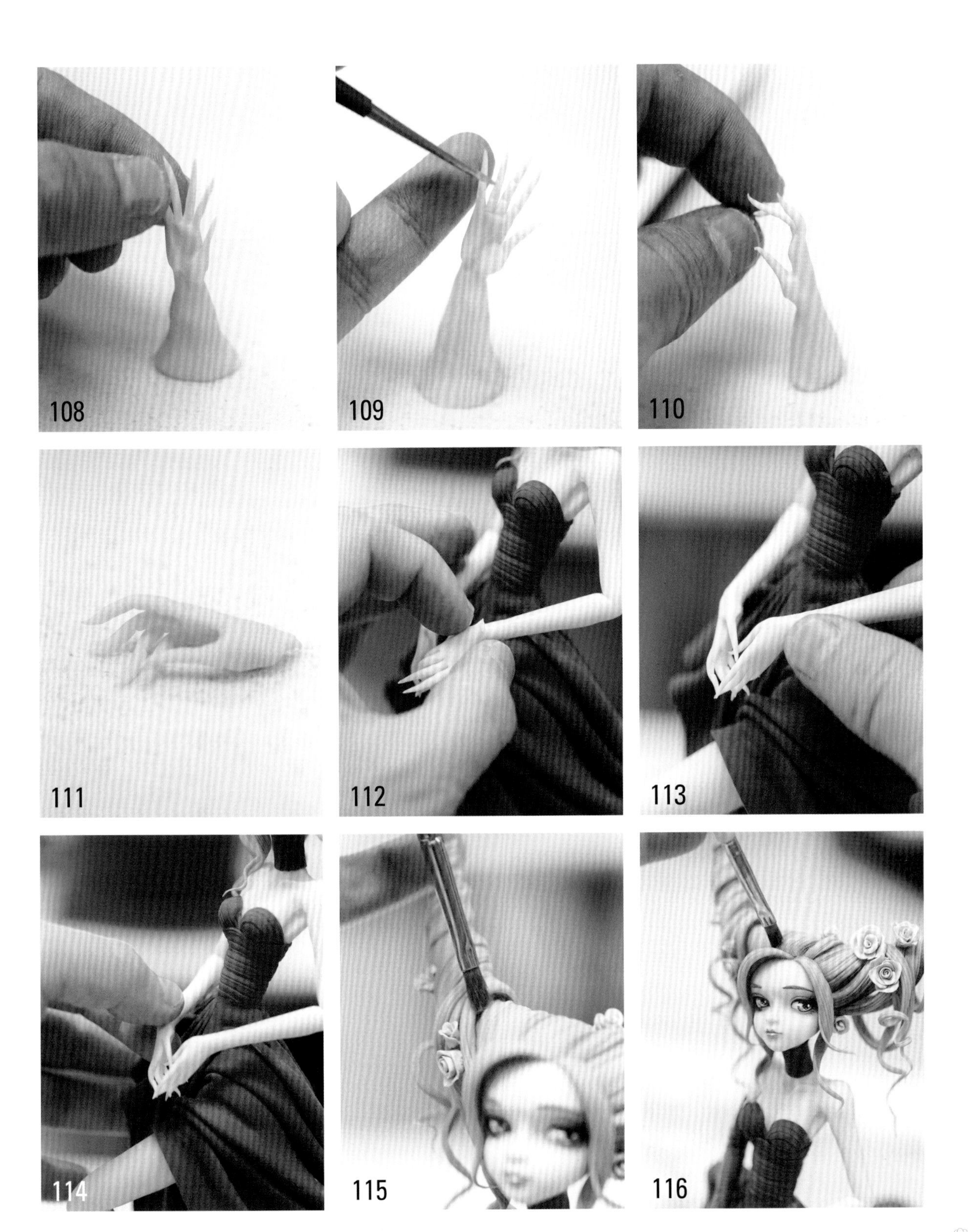

108 把五根手指搓圆滑一些。

109 金属开眼刀压出指节。

110 做好手指的造型。

111 做好的手从手腕处截断。

112 安装在手臂上。

113 把手掌的接口抹平，做出另一只手并安好。

114 接口处过渡好。

115 在头发上刷上色粉。

116 头发的阴影部分需要刷得稍微明显一些。

117　制作袖子。取一块红色糖皮贴在手臂上。

118　将糖皮往手臂内侧收。

119　切除多余的糖皮。

120　关节部分用开眼刀压一下。

121　给裙子夹缝处喷上阴影。

122　加深裙子阴影部分。

123　夹缝的地方用黑色色粉刷一下。

124　衣服上点上金色装饰。

125　袖子和衣服上画上花纹。

126　3 个 0 勾线笔带少量玫瑰粉色色粉均匀过渡到手指指尖（增加手指的真实感）。

127　用 3 个 0 勾线笔沾金粉画出袖口金边。

128　继续将金粉刷在筒靴边角（注意金粉不能刷到腿上）。

129　喷枪加蓝黑色色素，喷在蛋糕底坯上，呈暗夜色，继续用大红色色素过渡霞光，白色色素点出星光点（注意颜色之间的过渡衔接）。

130　作品完成。

小萝莉

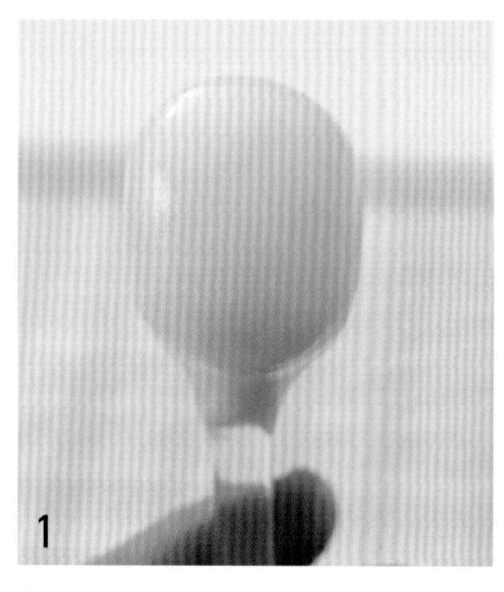

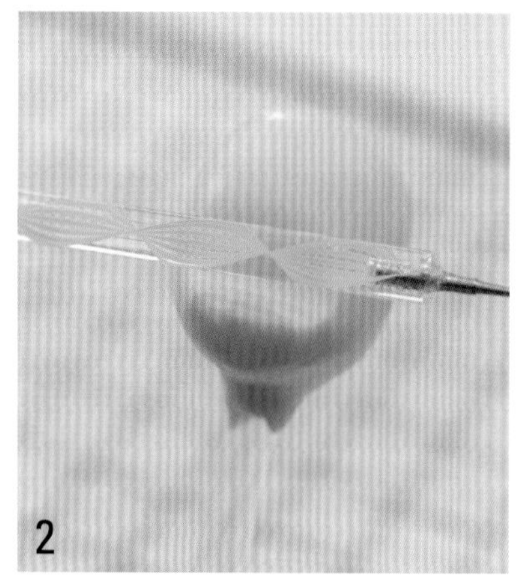

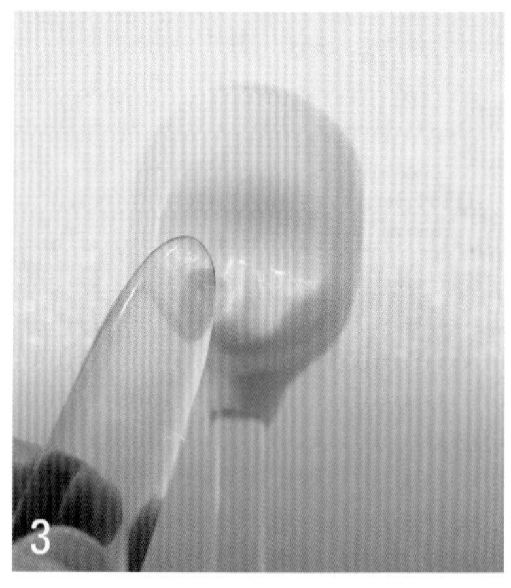

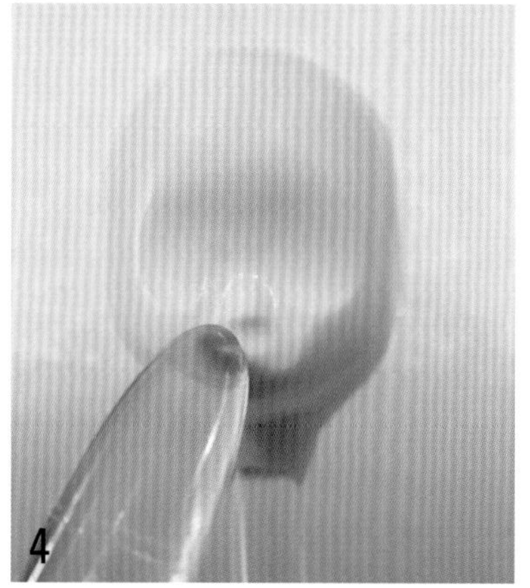

1 取一块肤色翻糖反复揉至表面光滑后捏出头型，固定在针型棒上。

2 小球刀压出眉骨的深度，这里要注意，因为是小孩的缘故，压的位置会偏下。

3 大号主刀压出鼻梁的宽度。

4 向上推出鼻子的长度。

5 开眼刀弧面朝下，压出眼眶的深度。

6 开眼刀平面朝下，左右各一刀压出眼眶的大形。

7 金属开眼刀分开上下嘴唇。

8 在上嘴唇的下方切出一个三角形。

9 把嘴唇内的翻糖压低一些，使上下唇分开一点。

10 开眼刀弧面向上挑起一点弧度。

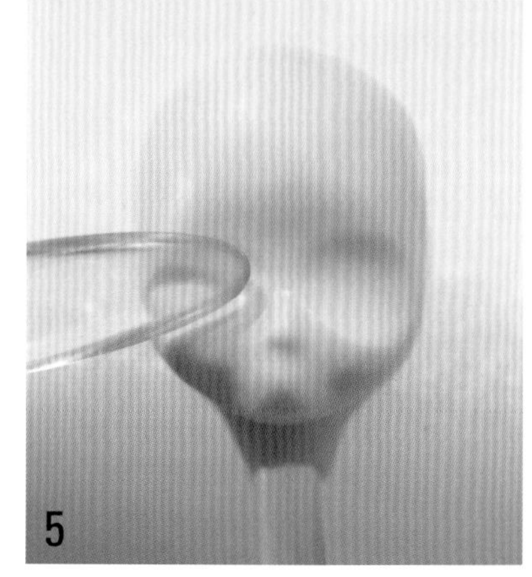

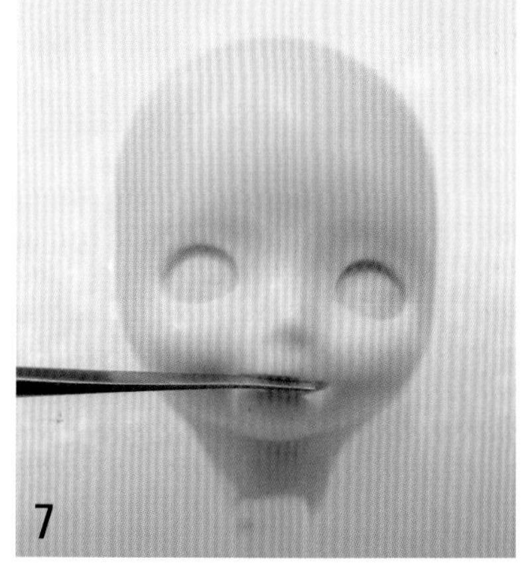

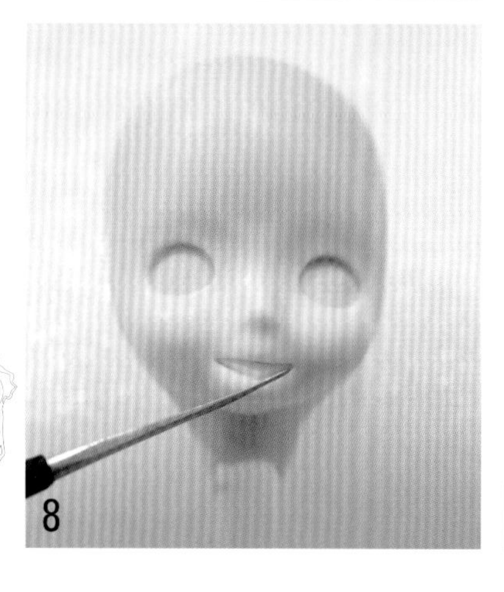

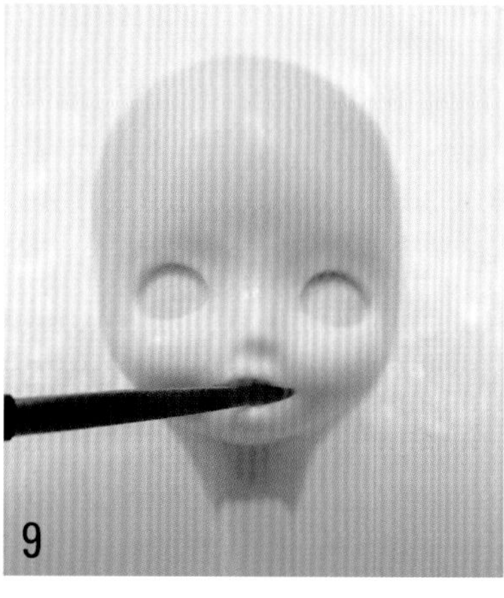

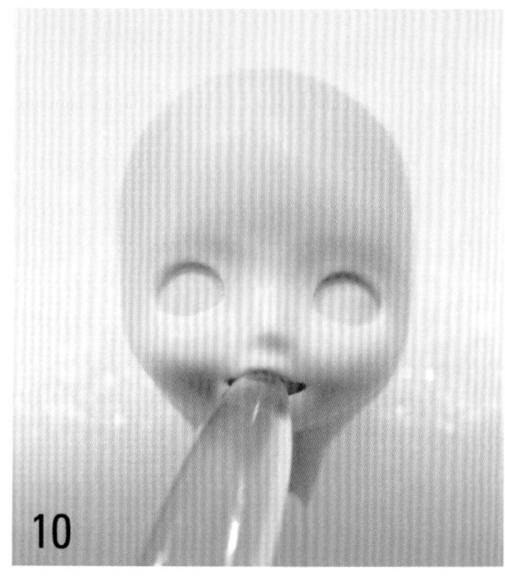

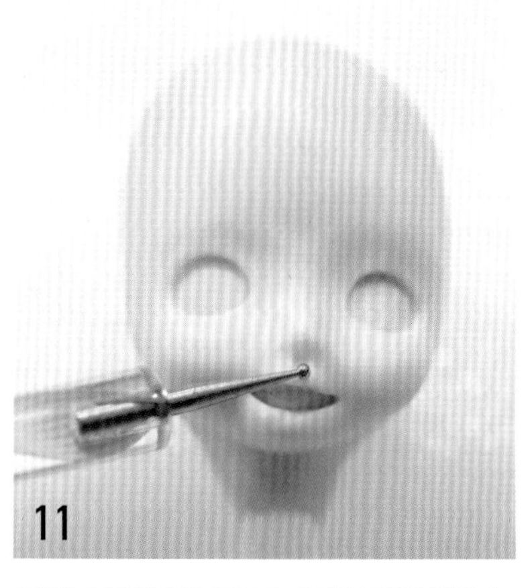

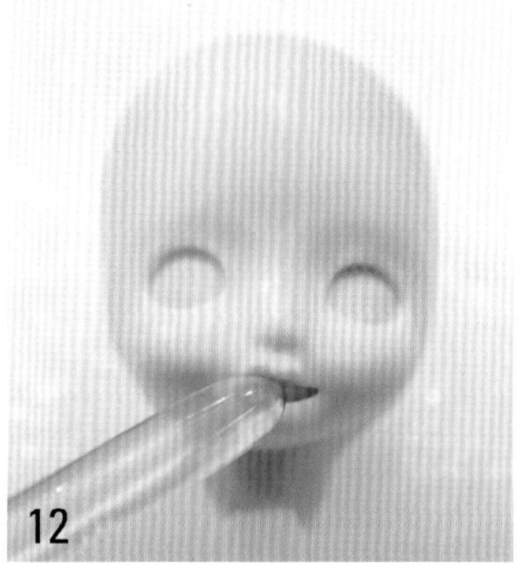

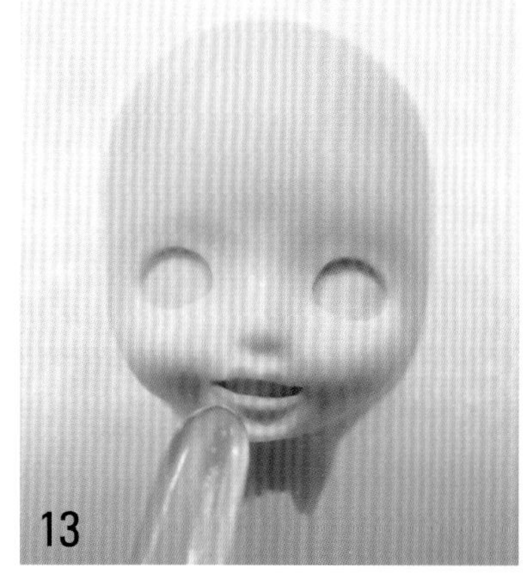

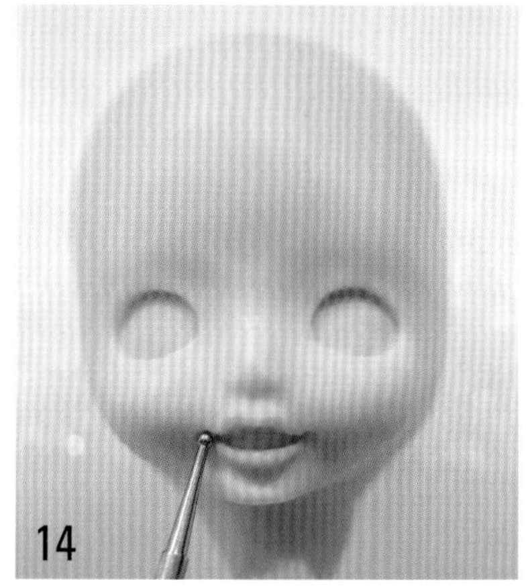

11 小球刀做出人中。

12 中号主刀向上推出上嘴唇。

13 顺势推出下嘴唇。

14 小球刀点出两侧嘴角。

15 大号主刀推出眉骨，这里需要注意的是只需要淡淡的眉骨痕迹就可以。

16 开眼刀的小头部分把下嘴唇的嘴角收进去一些。

17 在眼眶内填入一块白色翻糖当眼白。

18 嘴里填入白色翻糖，并且做出牙齿。

19 在眼白上贴上蓝色翻糖当眼珠，用金属开眼刀填平翻糖。

20 在眼眶内侧画一圈黑色线条当眼线。

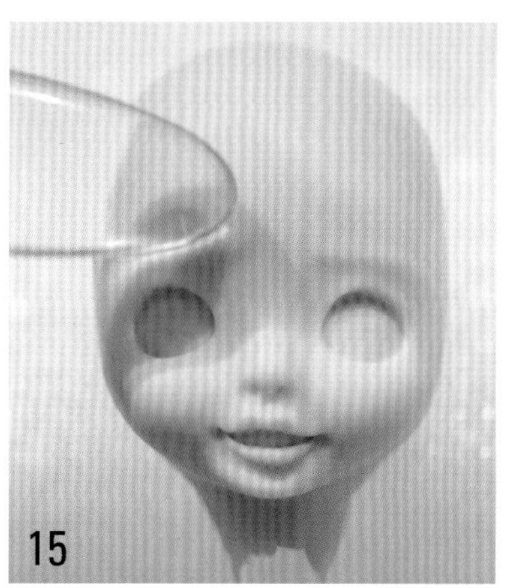

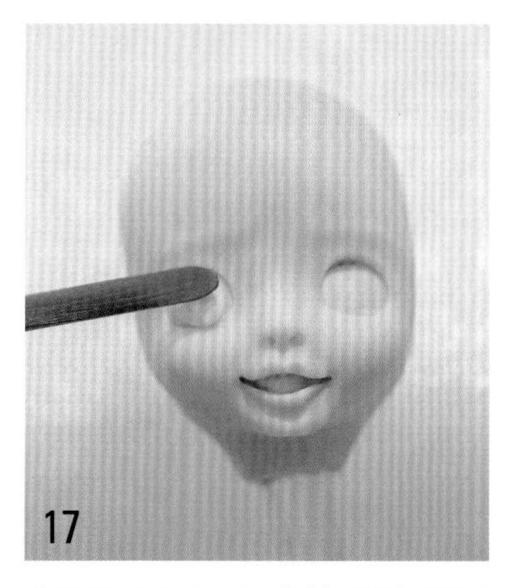

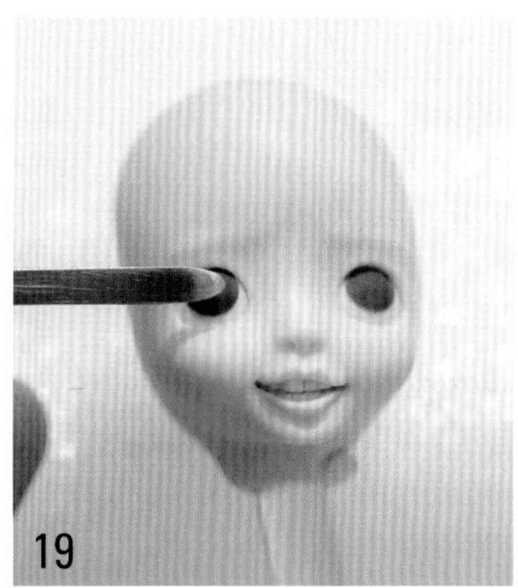

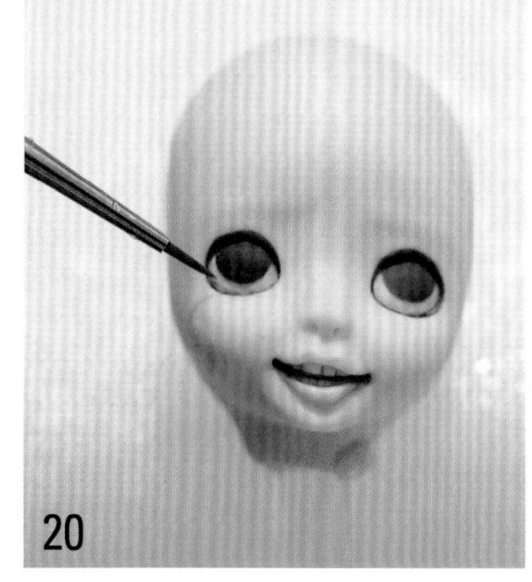

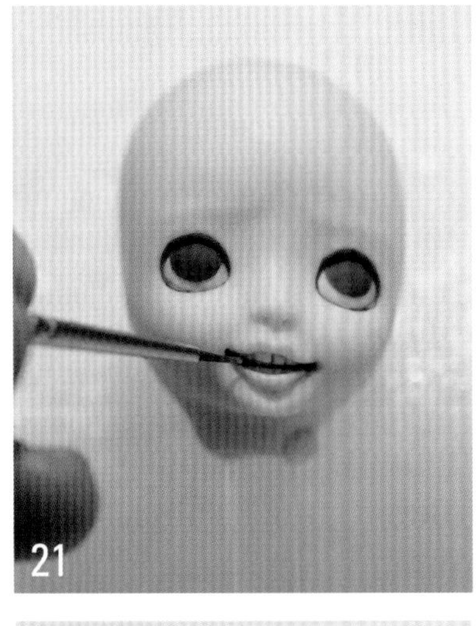

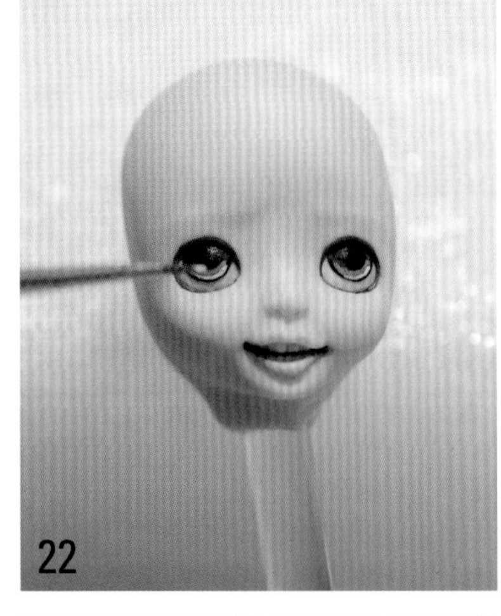

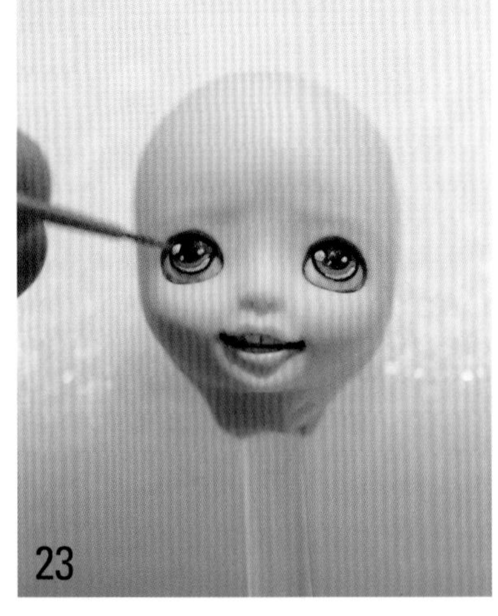

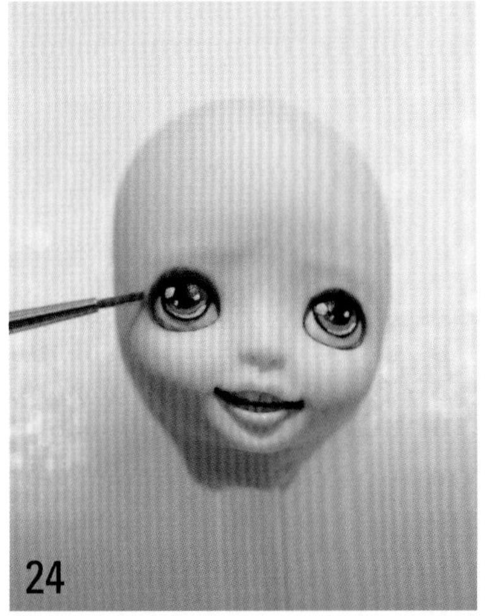

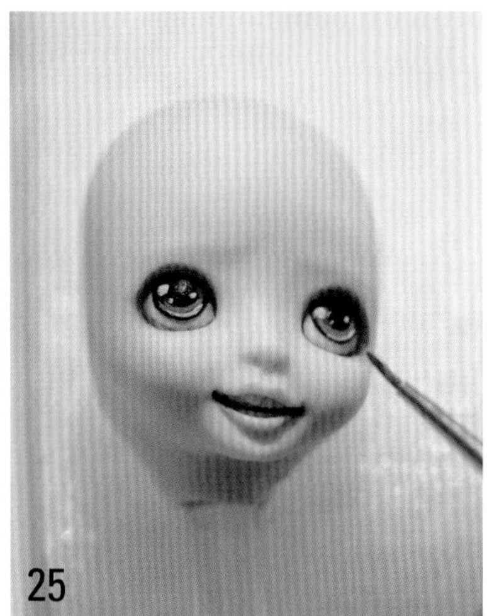

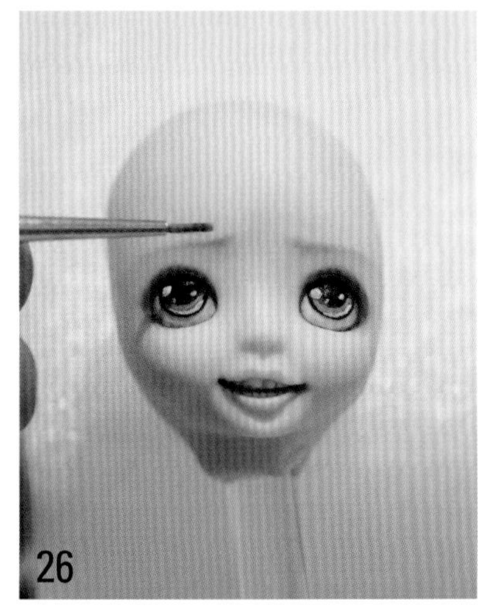

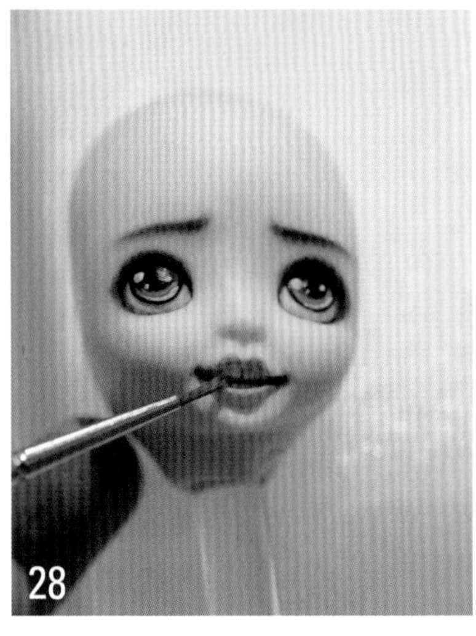

21 在嘴巴的缝隙里刷上肤色色粉。

22 在眼珠上画上瞳孔。

23 画上玻璃体高光。

24 3 个 0 勾线笔沾上棕色色粉刷在眼眶上。

25 另外一边眼眶也刷上色粉。

26 用棕色色粉刷出眉毛。

27 在眉毛上再刷一点黑色色粉。

28 嘴唇上刷上淡淡的粉色色粉。

29 在棕色眼影上方过渡粉色眼影。

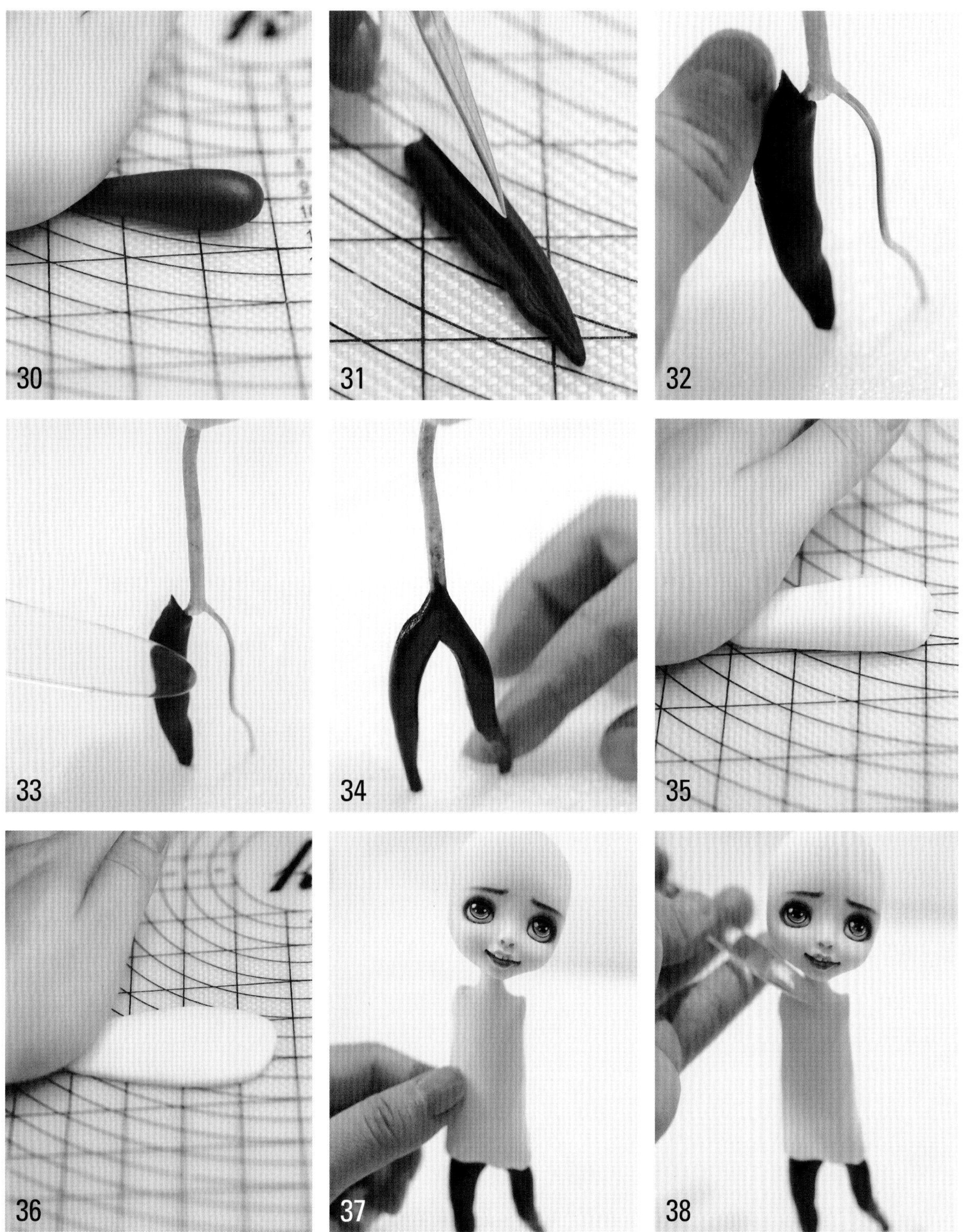

30　制作腿。取一块黑色翻糖搓成一端细的条。

31　用美工刀从后面切开。

32　安装在腿部支架上。

33　用大号主刀抹平不光滑的地方。

34　同样的方法制作另外一条腿。

35　制作身体。取一块肤色翻糖搓成上粗下细的条。

36　用手掌把翻糖拍扁。

37　安装在身体支架上，两边往后拉做成背部。

38　用针型棒压出肩膀的形状。

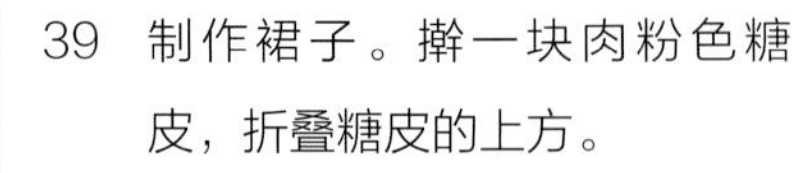

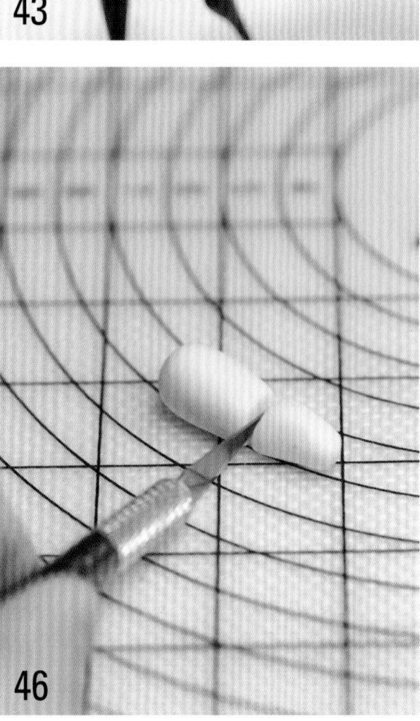

39 制作裙子。擀一块肉粉色糖皮，折叠糖皮的上方。

40 粘贴在胸部位置上。

41 中号主刀调整裙子的弧度。

42 粘贴处用中号主刀压平一些。

43 取一块肉粉色翻糖搓成条后安装在左肩上制作袖子。

44 开眼刀沿着袖边压出痕迹。

45 中号主刀制作并调整褶皱。

46 取肉粉色翻糖搓成长一点的水滴状，切除多余的翻糖。

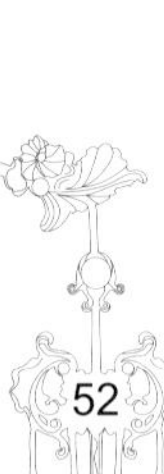

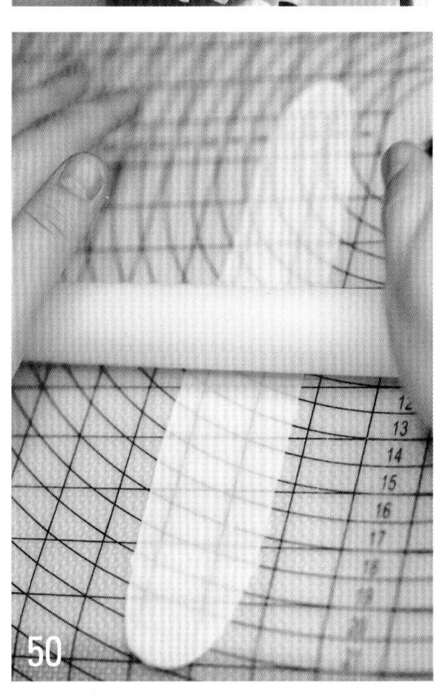

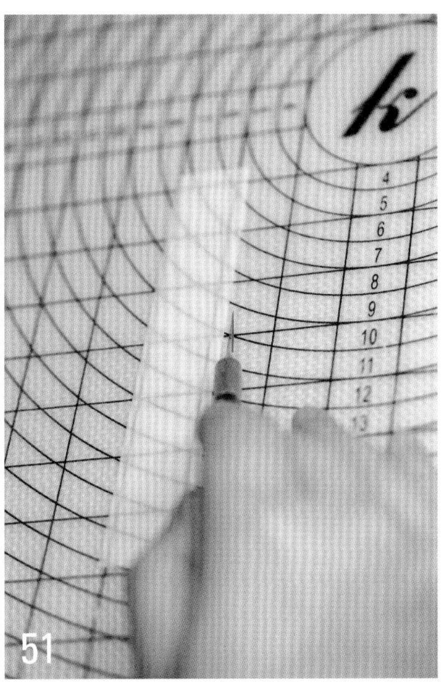

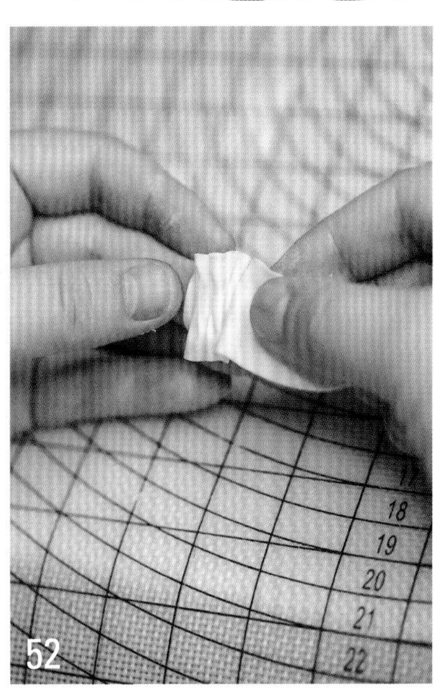

47　安装在右肩上，中号主刀与开眼刀做出袖口上的褶皱。

48　中号主刀做出袖子上的褶皱。

49　继续做出更多的褶皱。

50　制作领口的花边。擀一片薄一点的肉粉色糖皮。

51　裁成长方形。

52　糖皮中间的部分依次折叠出花边。

53　美工刀裁下需要的花边。

54　把制作好的花边安装在领口上。

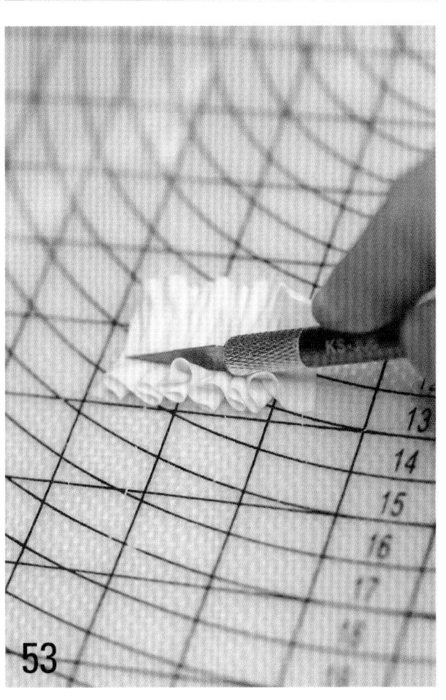

55

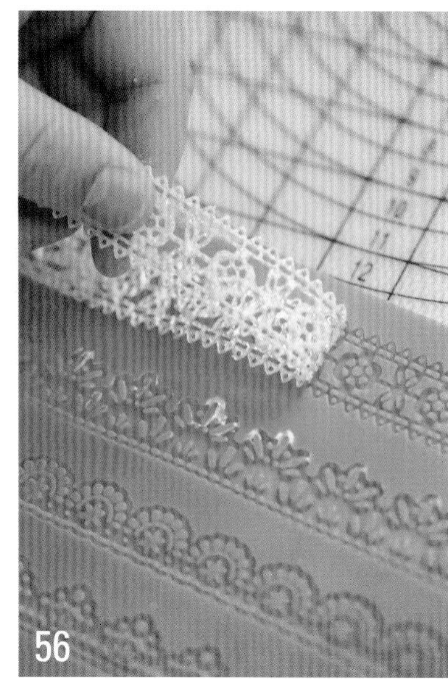

56

57

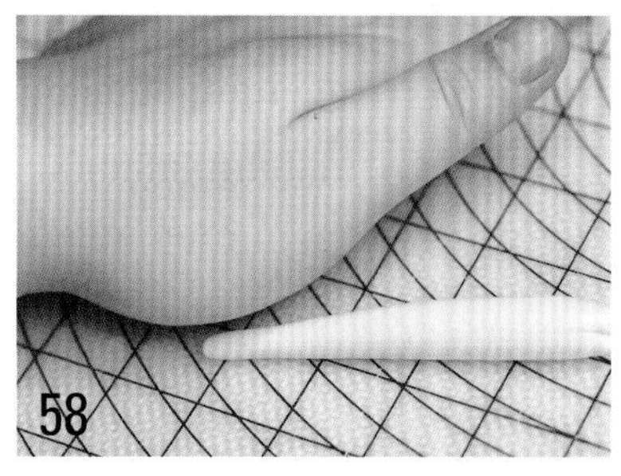

58

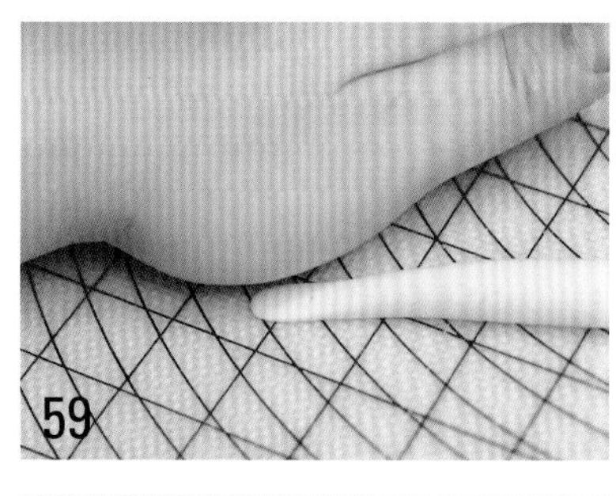

59

55　把蕾丝酱料均匀地抹在蕾丝模具上，抹平。

56　放入烤箱里上下火 100℃烤 10 分钟后脱模。

57　把制作好的蕾丝边粘贴在裙子下方。

58　取一块肤色翻糖搓成一端细的长条，用作手臂。

59　用手拍扁细端。

60　剪出五根手指，并搓圆滑，拉长一些。

61　中号主刀压出手掌上的肌肉。

62　调整手指的姿势。

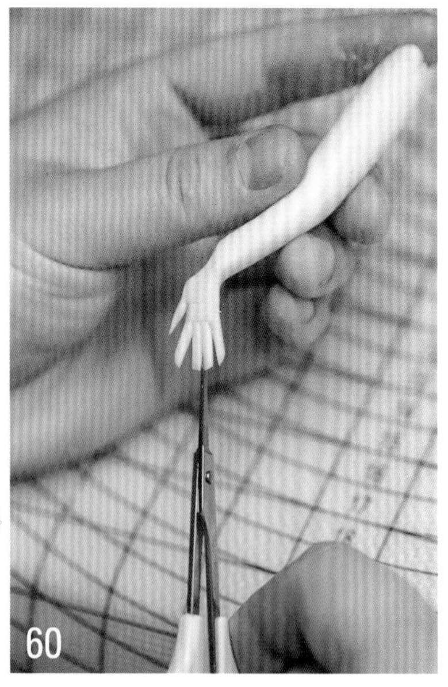

60

61

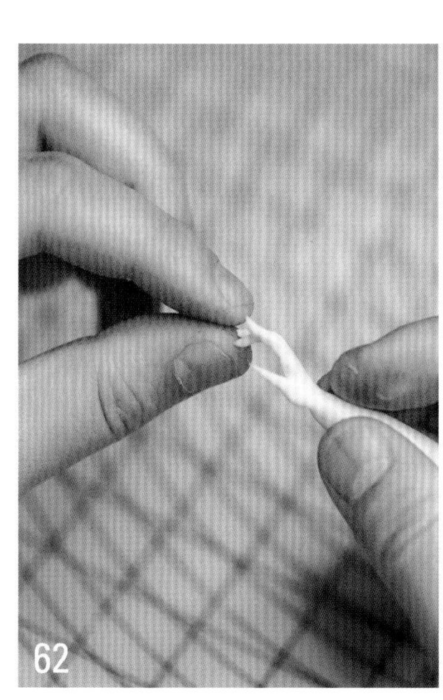

62

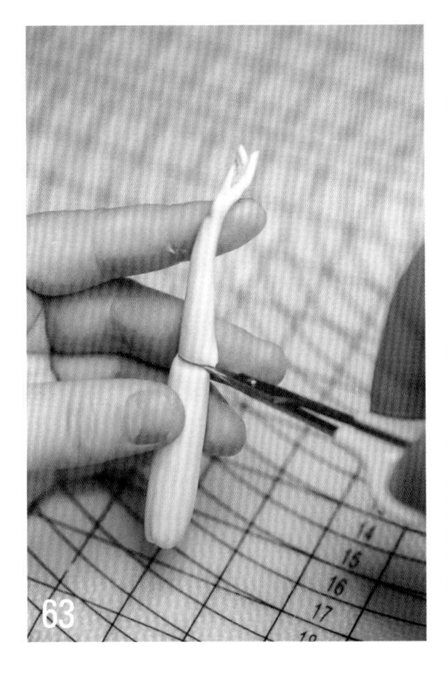

63

64

65

63　剪刀剪掉多余的翻糖。

64　待制作好的手臂晾干一些，安装在袖口的下方。

65　同样的方法安装另外一只手臂。

66　制作鞋子。取一块红色翻糖搓成水滴状。

67　另取一块红色翻糖擀成糖皮。

68　切掉糖皮的一边。

69　水滴状翻糖弯曲成鞋的大形，用糖皮包裹在水滴状翻糖的后方，制作成鞋子。

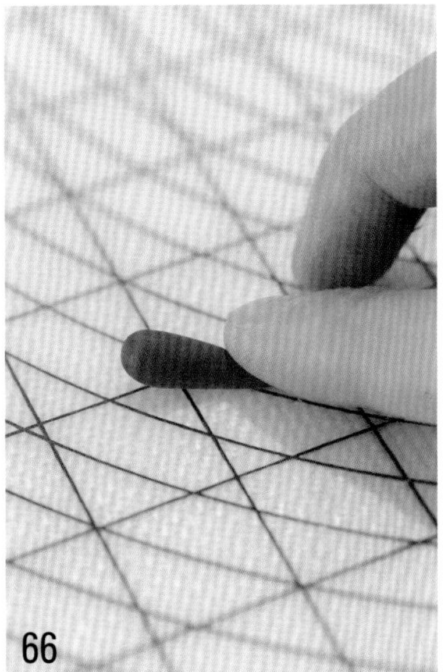

66

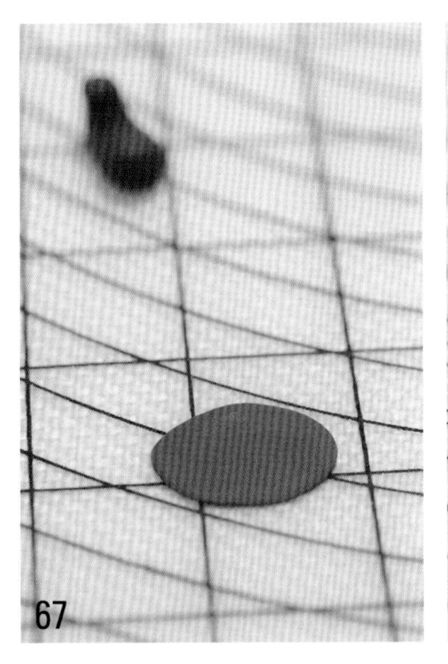

67

68

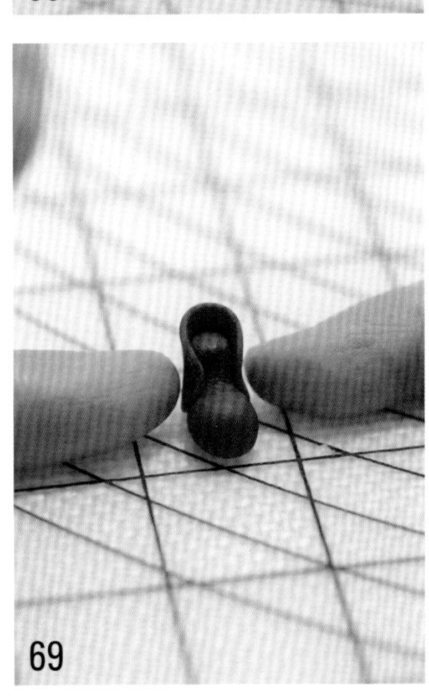

69

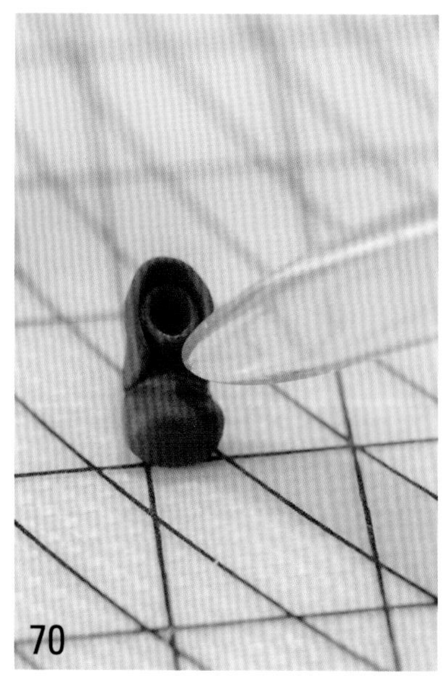

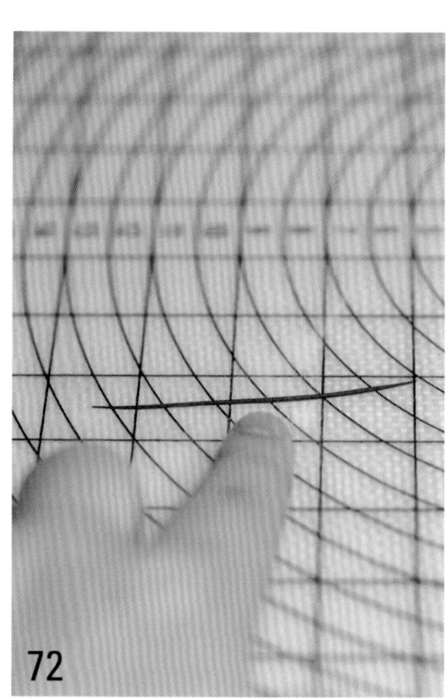

70 开眼刀做出鞋子的褶皱。

71 做出另外一只鞋子。

72 取黑色翻糖搓一条细长条。

73 安装在鞋子外侧作为皮扣。

74 继续做出另外一只鞋子上的皮扣。

75 制作好的鞋子展示。

76 擀一片黑色翻糖后裁出鞋底的形状。

77 贴在鞋子的鞋底。

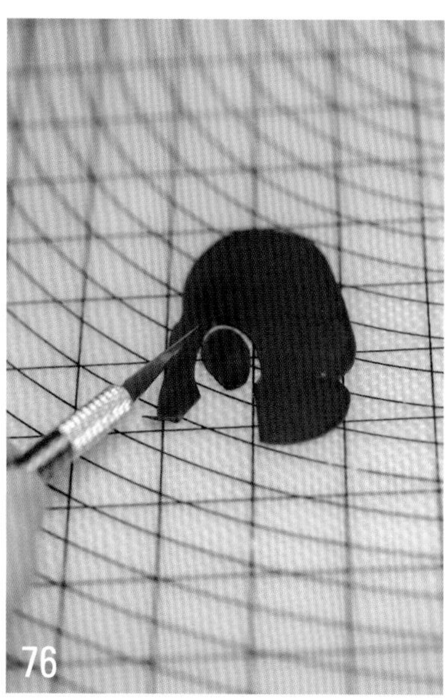

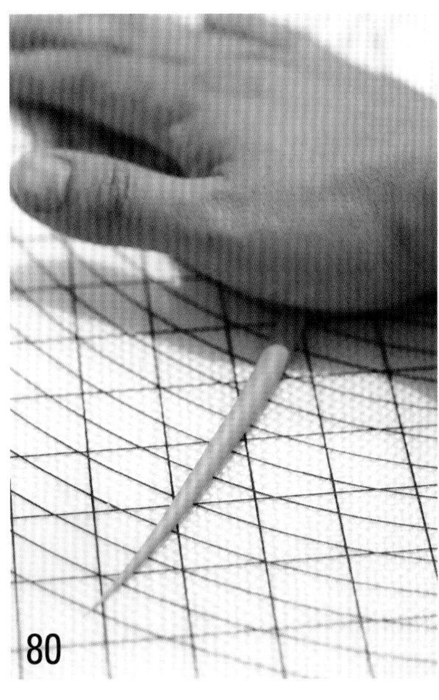

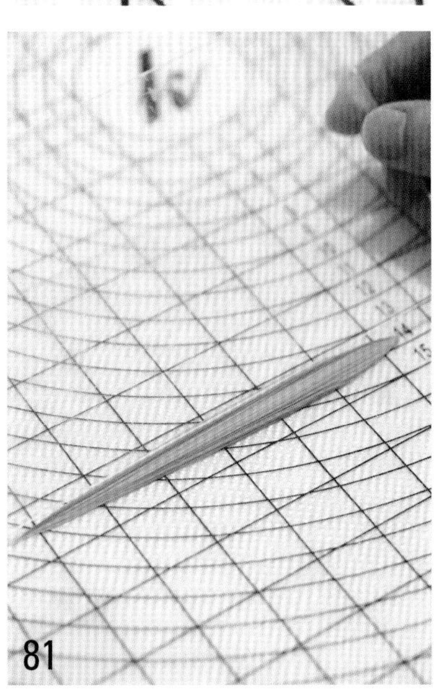

78　在鞋子内侧用大球刀压出一个凹槽。

79　另取一块青色翻糖条安装在鞋子内侧当作袜口。

80　制作头发。取黄色翻糖搓一根上粗下细的条。

81　压平后用亚克力板压出纹理。

82　缠绕在勾线笔上。

83　定好型后取下来。

84　把制作好的头发安装在头顶处，先粘贴后面的头发。

85　依次贴上头发。

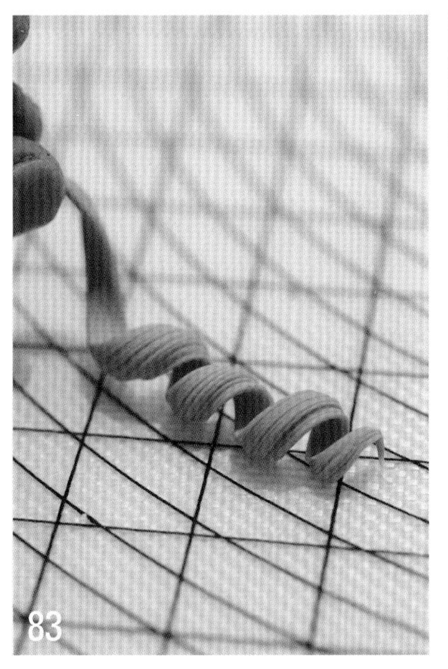

86

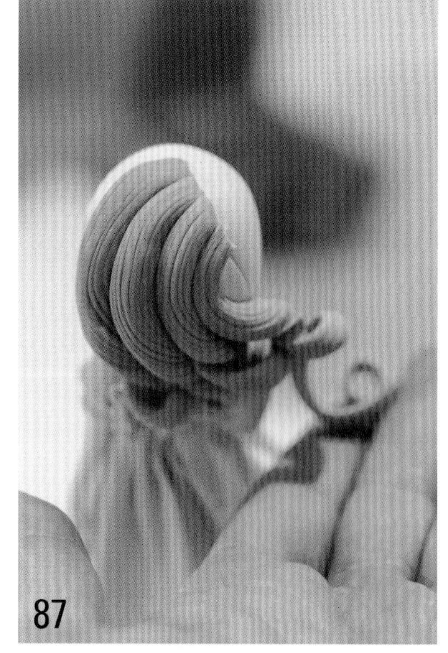

87

88

89

90

91

92

86 贴好的头发的正面展示图。

87 继续贴上头顶后方的头发。

88 头发会逐渐变短变小一些。

89 贴好左侧头发后再贴右侧的头发。

90 依次往前贴上头发。

91 左侧的头发也需要同时往前贴。

92 贴上两侧的刘海。

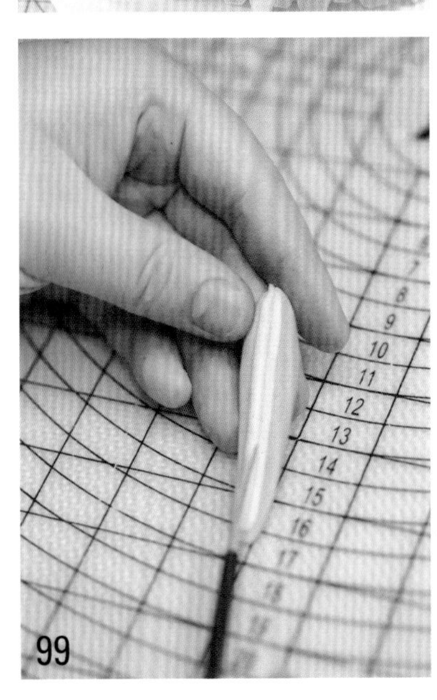

93 擀一块大一些的灰色糖皮放在底座上。

94 用工具刮出纹理。

95 刮好的纹理展示。

96 同样的方法再刮一条糖皮，粘在头顶处，用作发箍。

97 用模具制作一些花朵，拼接上，中间点缀珍珠糖。

98 把制作好的花朵贴在底座的四周。

99 将灰色与粉色的糖条粘贴在一起，用金属开眼刀在中间压一个凹槽，用作兔耳朵。

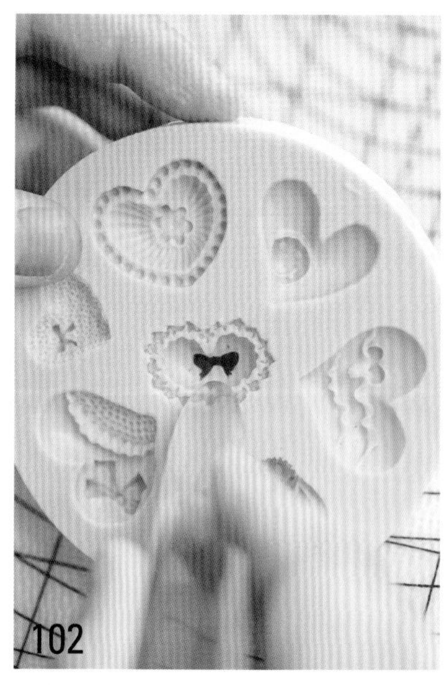

100　刮出耳朵上的毛发。

101　安装制作好的兔子耳朵。

102　取一块黑色翻糖压进硅胶模具中。

103　把蝴蝶结从硅胶模中取出。

104　将小蝴蝶结安装在胸前。

105　给脸刷上腮红。

106　裙子的夹缝处用色粉刷上阴影。

107　即成。

粉红女郎
SK

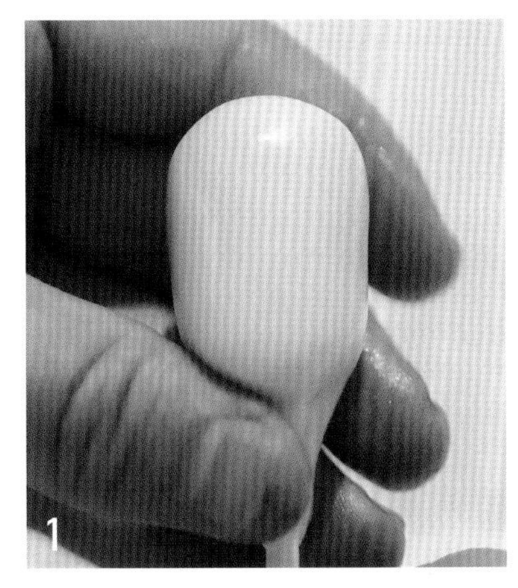

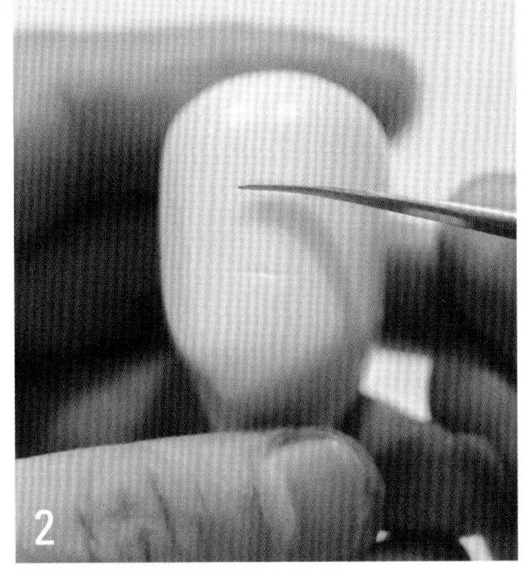

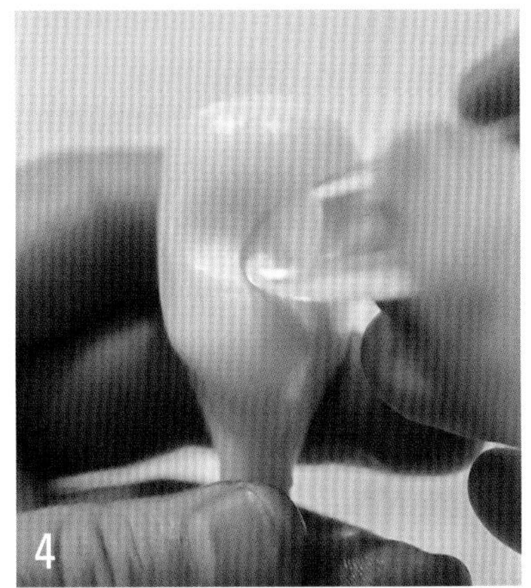

1　取一块肤色翻糖揉至糖体表面光滑后捏出头型，穿在针型棒上。

2　金属开眼刀定出头像的三庭。

3　针型棒往下压出眉骨的深度。

4　大号主刀在鼻梁的一侧压出凹陷。

5　大号主刀在鼻梁的另外一侧定出鼻梁的宽度，然后大号主刀向两边延伸，做出眉骨。

6　中号主刀在中庭的位置向上推起一些，定出鼻子的长度。开眼刀把下巴凸起的部分往下压低一些，抹光滑。

7　金属开眼刀开出上下唇。

8　中号主刀向上推出上唇。

9　开眼刀弧面朝上做出上嘴唇的弧度。

10　小球刀伸进嘴巴里往外挑出唇珠。

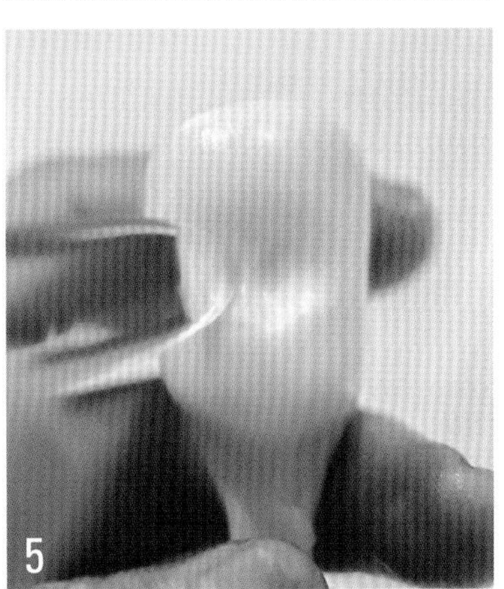

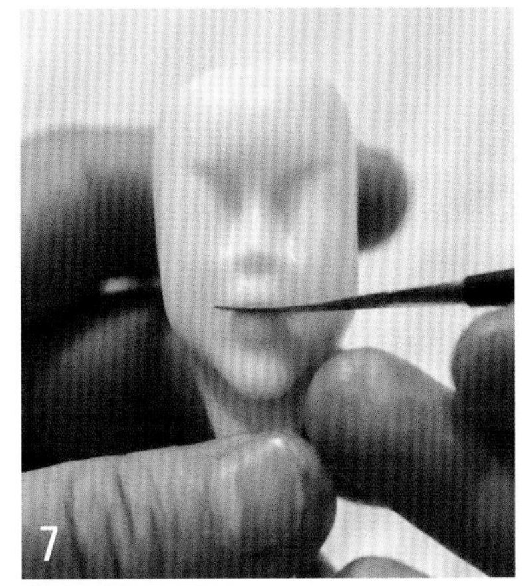

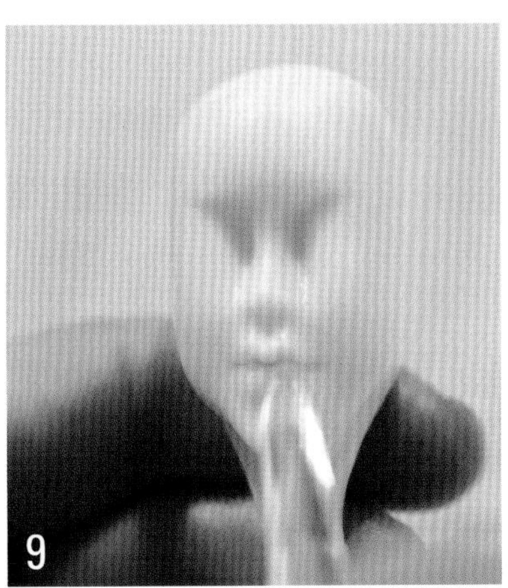

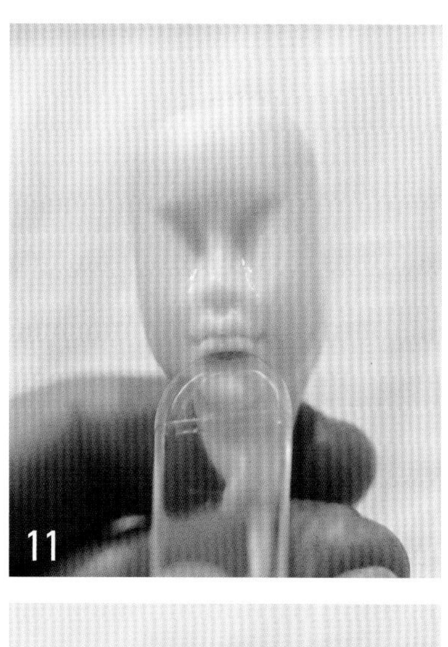

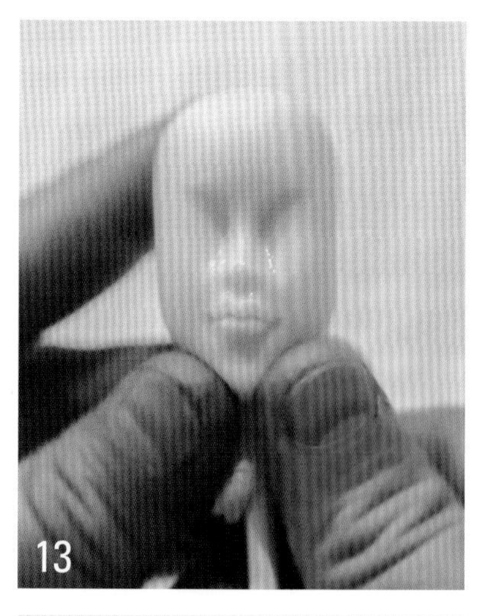

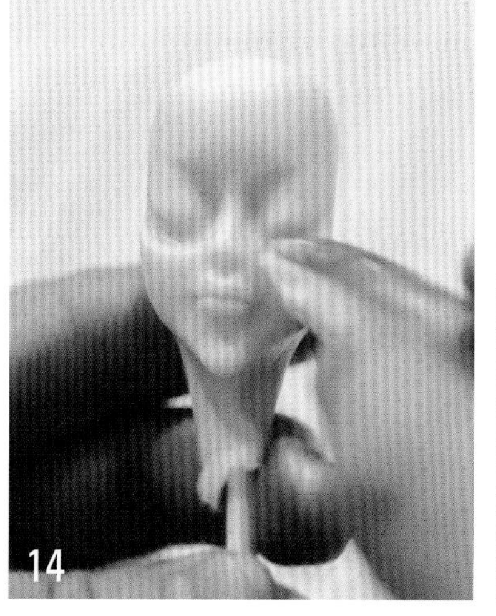

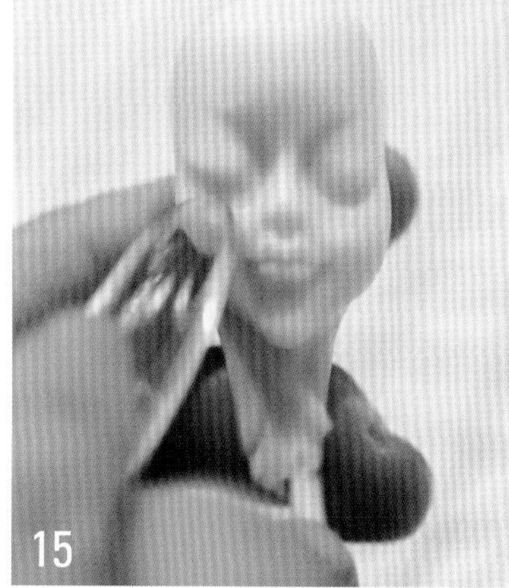

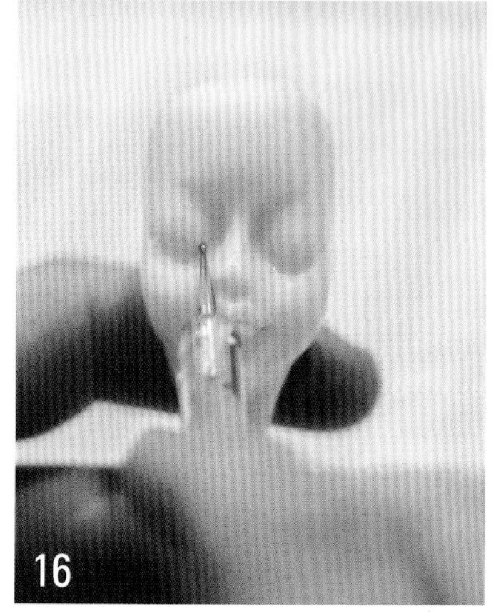

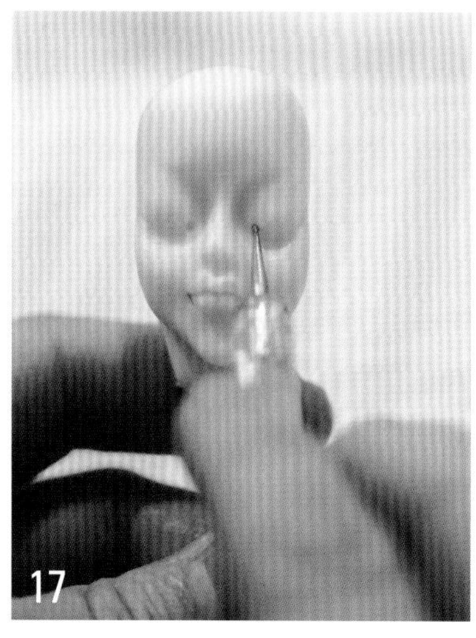

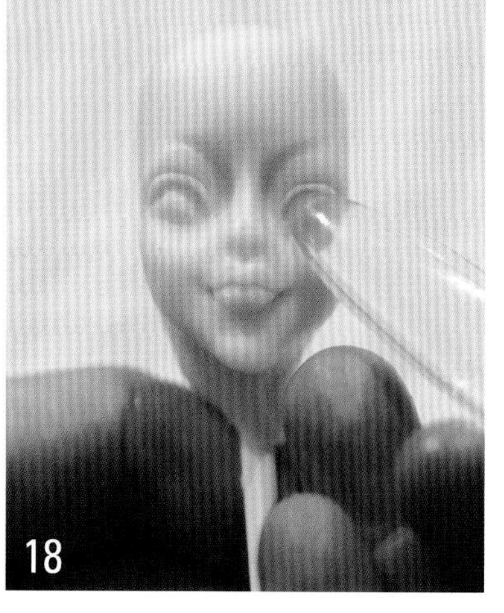

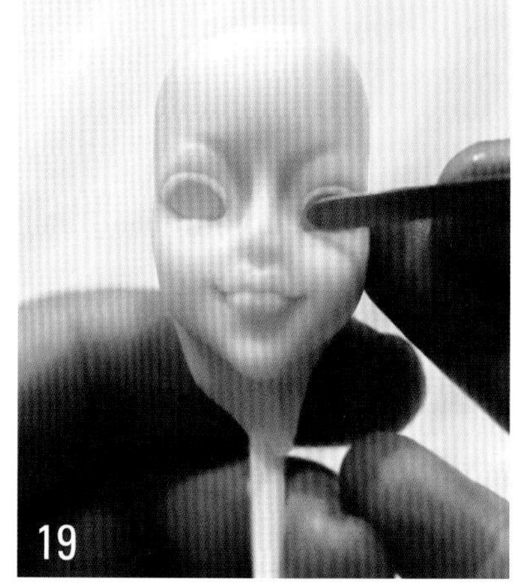

11　中号主刀在下巴的位置向上推出下嘴唇。

12　把两侧嘴角收到嘴巴内侧。

13　大拇指将下巴上推收窄，定出脸型。

14　大号主刀点压出眼睛轮廓。

15　开眼刀弧面向下，将面颊下压，突出鼻部轮廓。

16　小球刀定出眼睛的宽窄位置。

17　开眼刀弧面朝上，划半圆形开出上眼皮与双眼皮。

18　开眼刀平面朝上做出上眼眶。

19　金属开眼刀把眼眶内的翻糖往下压低一些。

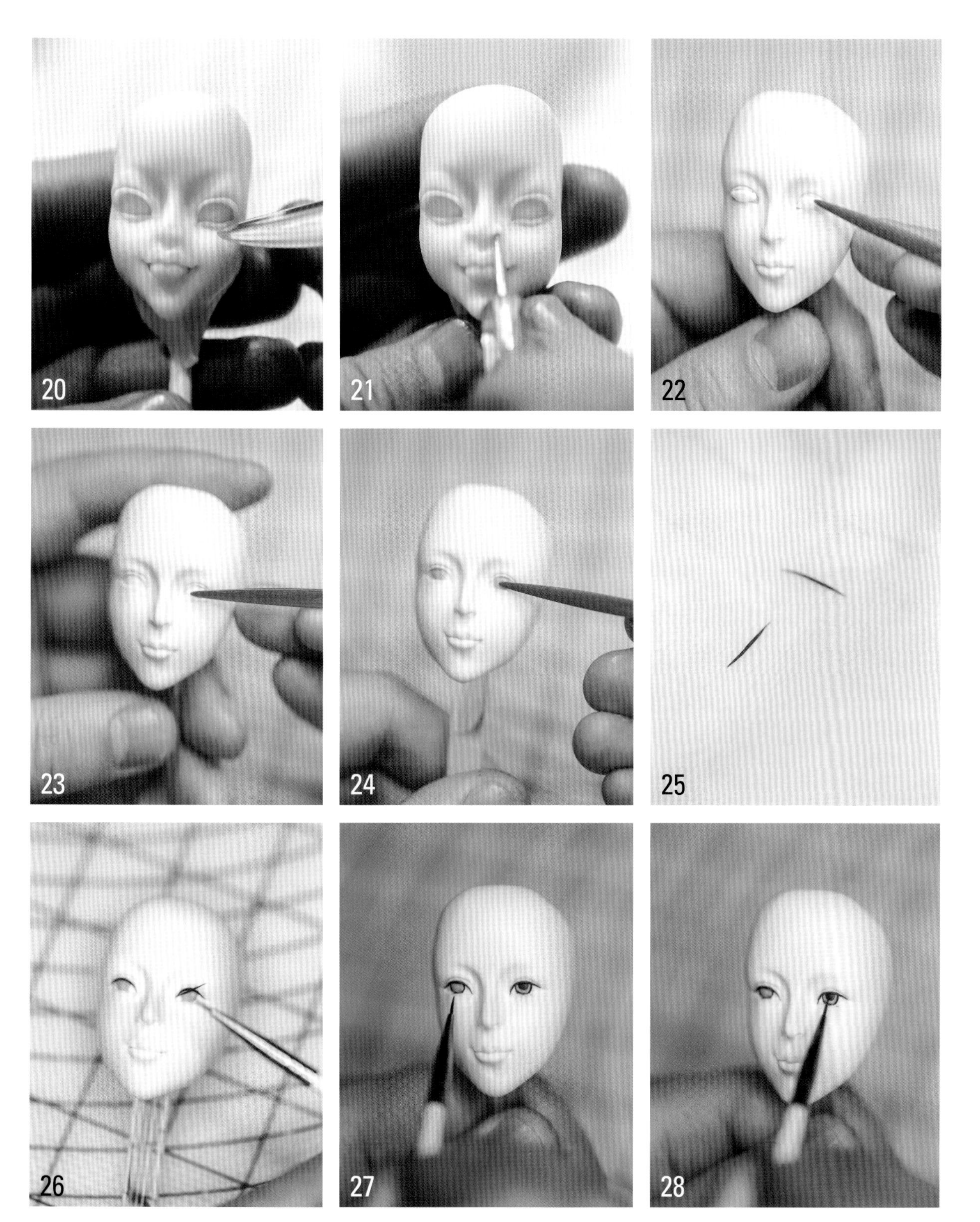

20 开眼刀平面朝上推出下眼皮。

21 小球刀做出鼻孔。

22 眼眶内填入白色翻糖当眼白。

23 金属开眼刀压平白眼仁。

24 贴上一小块蓝色翻糖压平后当眼珠。

25 制作眼线。黑色翻糖搓细条。

26 粘贴在眼眶与眼白的夹缝上。

27 勾线笔沿着眼珠画一圈黑色轮廓线。

28 画上瞳孔。

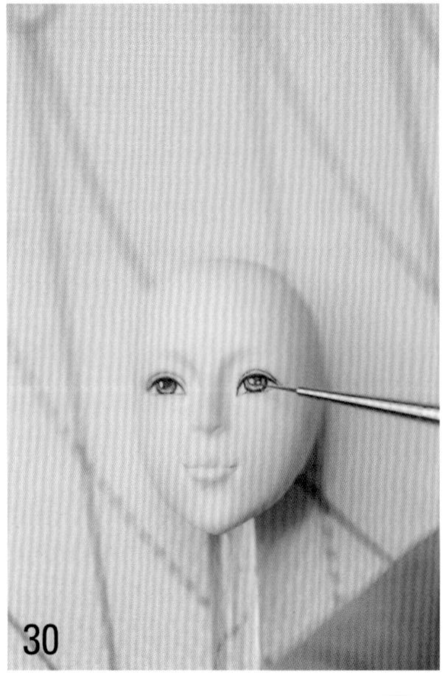

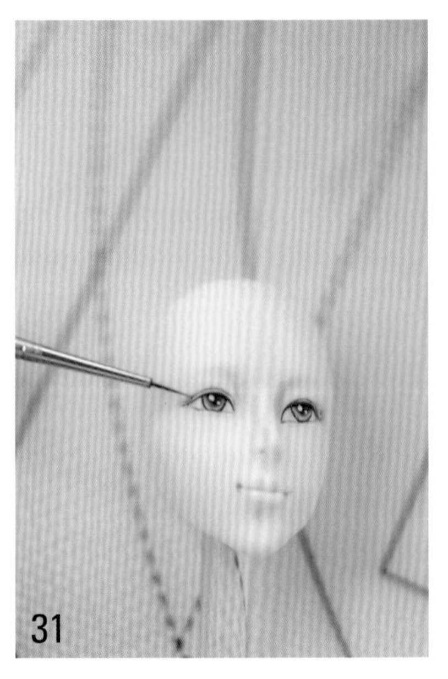

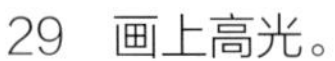

29 画上高光。

30 继续画上高光。

31 画出双眼皮。

32 眼尾扫一点点咖啡色色粉。

33 用咖啡色色粉描出眉毛。

34 嘴唇上刷上淡淡的粉色。

35 嘴唇中间夹缝的地方颜色要深一些。

36 取肤色翻糖揉成圆柱形，压扁，用作身体。将做好的头部安好，身体初坯安装在前胸的支架上。

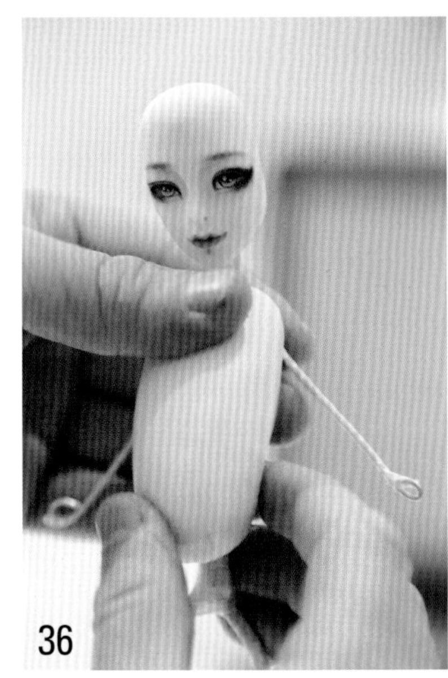

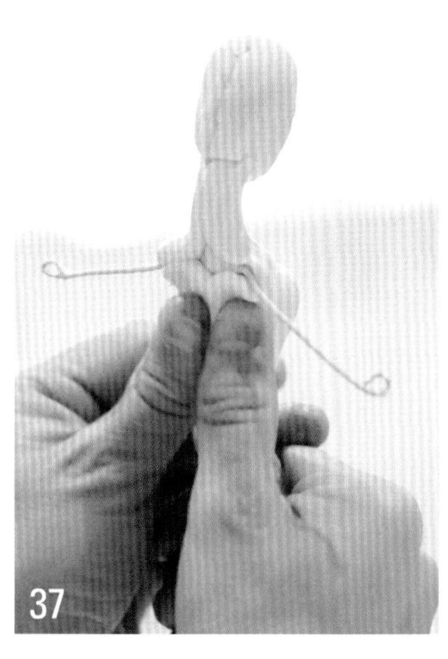

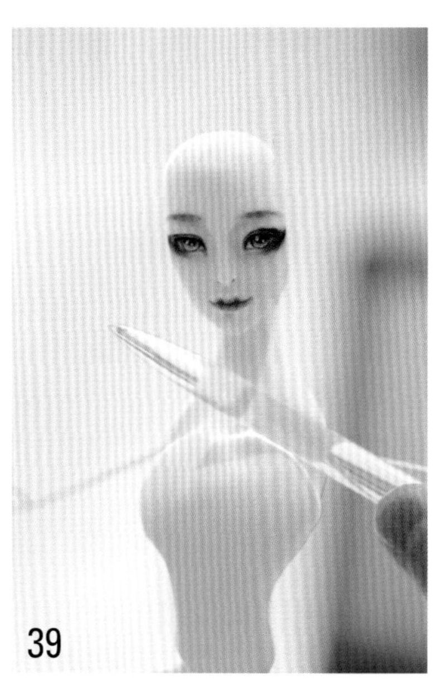

37 把多余的翻糖贴合在背部的支架上。

38 将两侧腰向后收窄。

39 针型棒在胸部上方压出轮廓。

40 捏除脖子多余的翻糖。

41 手指整理脖子的粗细。

42 中号主刀抹平脖子与头像的接口。

43 针型棒在前胸位置压出一个凹槽，分出左右胸部。

44 针型棒压深胸部下方的弧形。

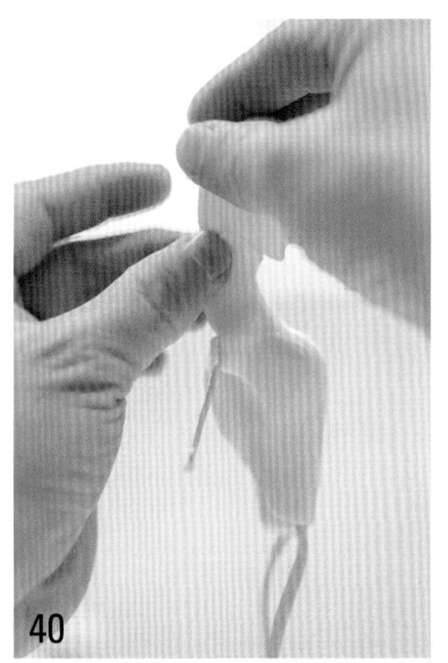

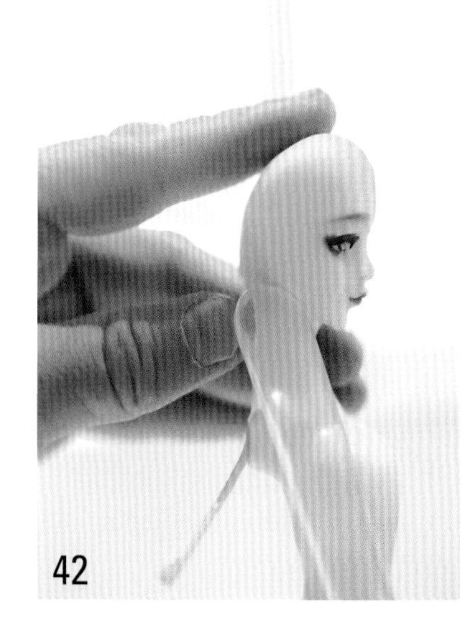

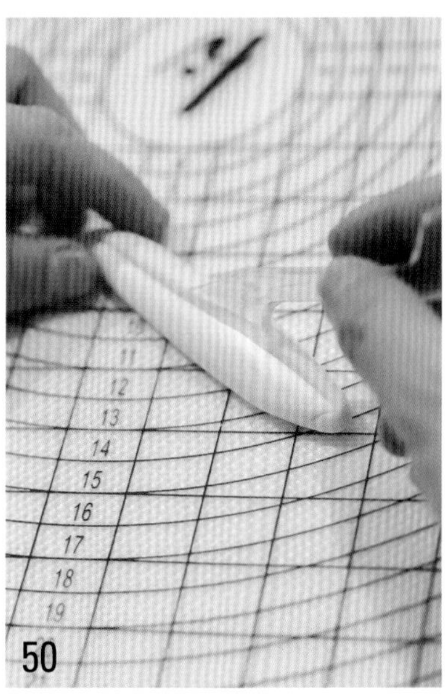

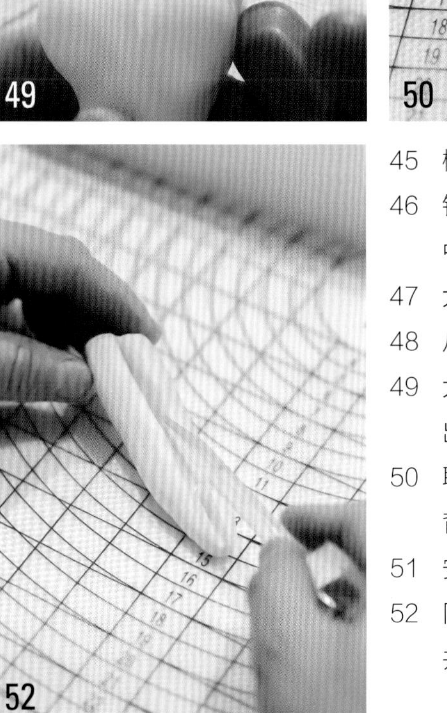

45　橡皮刀调整胸部的形状。

46　针型棒的圆弧一头，在锁骨的中间位置压出一个凹槽。

47　大号主刀做出脖筋。

48　从上往下轻压，做出锁骨的大形。

49　大号主刀在凹陷处两侧向上推出锁骨。

50　取一块肉色翻糖搓成长条后从背面切开，用作大腿。

51　安装在支架上，抹平接口部分。

52　同样的方法搓出一条肉色翻糖并划开，用作小腿。

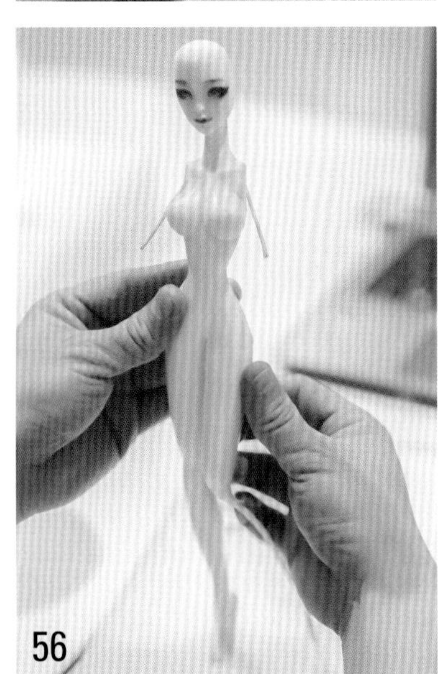

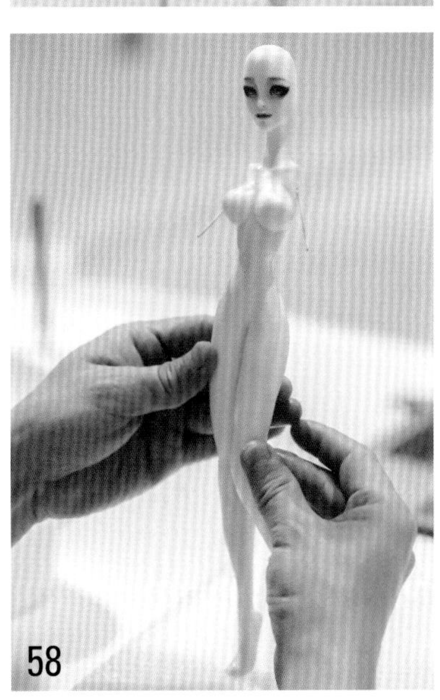

53 安装在小腿支架上。

54 小腿与大腿做一个衔接后，捏出小腿上的肌肉线条。

55 中号主刀抹平后方的接口。

56 另取一块肤色翻糖，用同样的方法做出左腿。

57 大小腿做好衔接。

58 捏出膝盖两侧的弧度。

59 捏出小腿多余的翻糖后用美工刀切掉，然后做出脚的大形。

60 另取两块肤色翻糖贴在臀部。

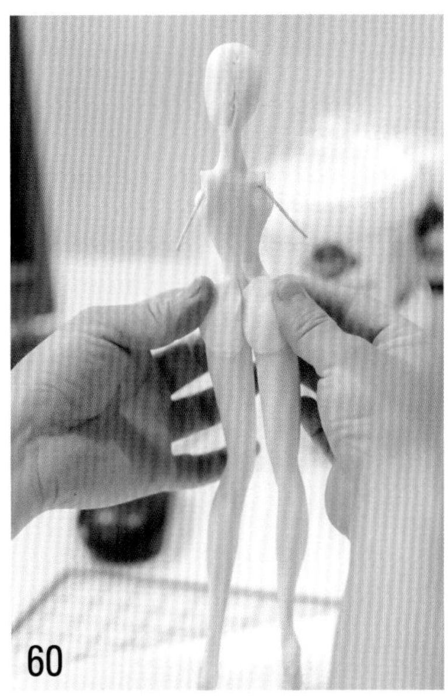

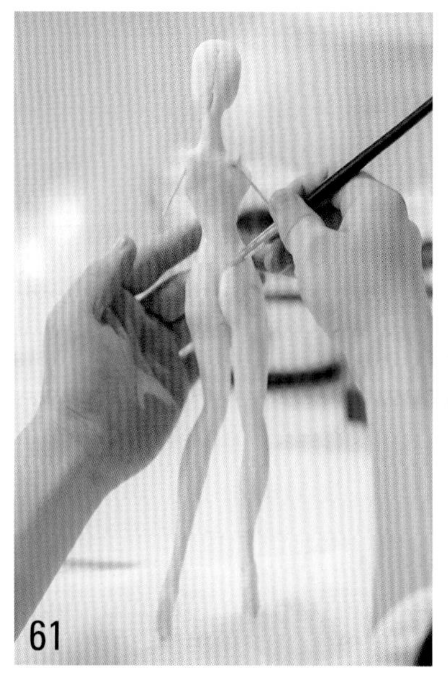

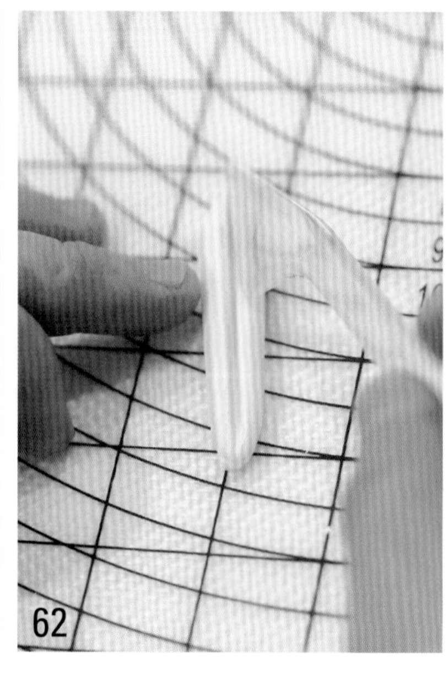

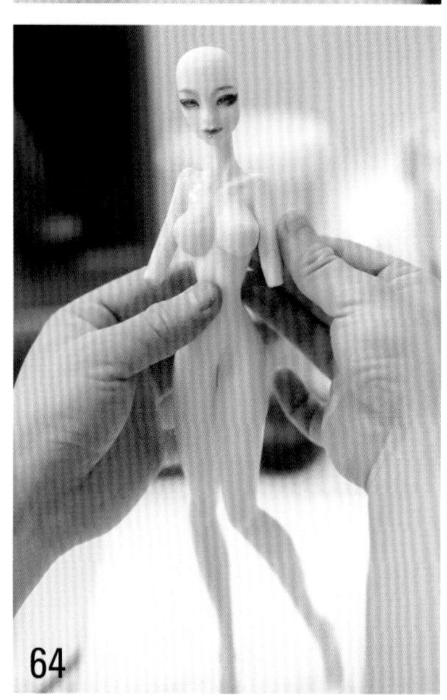

61　抹平臂部接口部分。

62　制作手臂。另取一块肤色翻糖搓成条后从背后切开。

63　安装在手臂支架上。

64　制作安装另外一只手臂。

65　橡皮刀做出肚脐。

66　蕾丝酱料模具做出一条蕾丝边。放入烤箱，上下火 100℃烤 10 分钟左右，取出。

67　把制作好的蕾丝边折叠起来。

68　将折好的蕾丝边贴在一侧胯骨上。

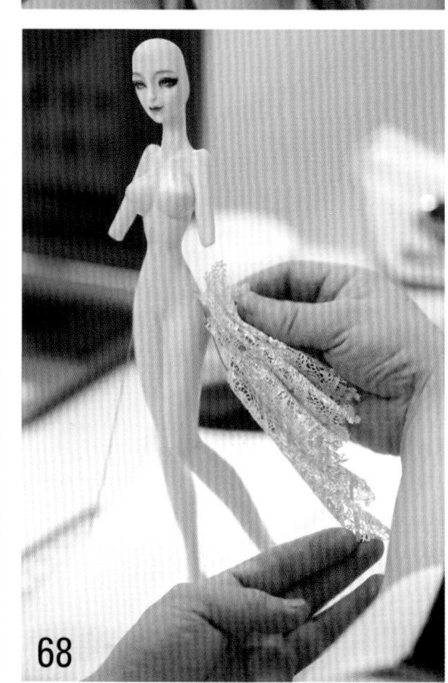

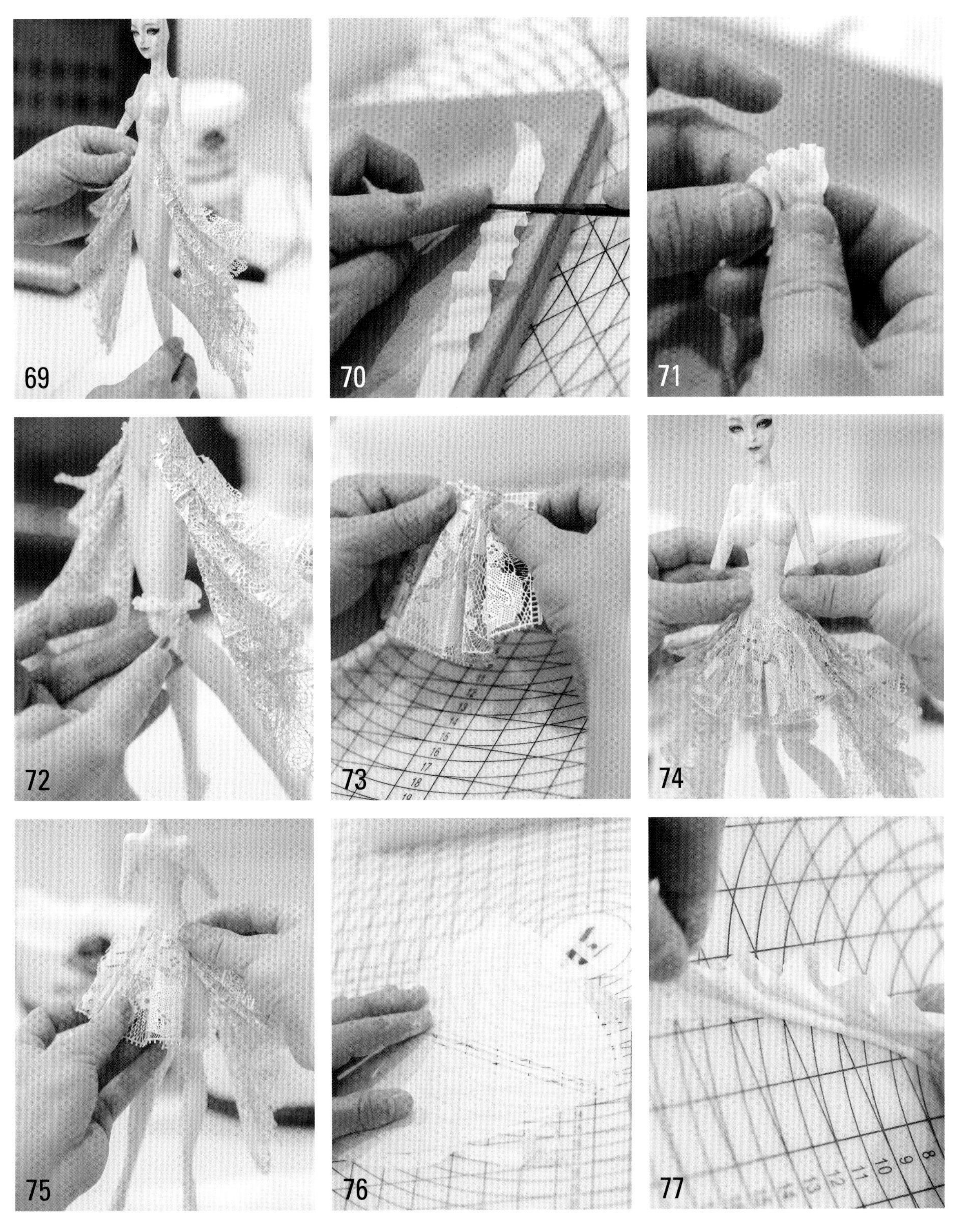

69 另外一侧胯骨上也贴上蕾丝边。

70 另取一小片白色糖皮放在海绵垫上，用锥形刀碾压出褶皱。

71 折叠在一起。

72 安装在膝盖上方。

73 制作好的蕾丝边折叠起来。

74 安装在腹部的位置。

75 同样的折叠方法将蕾丝边依次贴在后腰。

76 擀一块白色糖皮，从中间分开。

77 折叠一侧的糖皮，折出波浪形的褶皱。

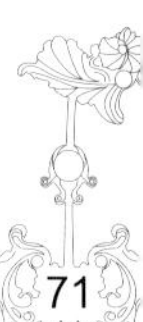

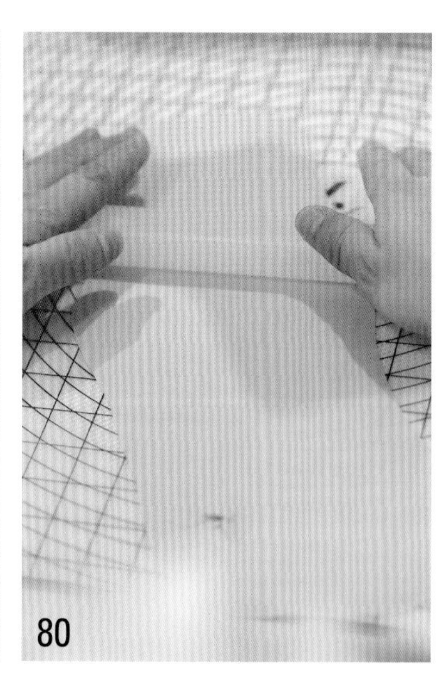

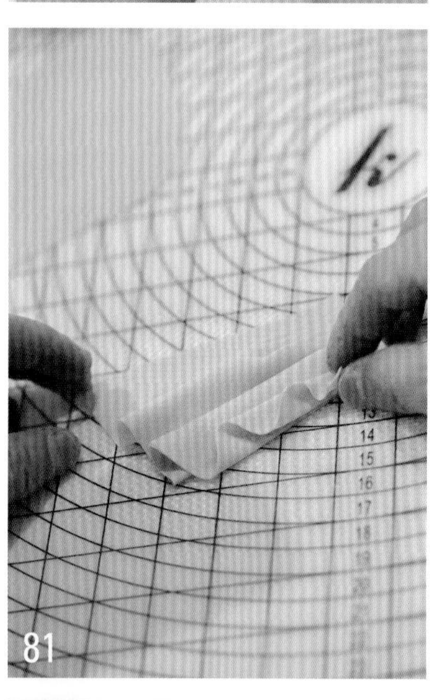

78　安装在胯骨的一侧。

79　制作并安装另外一侧的裙子。

80　另擀一片稍大的肉粉色糖皮。

81　裁出一块后用同样的方法折叠出波浪形褶皱。

82　粘贴在腰间两侧。

83　开眼刀调整裙子上褶皱的起伏。

84　中号主刀梳理裙子的褶皱。

85　用手调整一些大褶皱。

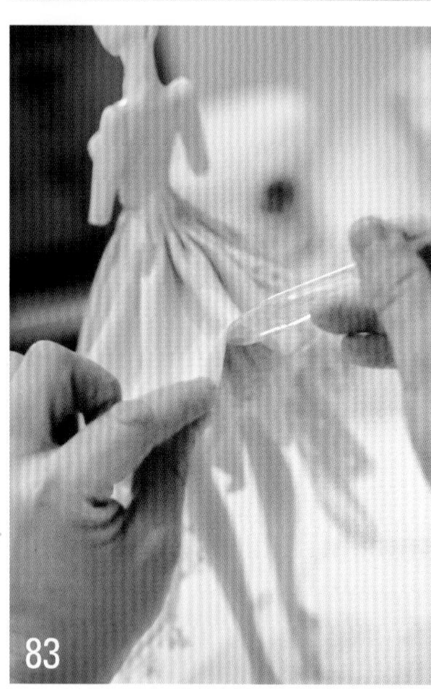

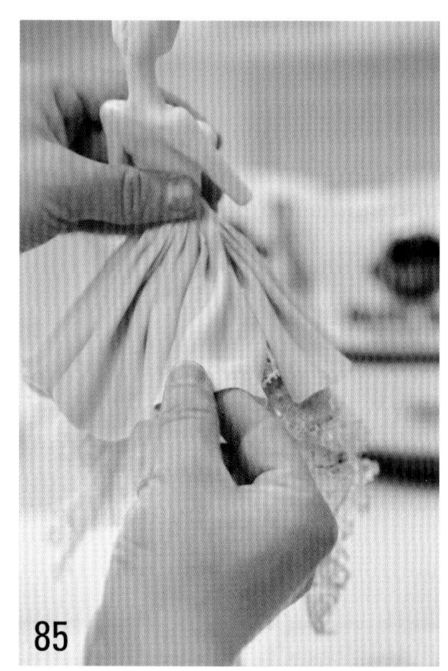

86　取蕾丝模具抹上蕾丝酱料。

87　入烤箱以上下火 100℃烤 10 分钟，取出脱模。

88　安装在裙子的边缘处。

89　另取一块白色翻糖擀成薄片，稍微长一些。

90　放在海绵垫上压出波浪形纹理。

91　用锥形刀向前推出褶皱。

92　用锥形刀将中间压实。

93　安装在腰间。

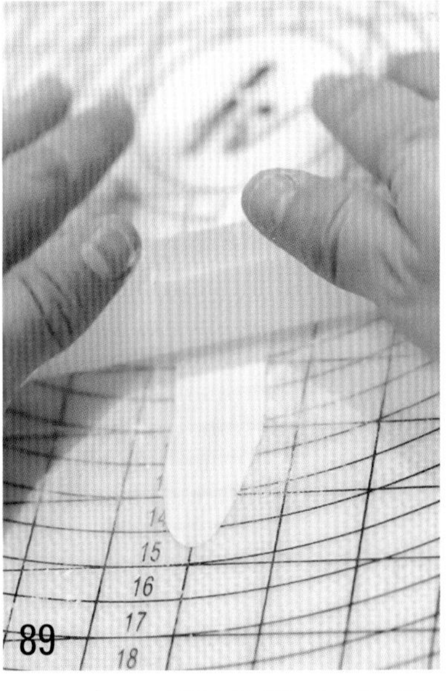

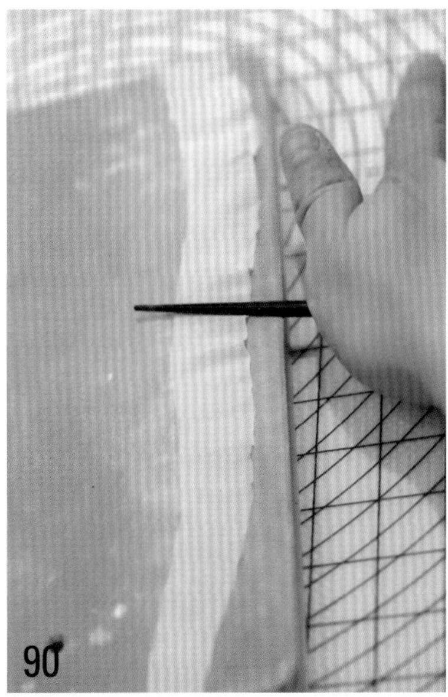

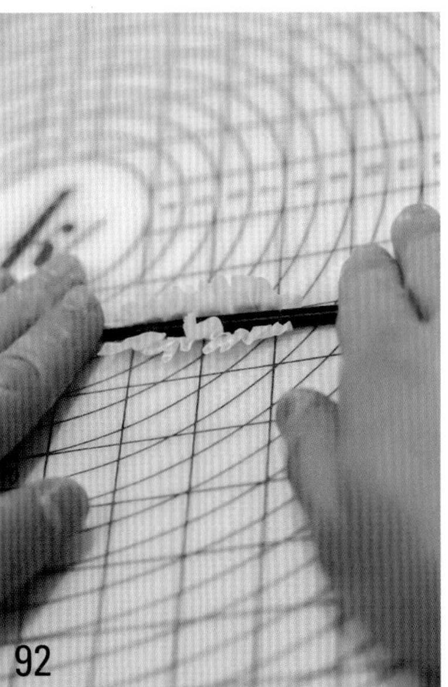

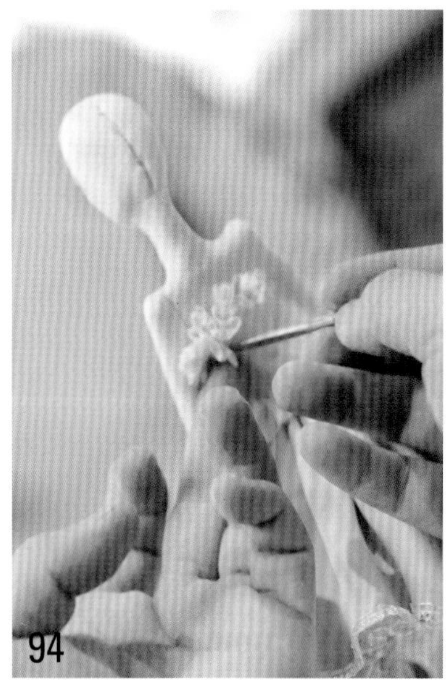
94

95

96

97

94　同样的方法做出花边，安装在后背。

95　腰间的花边重叠两层。

96　同样的方法做出花边安装在胸前。

97　同样的方法做出花边粘贴在脖子处。

98　另取一片白色糖皮贴在腰的正中间当束腰。

99　鳞型棒从上往下压出纹理。

100　再从下往上压出纹理。

98

99

100

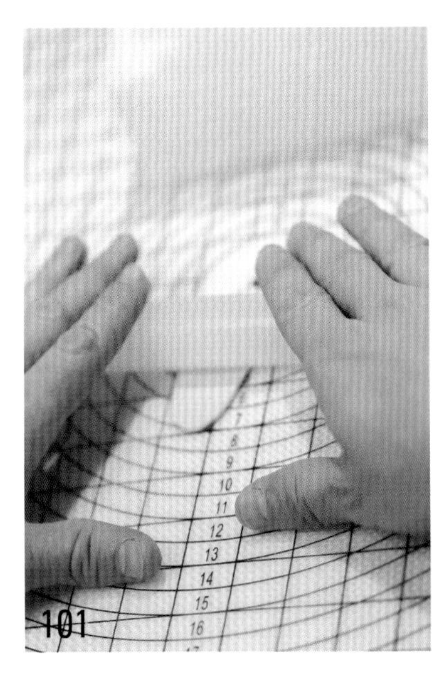

101　制作腰封。取一块肉粉色翻糖擀成片。

102　粘贴在腰间。

103　贴好后裁掉多余的翻糖。

104　小球刀压出一些小洞。

105　鳞型棒在腰封上缘压出纹理。

106　制作泡泡袖。另取一片肉粉色糖皮放在海绵垫上压出波浪形纹理。

107　折叠糖皮上方。

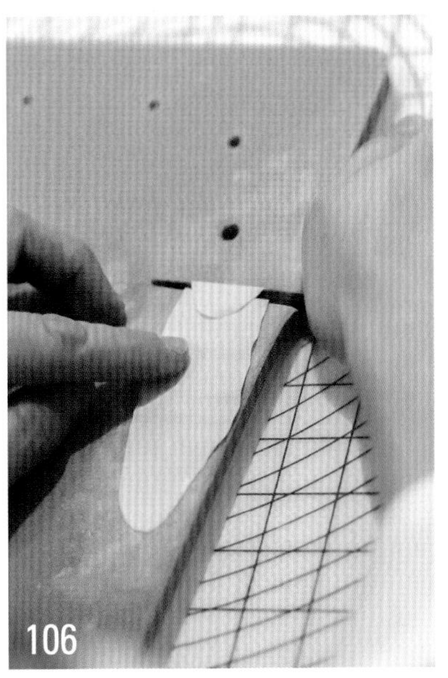

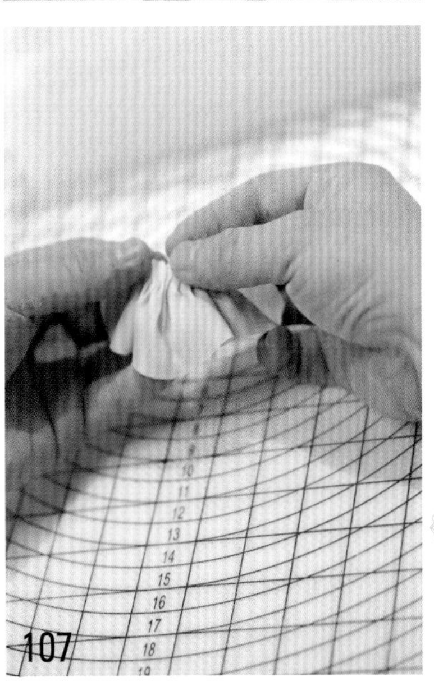

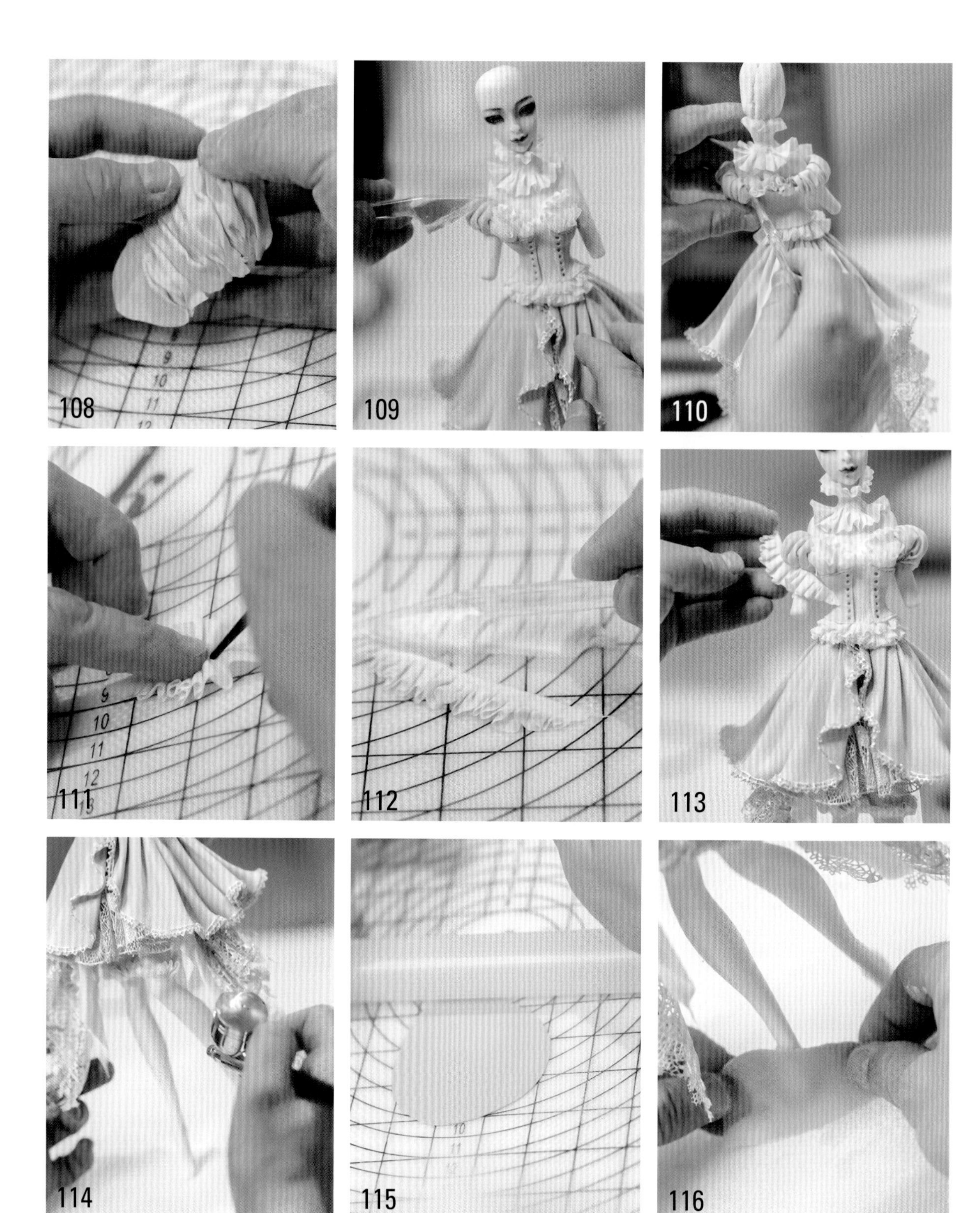

108　折叠好上方后以同样手法折叠糖皮下方。

109　安装在肩膀下方，用作泡泡袖。

110　同样的方法做出另一侧泡泡袖。

111　制作泡泡袖的花边。取一片白色糖皮堆叠出褶皱。

112　从中间切开。

113　粘贴在袖口下方。

114　把腿喷成白色，使之看起来像袜子一样。

115　制作鞋子。取一片粉色翻糖擀成片。

116　粘贴在脚面上。

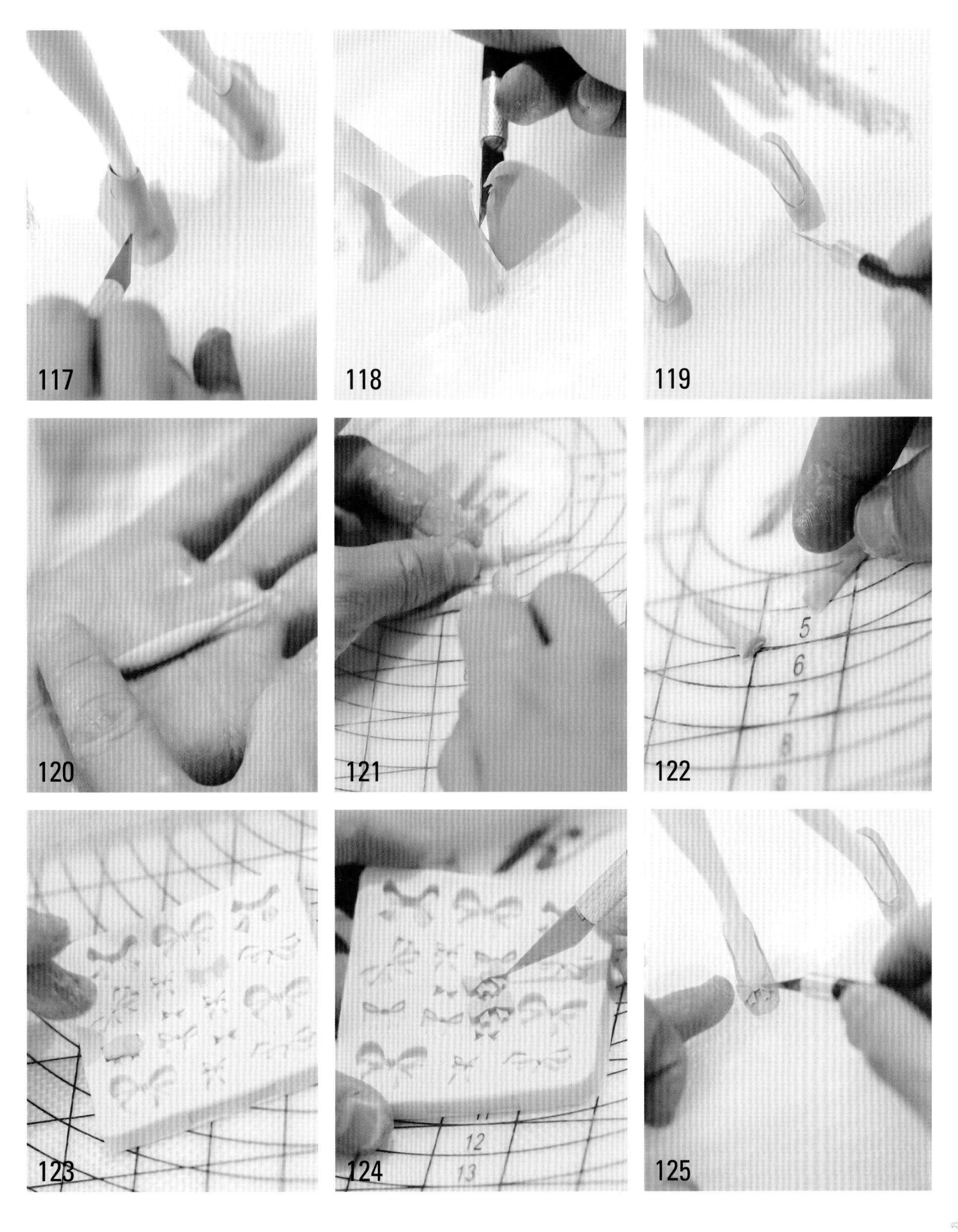

117　美工刀切除多余的翻糖。

118　沿脚底足弓的弧度切除多余的翻糖。

119　切出鞋子的大形。

120　制作鞋跟。取一块粉色翻糖搓成长橄榄状，头需要搓尖一些。

121　切出两头尖的部分。

122　用两头尖的部分制作鞋跟。

123　用蓝色翻糖在硅胶模具上做出小蝴蝶结。

124　取出制作好的蝴蝶结。

125　安装在鞋子上。

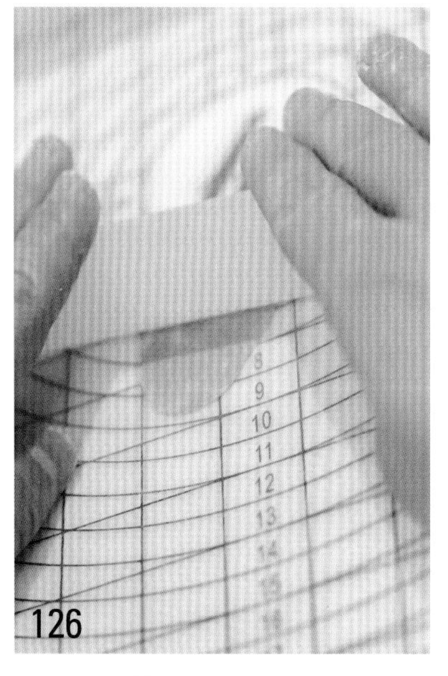

126

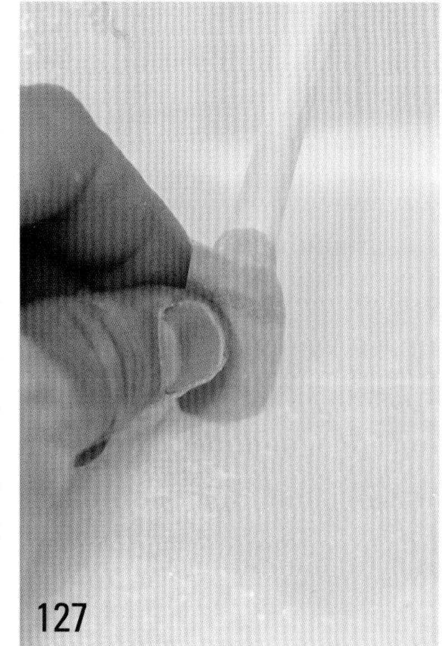

127

128

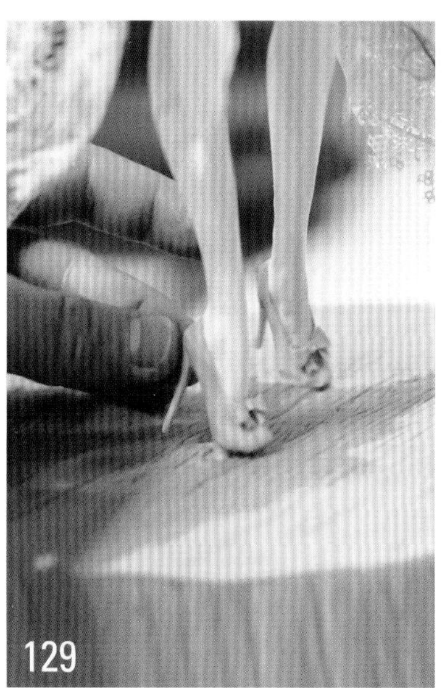

129

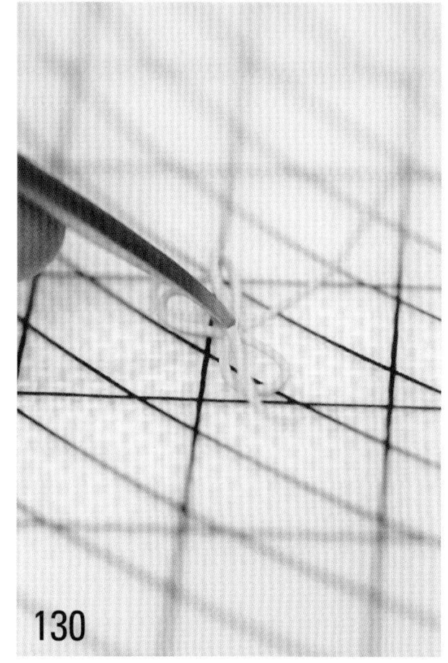

130

131

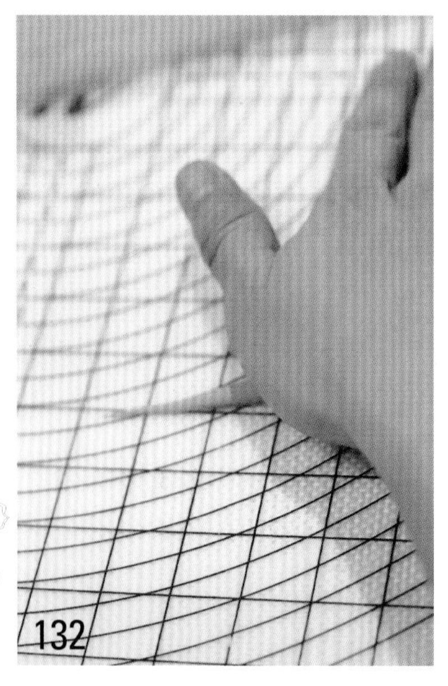

132

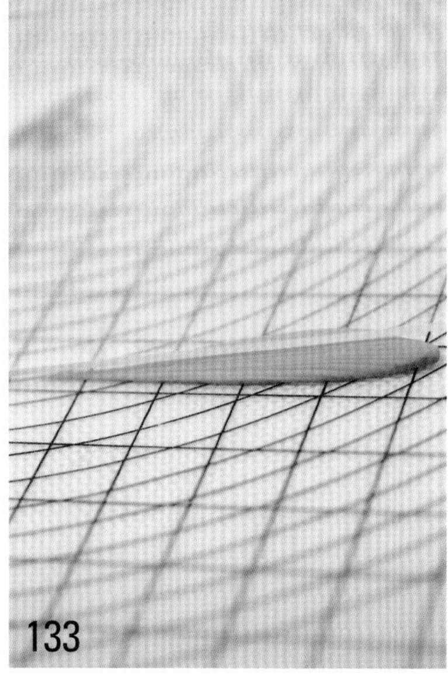

133

126　制作鞋底。另取一块黄色翻糖擀成薄片。

127　粘在鞋子底部。

128　用美工刀切除鞋底多余的翻糖。

129　装上之前做好的鞋跟。

130　取一块粉色翻糖搓成细长条，用铁质开眼刀折叠出一个蝴蝶结。

131　粘在脚踝上。

132　制作头发。取一块黄色翻糖搓成锥形。

133　拍扁后用亚克力板压出头发的纹理。

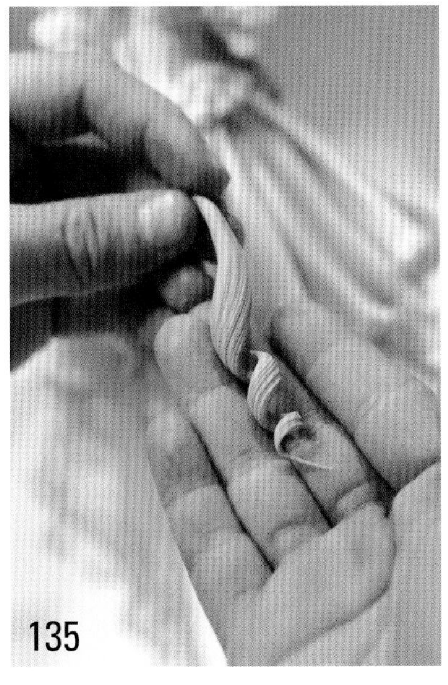

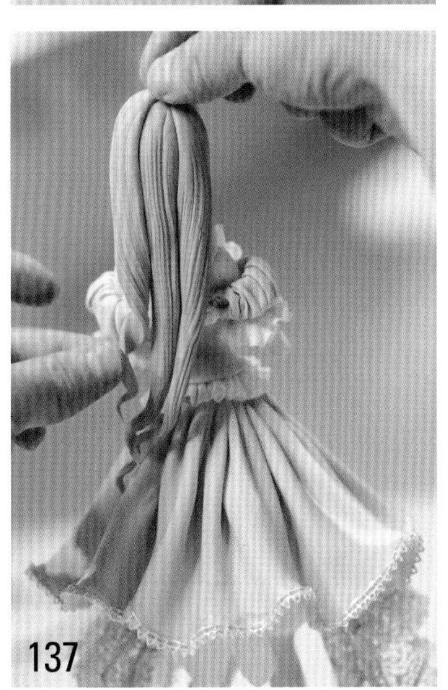

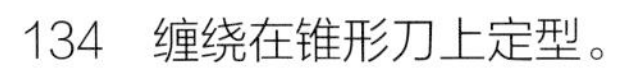

134　缠绕在锥形刀上定型。

135　定好型的头发展示。

136　安装在后脑勺上。

137　依次安装上做好的头发。

138　逐步往前安装头发。

139　两边同时往前安装头发。

140　注意发尖的角度。

141　同样的方法做出一小撮头发，用剪刀斜剪一刀。

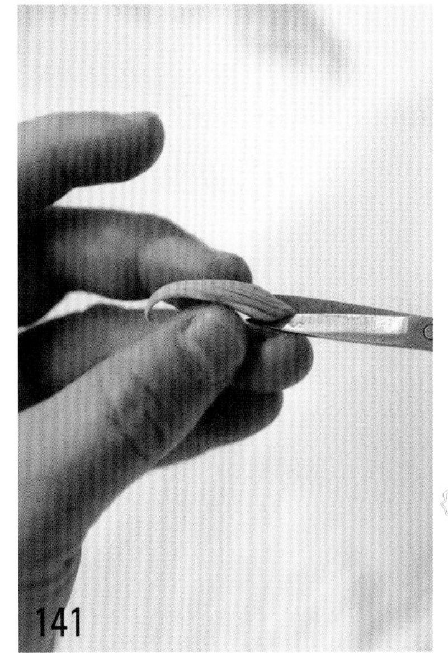

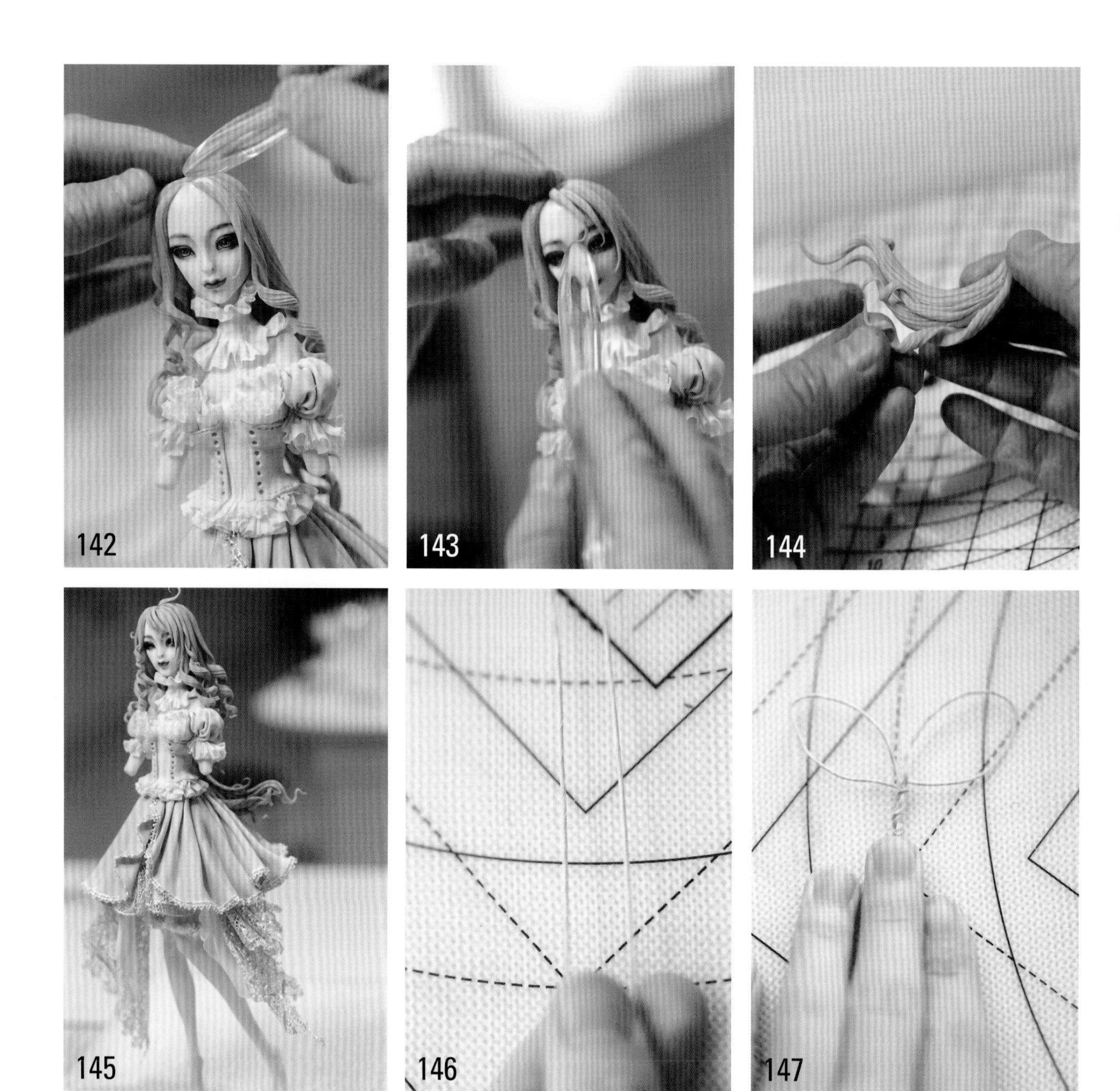

142　安装在两侧，作为刘海。

143　依次粘贴刘海。

144　一次性粘四撮头发在一起。

145　头发安装在后背腰间的位置。

146　取两根铁丝。

147　盘绕成如图所示形状。

148　将做好的铁丝插入头顶（需要有一定的深度且注意不能破坏已做好的部分）。

149 支架下方连接两根长一些的铁丝。

150 制作头上的飘带。擀出两片白色糖皮。

151 在花边模上压出纹理。

152 把压好纹理的翻糖皮取下来备用。

153 粘在长的铁丝支架上。

154 两边都粘好。

155 再取一条压好纹理的糖皮，用手指折叠出需要的褶皱。

156 安装在头顶上的支架上。

149

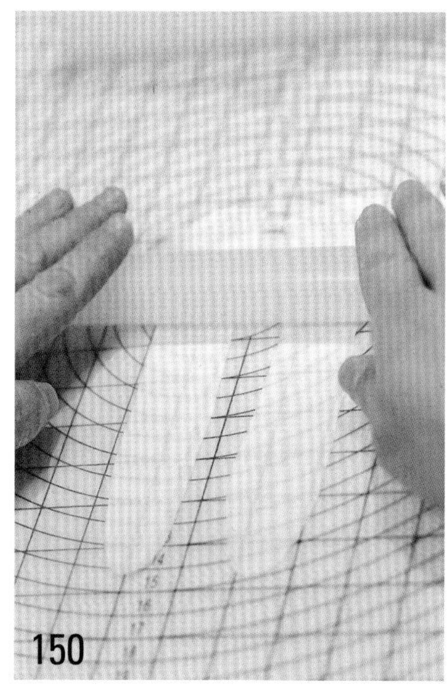

150

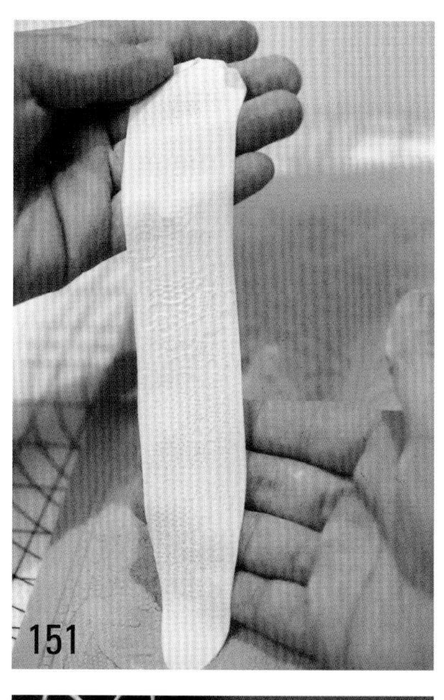

151

152

153

154

155

156

157　切刀的顶端压住糖皮，做出蝴蝶结。

158　取一小片糖皮贴在蝴蝶结中间，切刀切除多余的翻糖。

159　把制作好的领子上的带子粘在花边上。

160　取一块粉色翻糖搓成细长条。

161　折叠成一个小蝴蝶结，安装在袖口处。

162　取粉色长条粘在腰封上，连接两边腰封后做出蝴蝶结。

163　取淡蓝色翻糖放入硅胶模，压出蝴蝶结。

164　压好后刮除多余的翻糖。

165　安装一条小蝴蝶结在头发上。

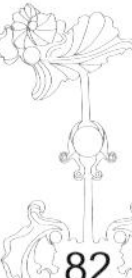

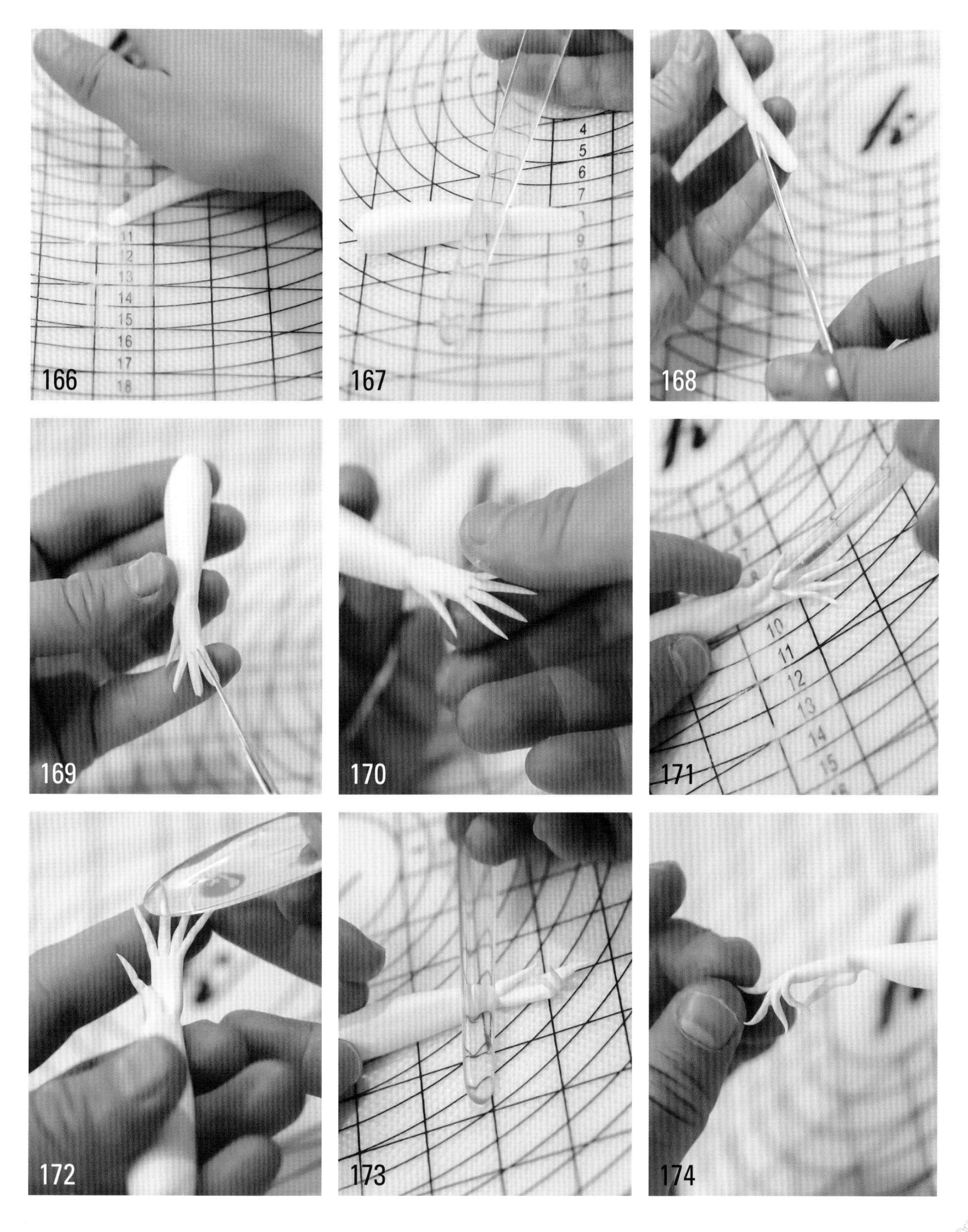

166　制作小臂和手。取一块白色翻糖搓成锥形后拍扁细端。

167　中号主刀压出手腕处的凹槽。

168　剪出大拇指。

169　再剪出其余四根手指。

170　把手指搓得圆滑一些。

171　中号主刀在虎口的位置轻压一下。

172　压出指节。

173　中号主刀加深手腕弧度，使手掌、手臂分开。

174　给制作好的手指造型。

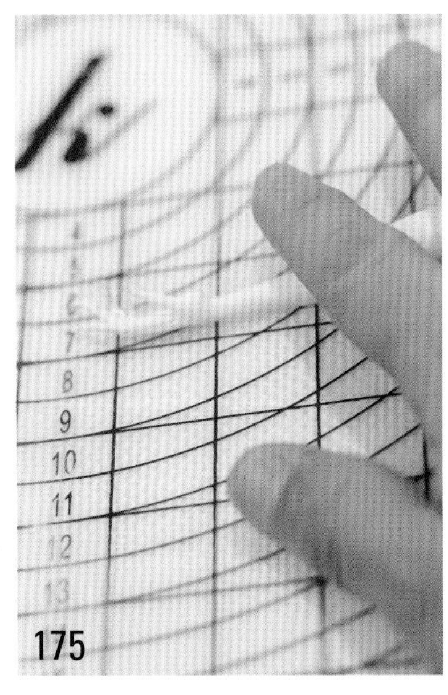

175

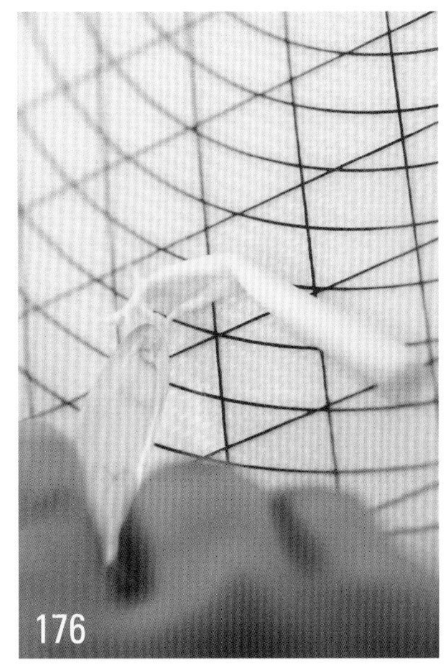

176

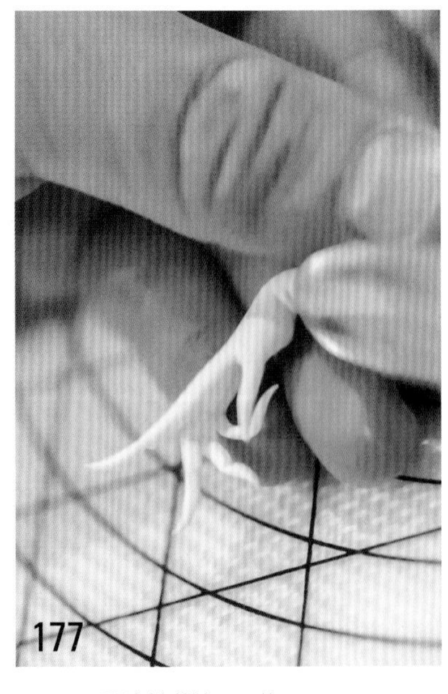

177

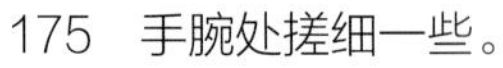

175 手腕处搓细一些。

176 调整好手指的形状。

177 在手腕处用中号主刀轻轻折一下。

178 制作好的手臂与手掌效果图。

179 安装制作好的手臂与手掌。

180 制作并安装另外一边的手臂与手掌，并且抹平接口处。

181 取淡棕色翻糖擀成大一些的糖皮。

182 用树皮模具压出纹理。

178

179

180

181

182

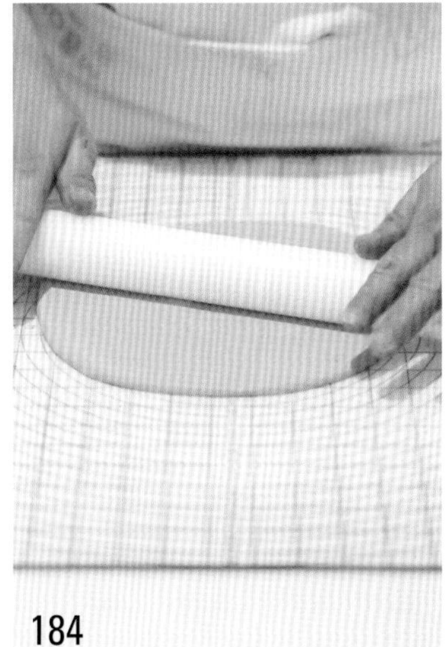

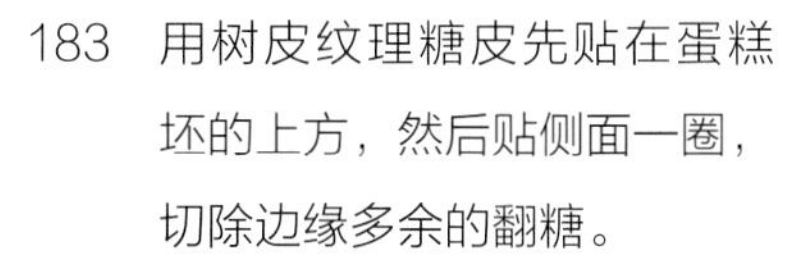

183　用树皮纹理糖皮先贴在蛋糕坯的上方，然后贴侧面一圈，切除边缘多余的翻糖。

184　擀出一片大的淡棕色糖皮。

185　整包在蛋糕坯下方的底座上。

186　用两个抹平器抹平翻糖。

187　美工刀切除底座下方多余的翻糖。

188　包好的蛋糕坯和底座展示。

189　把包好的蛋糕坯和底座用食用胶水粘在一起。

190　组装。

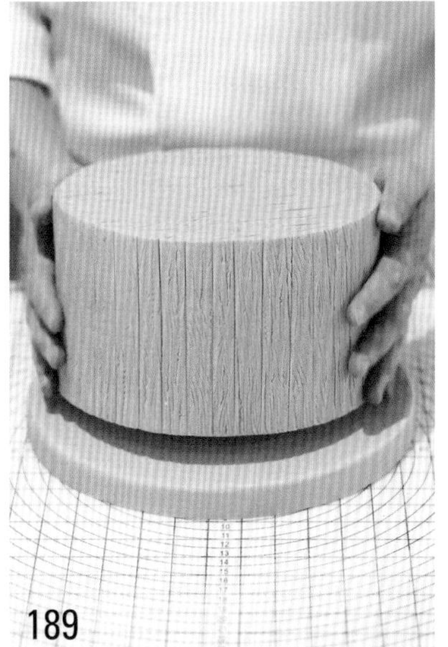

朋克时代

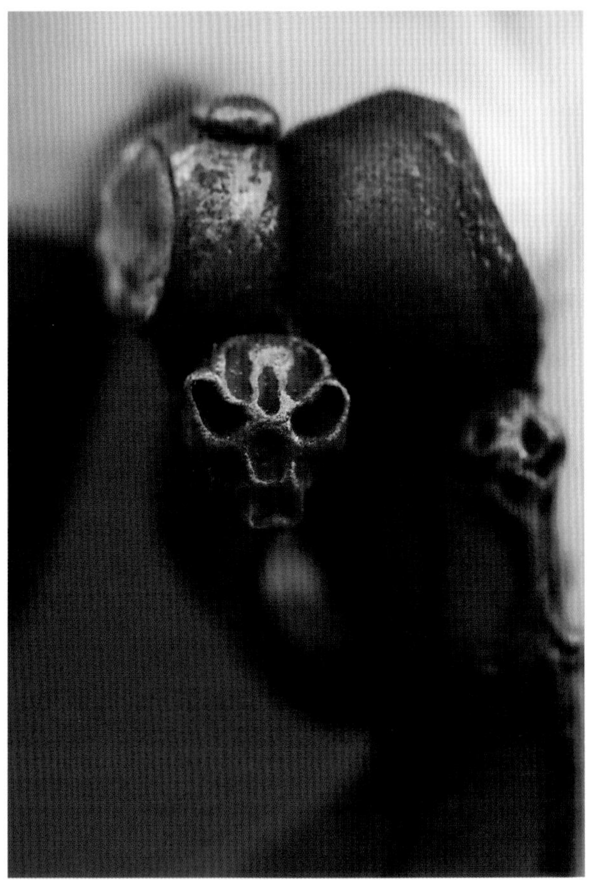

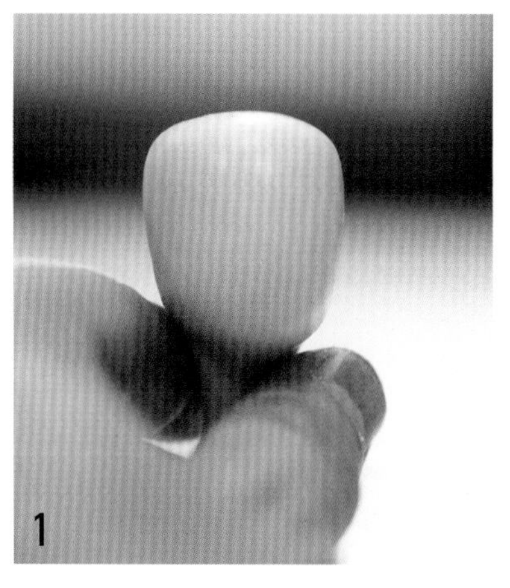

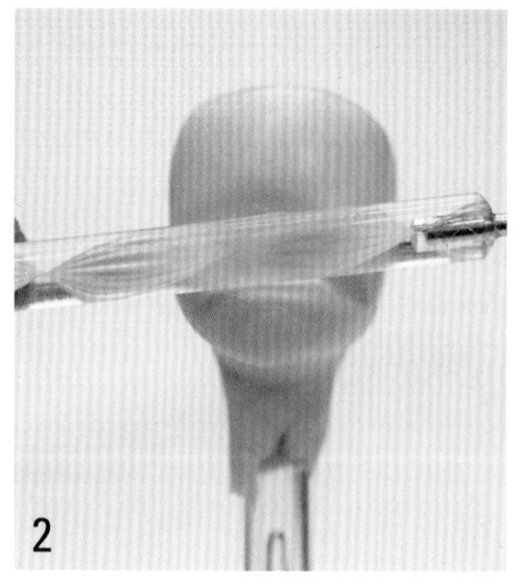

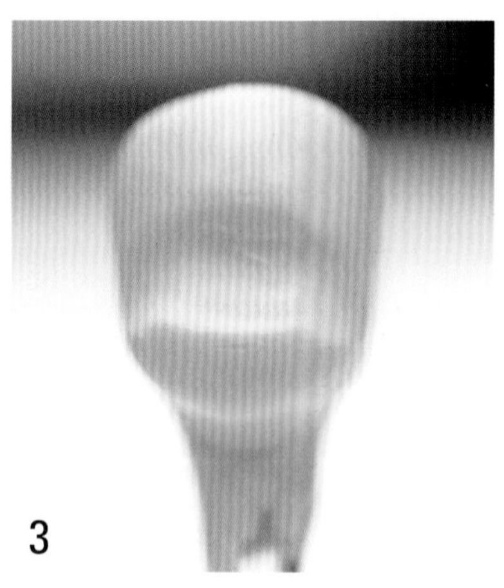

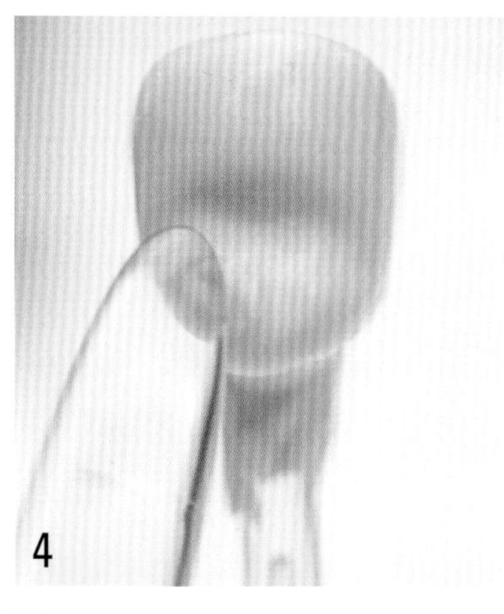

1　取肤色翻糖揉至糖体表面光滑后捏出头型，穿在针型棒上，留出较大的额头。

2　小球刀刀柄在人物正脸 1/2 处向下滚压出眼窝。

3　压出如图所示的初坯大形。

4　大号主刀点压出鼻梁。

5　从鼻子正下方向上推出鼻头。

6　开眼刀的大头弧面向下，斜压出眼窝轮廓。

7　拇指点压面部，突出鼻头。

8　开眼刀点压眼睛两角，将整个眼睛轮廓压出来。

9　开眼刀划出上眼皮，扩大眼眶。

10　开眼刀点压出双眼皮。

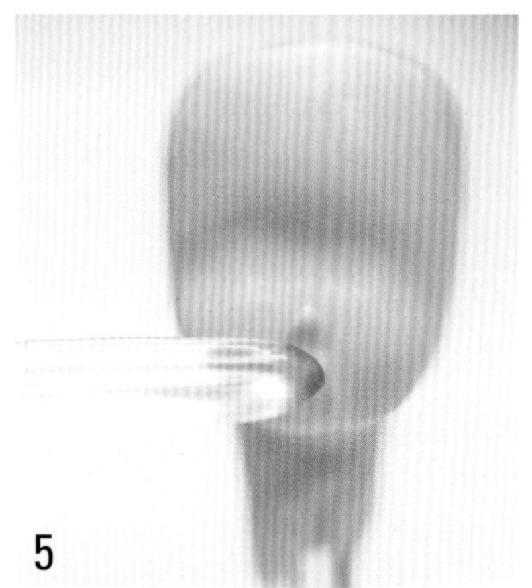

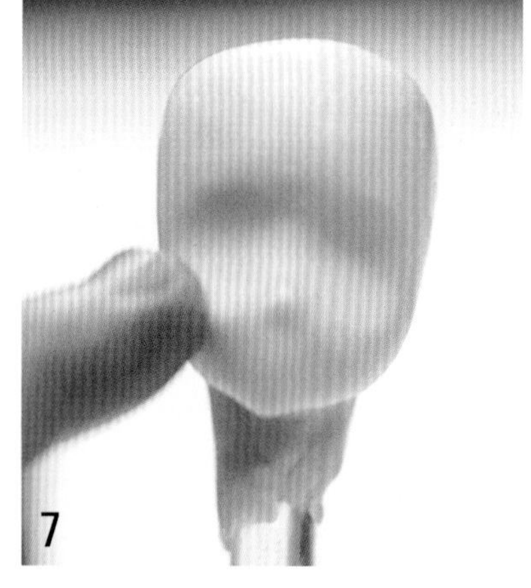

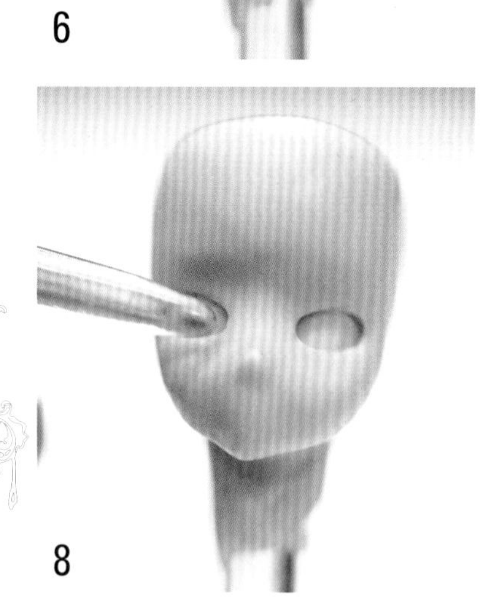

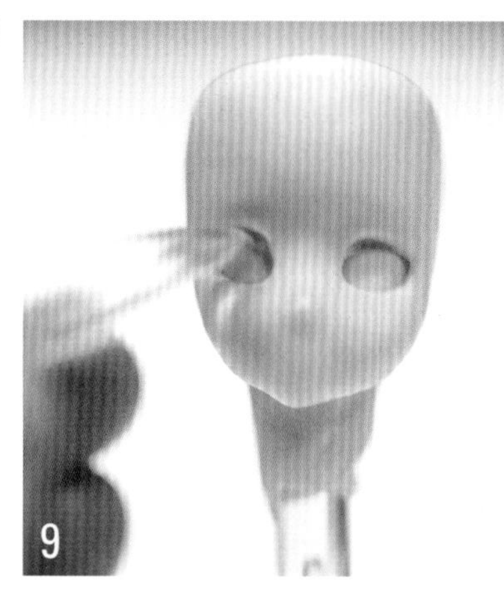

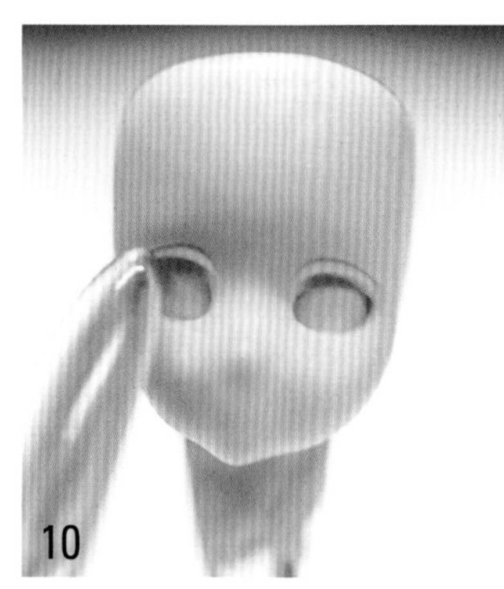

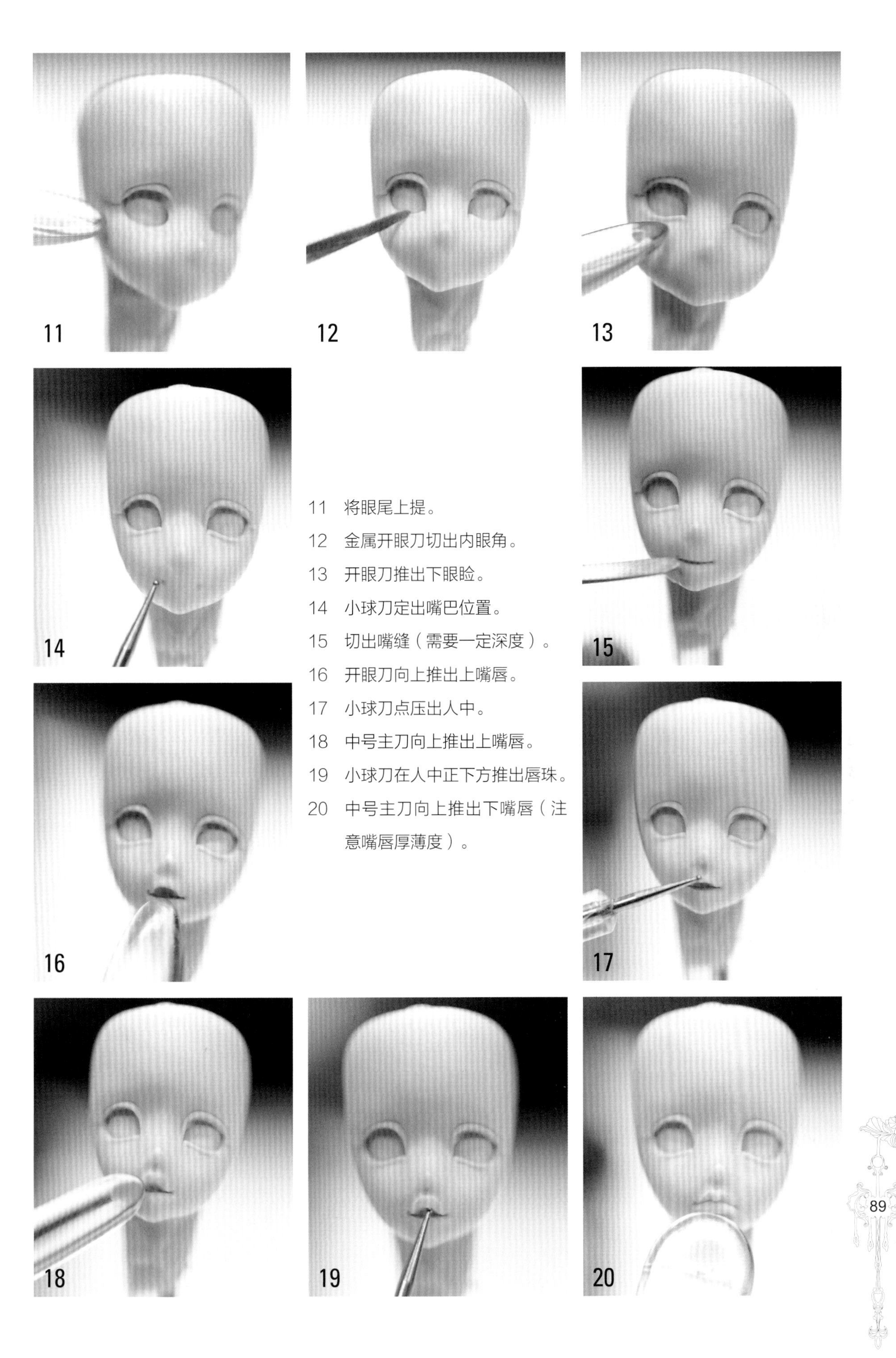

11　将眼尾上提。

12　金属开眼刀切出内眼角。

13　开眼刀推出下眼睑。

14　小球刀定出嘴巴位置。

15　切出嘴缝（需要一定深度）。

16　开眼刀向上推出上嘴唇。

17　小球刀点压出人中。

18　中号主刀向上推出上嘴唇。

19　小球刀在人中正下方推出唇珠。

20　中号主刀向上推出下嘴唇（注意嘴唇厚薄度）。

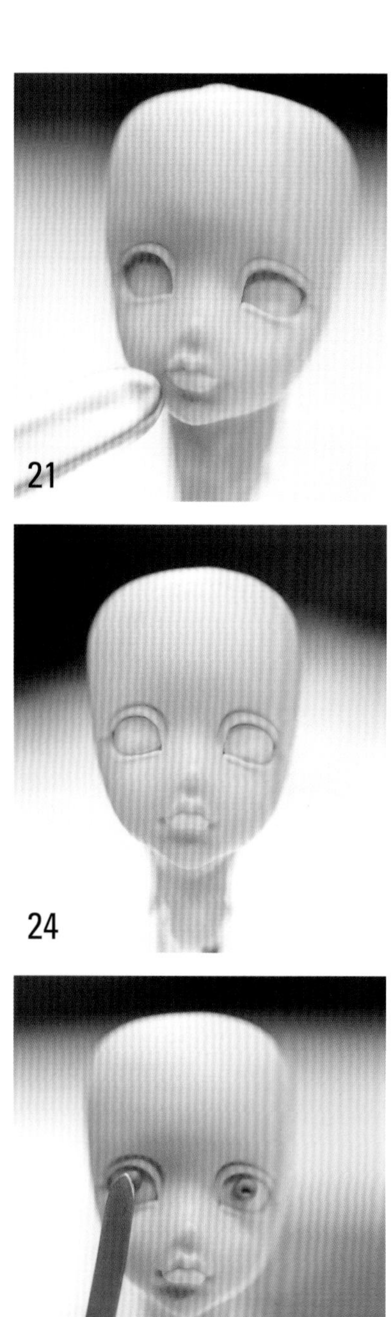

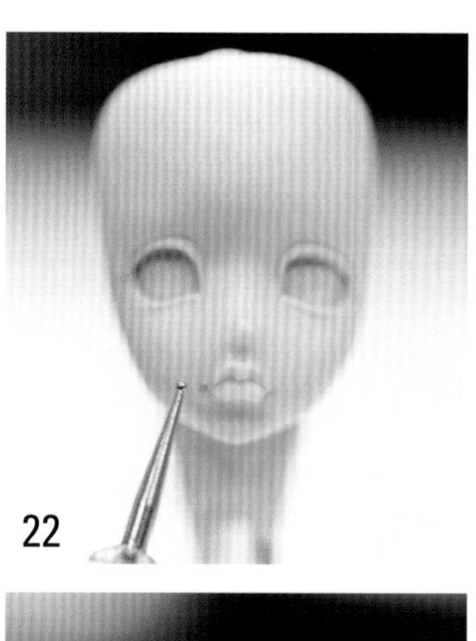

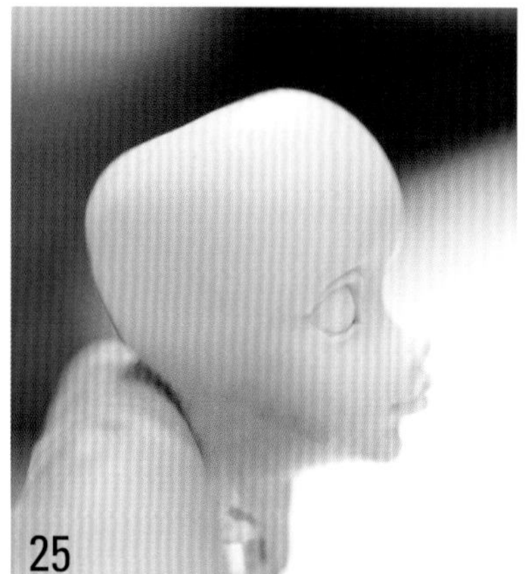

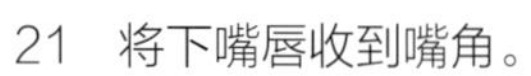

21 将下嘴唇收到嘴角。

22 小球刀点压嘴角。

23 取白色翻糖搓成小球，填入眼窝当眼白，注意两眼大小一致。

24 将白色翻糖完全填压在眼眶内部（注意边角收圆不要有毛边）。

25 将头像侧过来，将后脑勺下压（注意观察侧脸五官结构高低关系）。

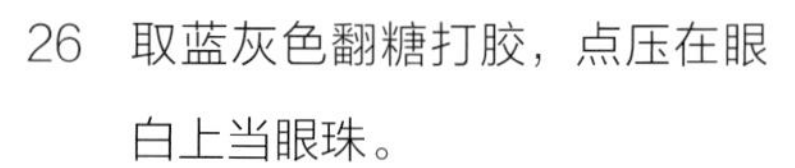

26 取蓝灰色翻糖打胶，点压在眼白上当眼珠。

27 将蓝灰色翻糖向下压平贴到眼白上。

28 勾线笔沾绿色色素勾画出眼珠边框。

29 画出蓝灰色的瞳孔。

30 取蓝绿色翻糖搓成细线，用作眼线。

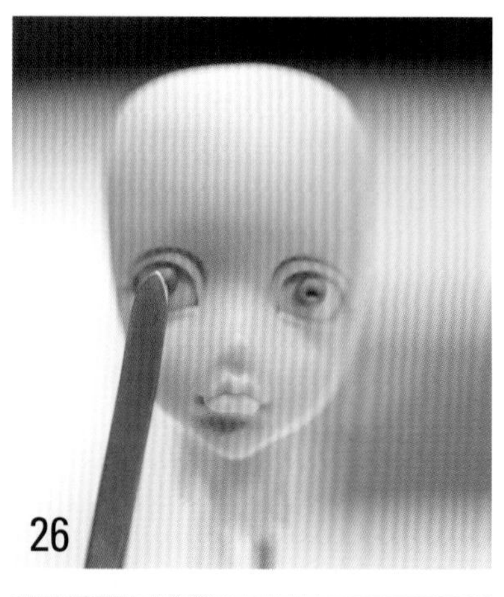

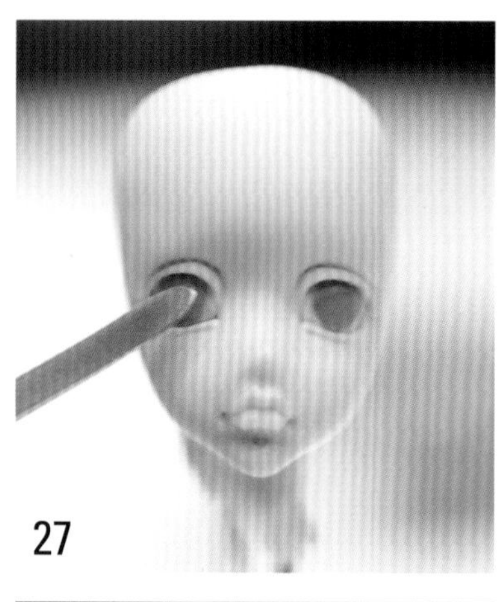

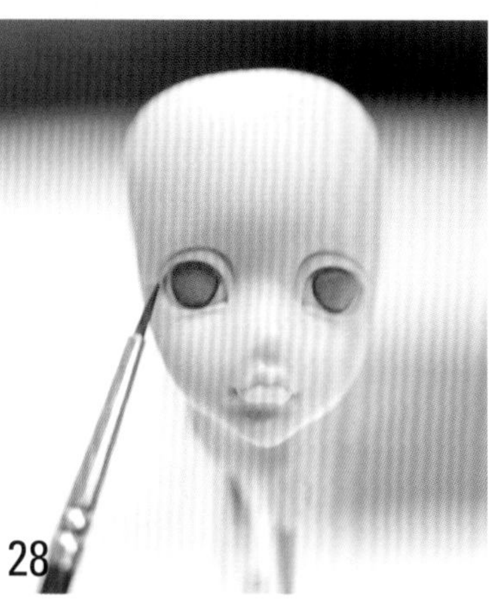

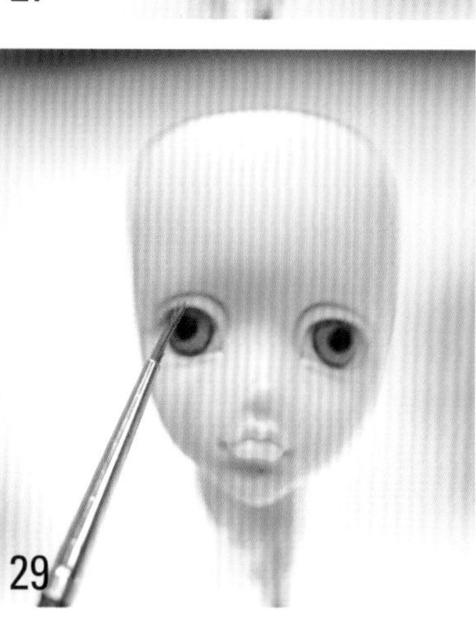

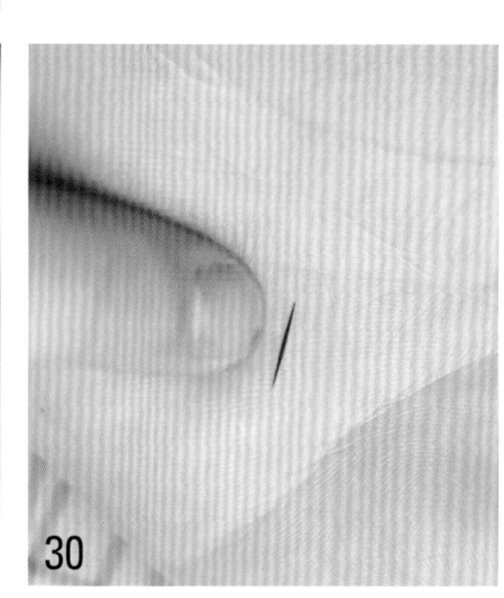

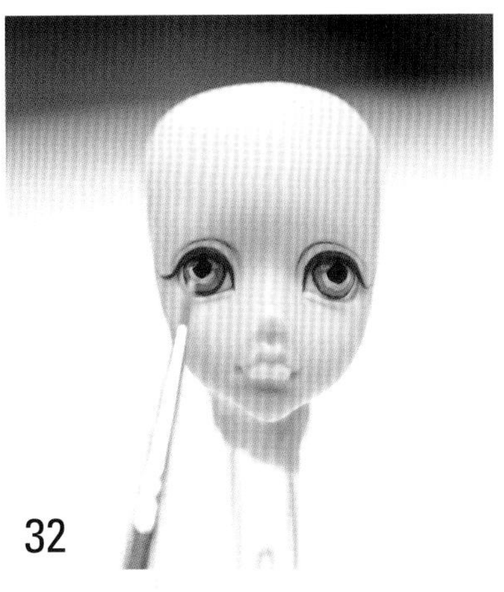

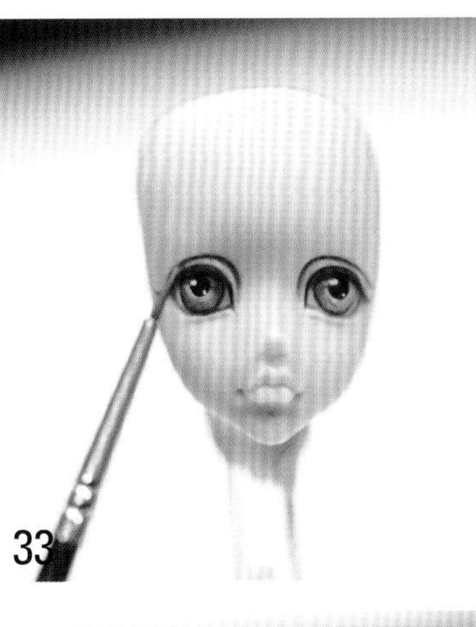

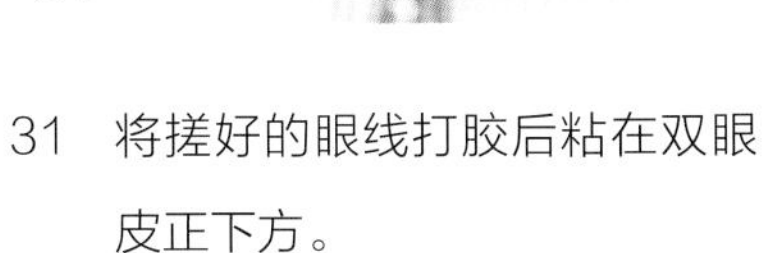

31 将搓好的眼线打胶后粘在双眼皮正下方。

32 用白色色素画出眼仁瞳孔高光。

33 3 个 0 勾线笔带少量咖啡色兑黑色色粉扫在双眼皮夹缝位置，增加眼皮立体度。

34 3 个 0 勾线笔带少量肤粉色色粉扫在嘴唇内侧并均匀过渡到整个嘴唇。

35 在嘴唇上刷唇油。

36 3 个 0 勾线笔带少量奶咖色色粉扫在眉骨位置。

37 将做好的头部粘在支架上面。

38 取一块肤色翻糖搓成上粗下细的条状，用作身体前胸。

39 用手掌拍扁。

40 粘贴在人物的前胸支架上。

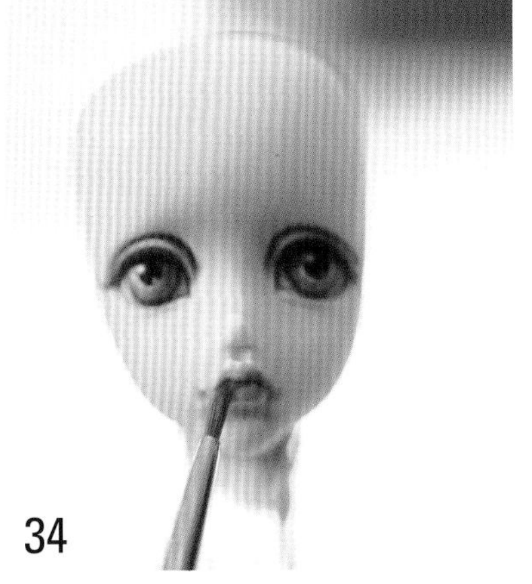

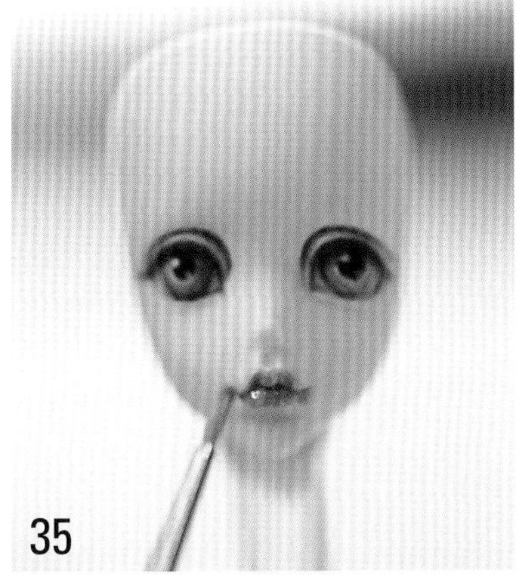

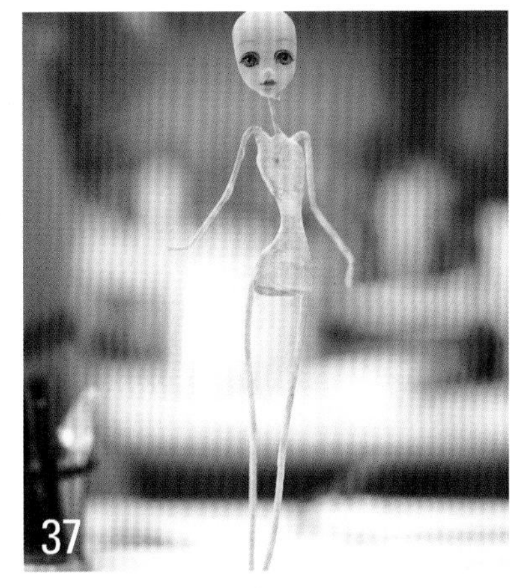

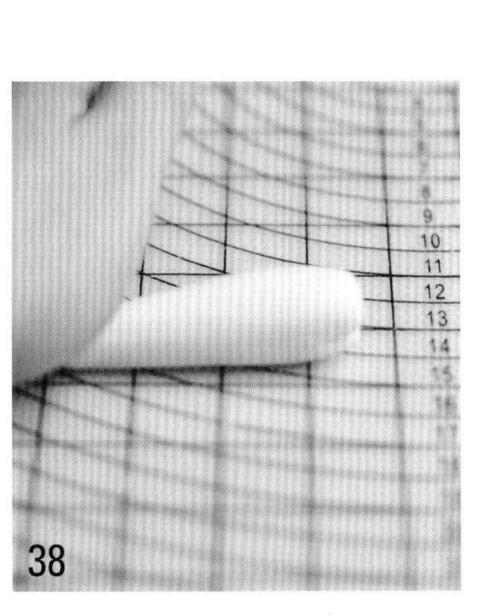

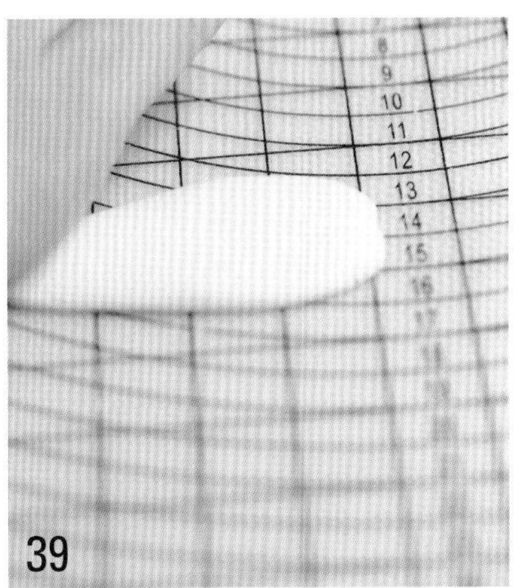

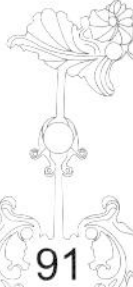

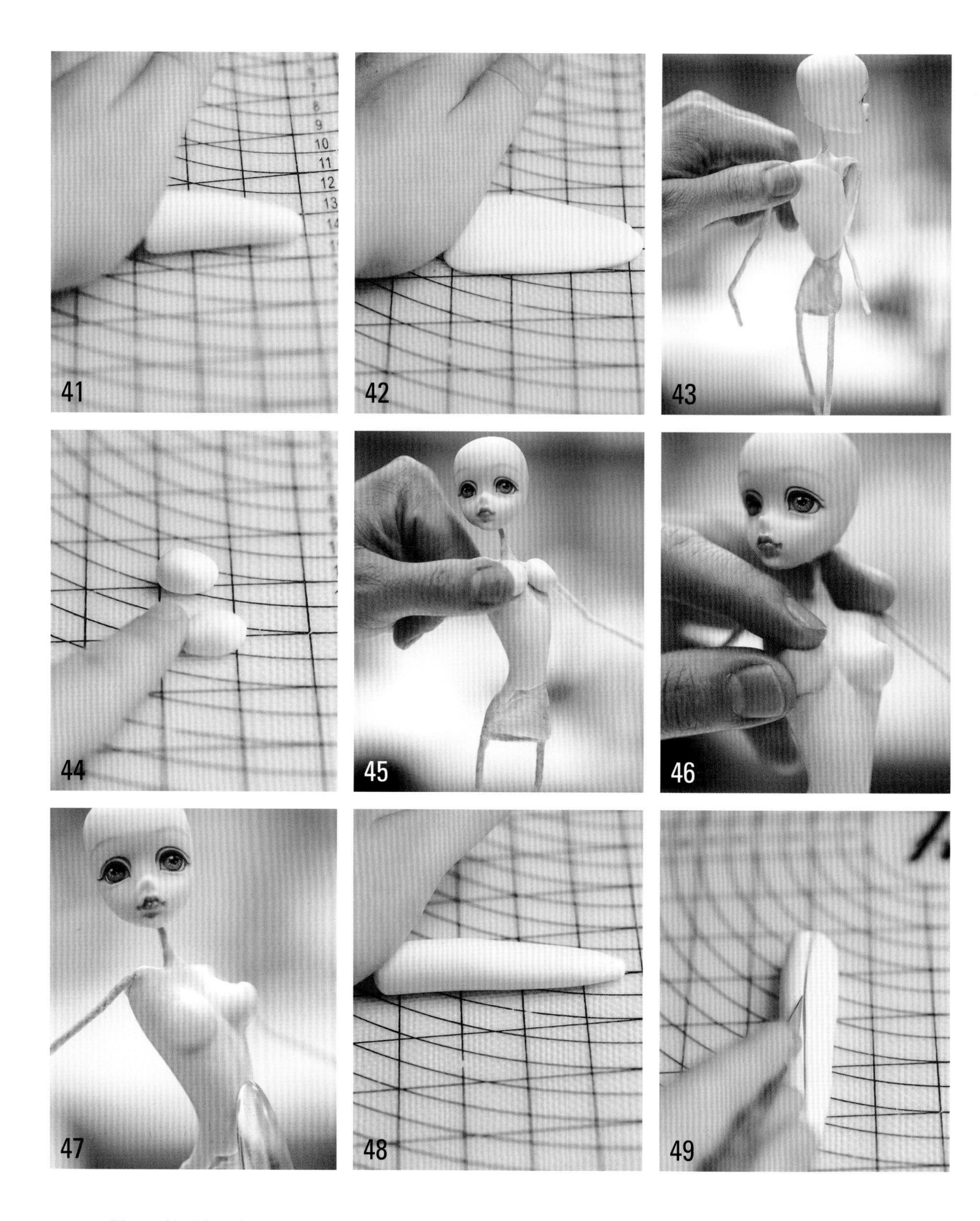

41 同样取一块肤色翻糖搓成上粗下细的条状，用作后背。

42 拍扁。

43 打胶安装。

44 取肤色翻糖，搓两颗大小一样的椭圆球。

45 打胶粘在人物胸前（注意胸形和位置）。

46 用手指给胸部塑形（身体结构可参考硅胶素体或人体解剖学）。

47 大号主刀做出胸部结构。

48 取肤色翻糖搓两根上粗下细的条，用作大腿。

49 用美工刀从中间切开。

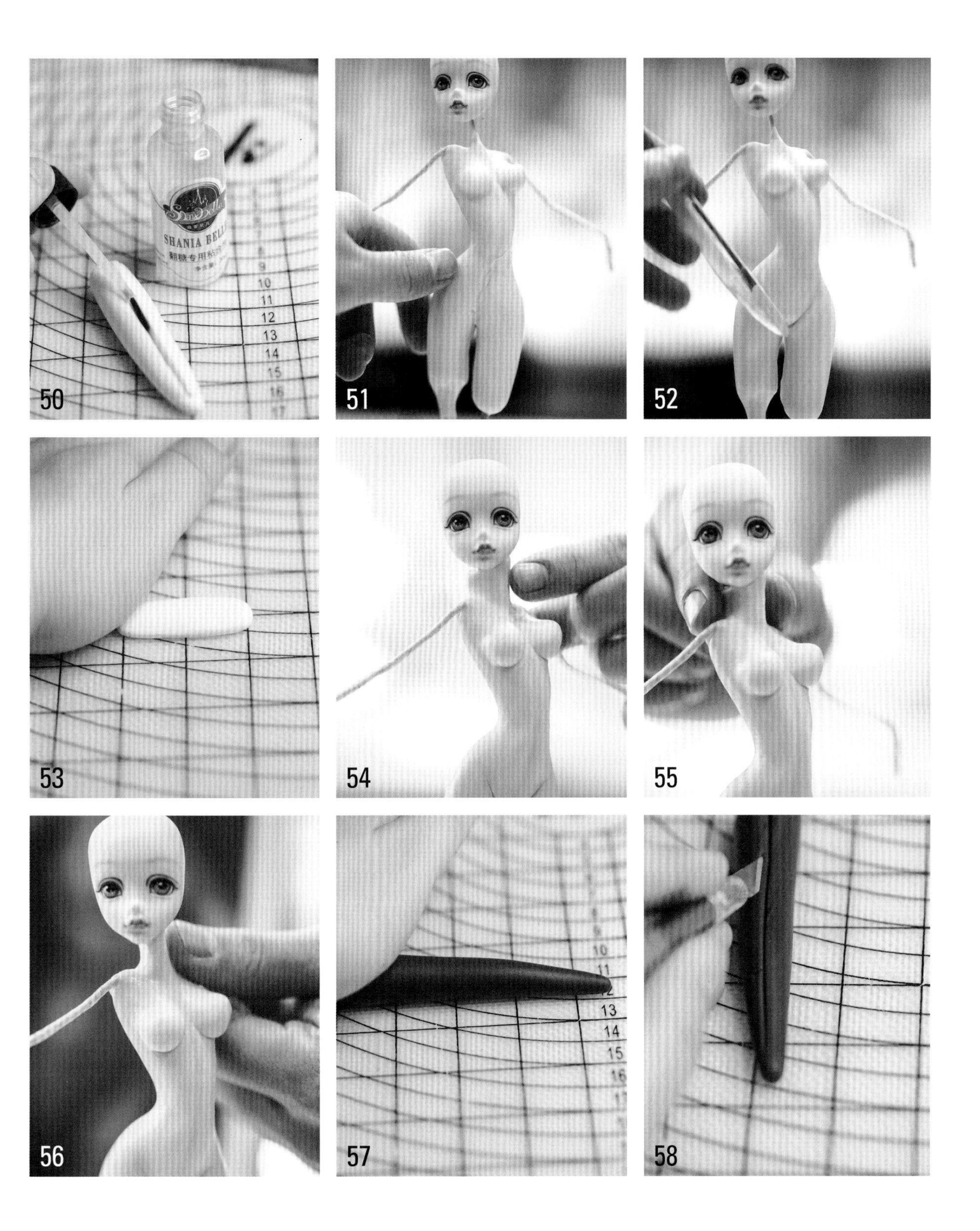

50　刷上胶水。

51　将大腿和身体粘起来并抹平。

52　开眼刀的大头弧面向下，做出胯部、大腿、腹股沟。

53　制作脖子。取一块肤色翻糖搓条后拍扁。

54　粘在脖子支架上，接口处抹平。

55　手指辅助把脖子收细一些。

56　将脖子收出需要的粗细，用手指抹平接缝。

57　取一块黑色翻糖搓成上粗下细的条，用作小腿。

58　从中间切开。

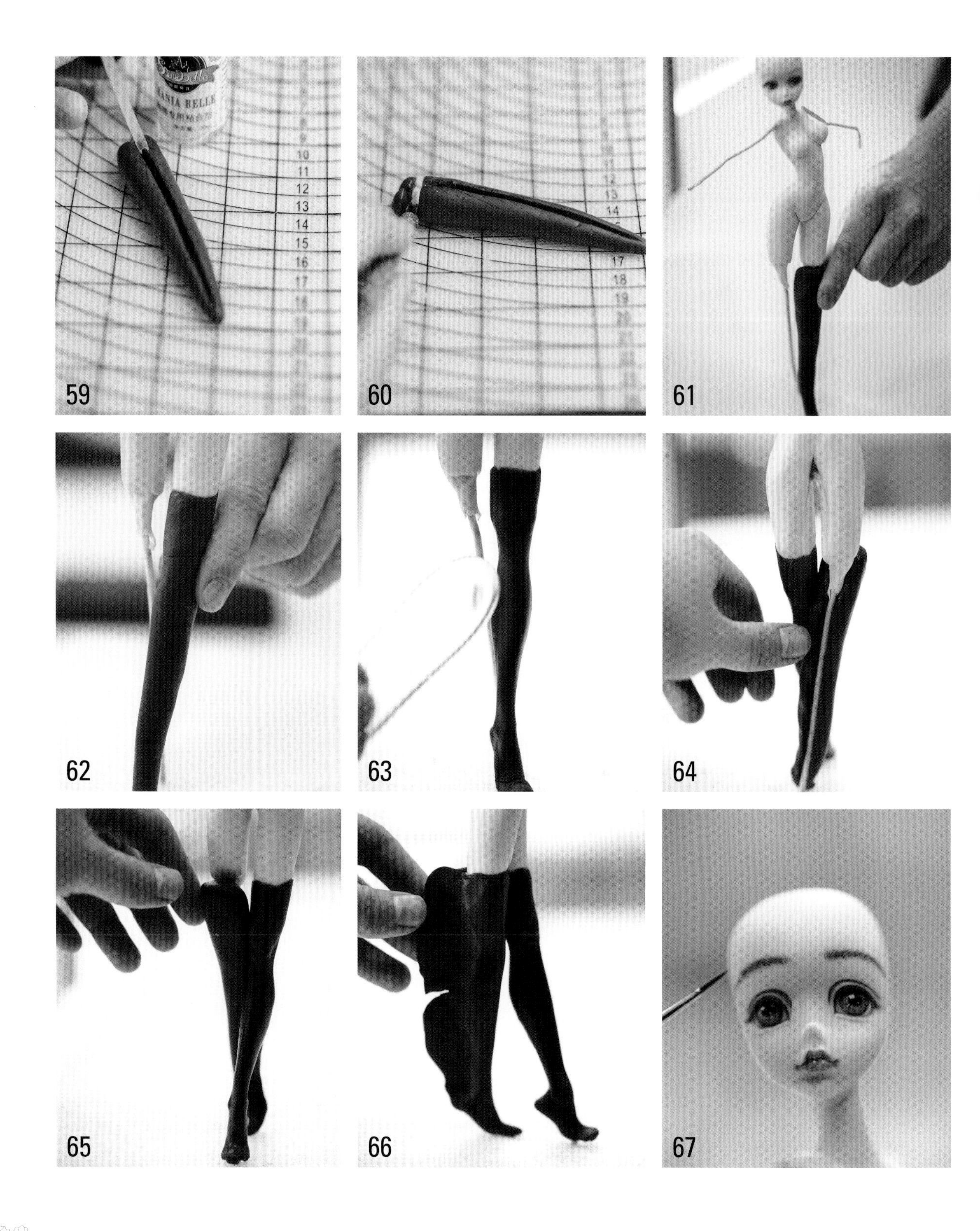

59 刷上胶水。

60 切除多余的翻糖。

61 将做好的小腿和大腿连接。

62 抹平开口。

63 大号主刀塑出小腿肌肉（注意掌握结构）。

64 支架铁丝一定要包裹在小腿正中间。

65 同样的方法做出另外一条小腿。

66 用手捏出腿形，将多余的翻糖收到小腿后侧并切除。

67 用 5 个 0 勾线笔画出眉毛。

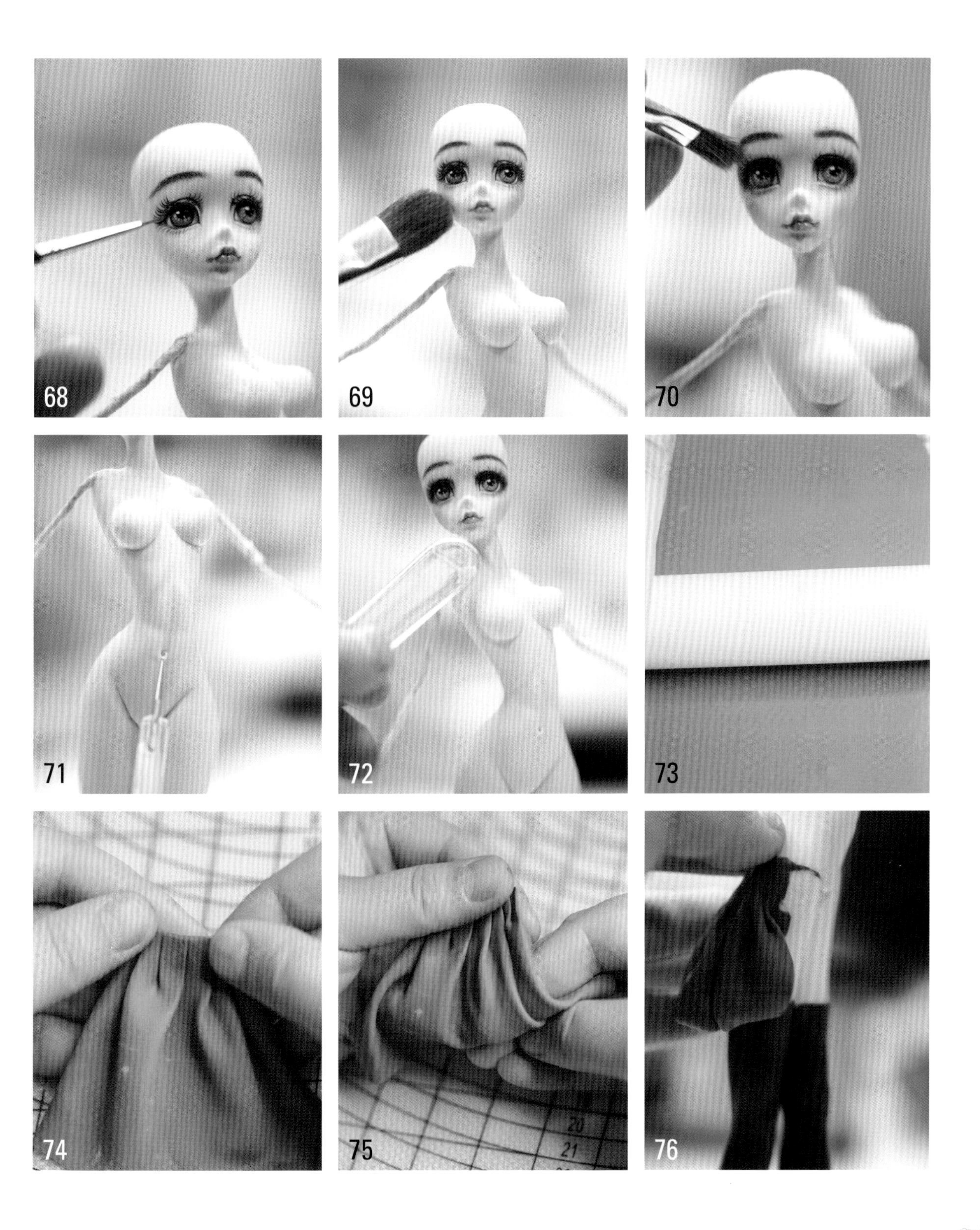

68　画上眼睫毛。

69　刷上腮红。

70　在眼睫毛的位置刷上眼影。

71　小球刀旋点出肚脐。

72　中号主刀点压出脖子上的肌肉形状（根据身体动作情况进行塑形）。

73　擀一片砖红色的糖皮，用作裤子。

74　折叠糖皮上端。

75　下方的糖皮需要向内侧卷曲。

76　将做好的糖皮粘到大腿外侧。

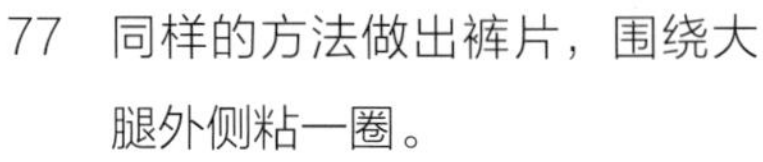

77　同样的方法做出裤片，围绕大腿外侧粘一圈。

78　小号主刀修整裤腿褶皱，将裤腿边角收到大腿内侧。

79　继续做出另一边裤腿。

80　小号主刀整理裤腿边角褶皱。

81　取黑色翻糖条包裹在大腿位置做出绑腿。

82　擀一片黑色糖皮裁成长条。

83　环绕人物胯部粘贴一圈，遮挡裤腿接口处。

84　开眼刀按压布料，压出小腹形态，压出衣褶。

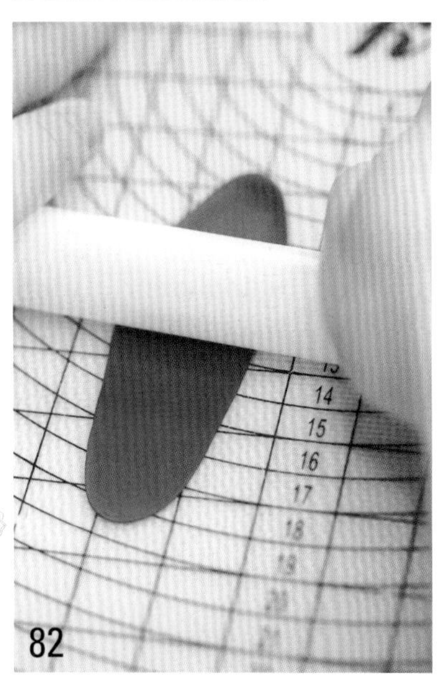

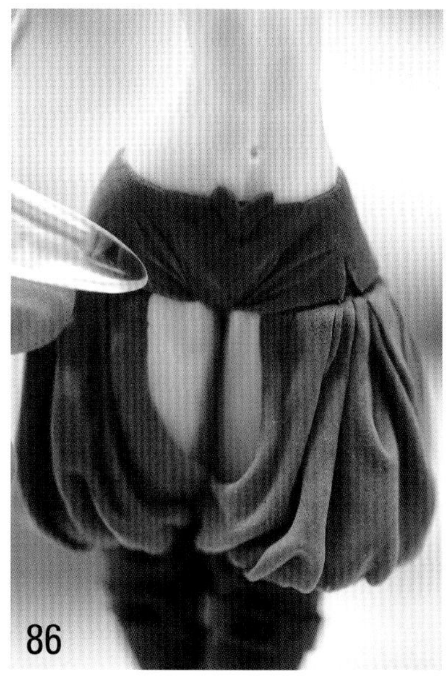

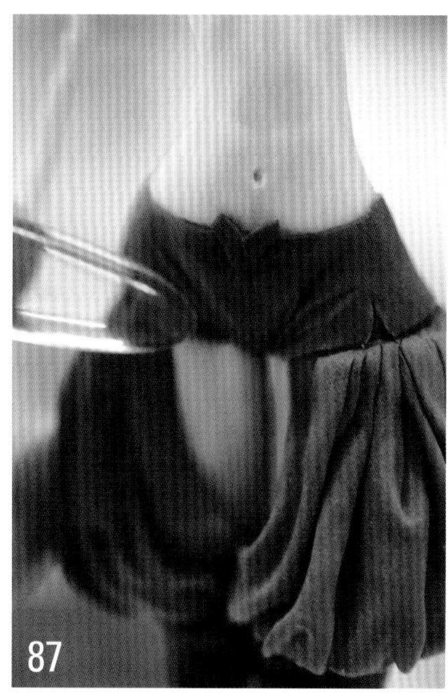

85 美工刀裁切出裤腿缺口边角。

86 将裤腿边缘褶皱梳理顺畅（注意衣褶起点一定是从裆部开始）。

87 继续处理褶皱，裤腰处切几个分叉。

88 制作裙子。擀一片黄色的糖皮。

89 折叠糖皮上方。

90 将做好的衣料包裹在后腰靠臀部位置。

91 按压衣料，和身体粘牢固（同时注意调控衣褶的状态）。

92 继续制作裙子，粘在右腰位置。

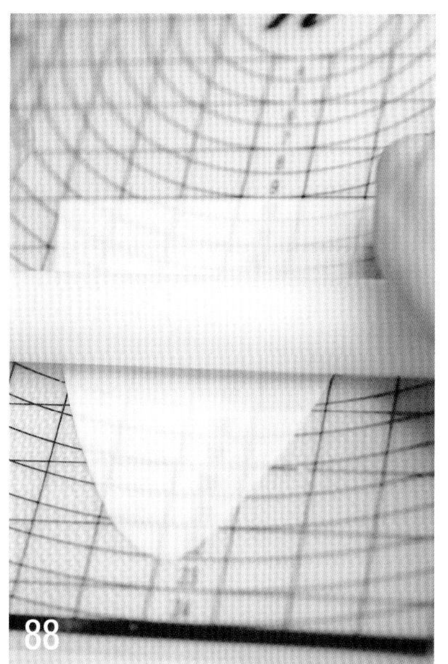

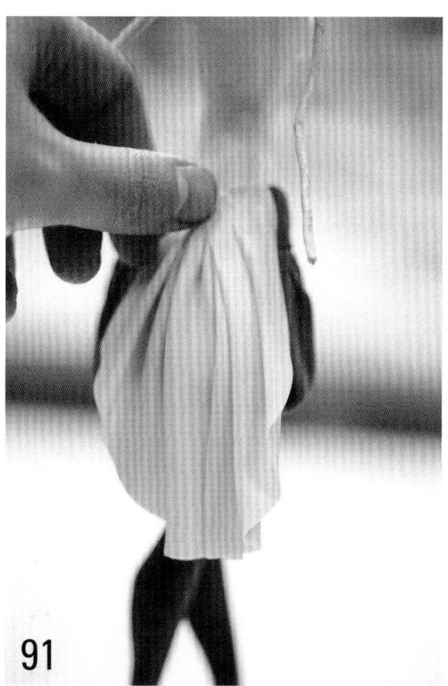

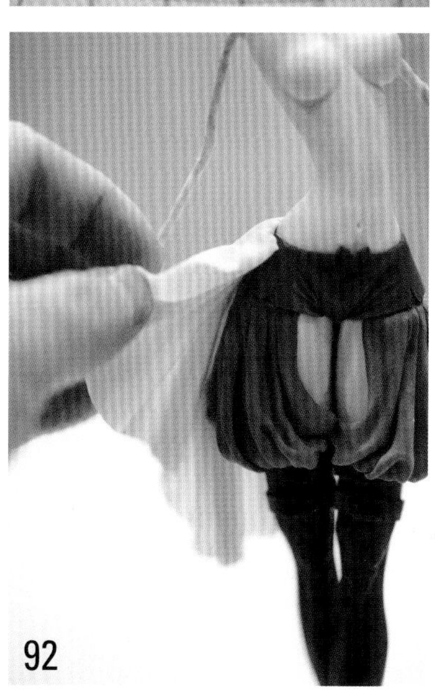

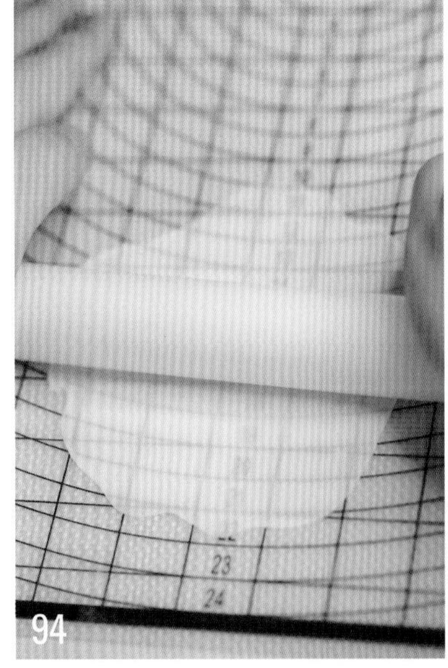

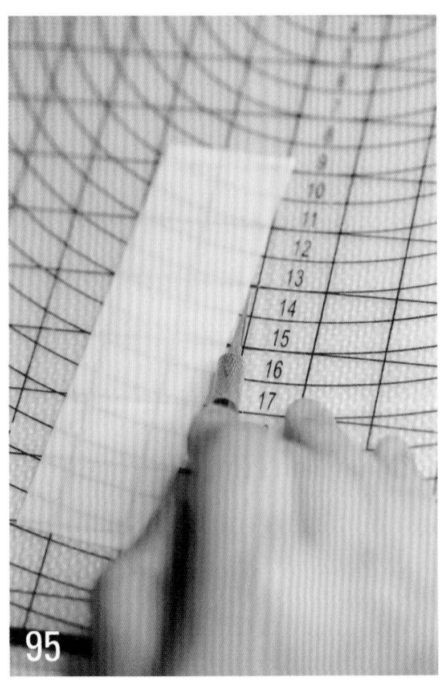

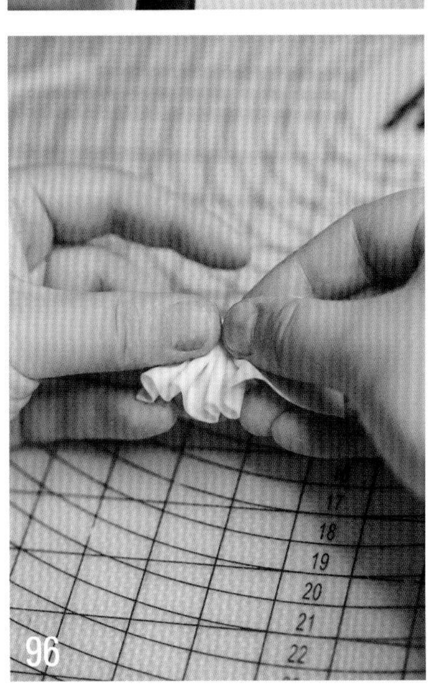

93　完成其余裙边，注意两块布料之间连接口的遮挡。

94　擀一片黄色的糖皮。

95　裁成长条形。

96　折叠糖皮的上方形成波浪形花边。

97　将做好的花边粘在中间最短的裙边处点缀。

98　制作外层的裙子。擀一大片黄色糖皮。

99　裁去多余的糖皮。

100　堆叠糖皮的上方形成褶皱。

101　打胶，平贴在后腰位置（布料较大，注意粘牢）。

102　制作好的下半身裙子效果（裙边褶皱流向保持一致且裙边要有明显的层次感）。

103　制作上衣。擀一片咖啡色糖皮。

104　从背部向前粘，将接口放在身体正前方。

105　把衣料下压，贴在身体上包裹出身体曲线。

106　美工刀按照前胸的样子裁切衣料。

107　去掉多余的翻糖。

108　将衣边多余的翻糖裁切掉。

101

102

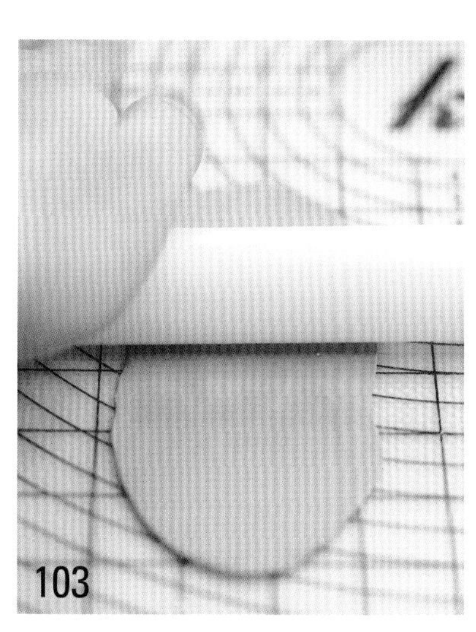
103

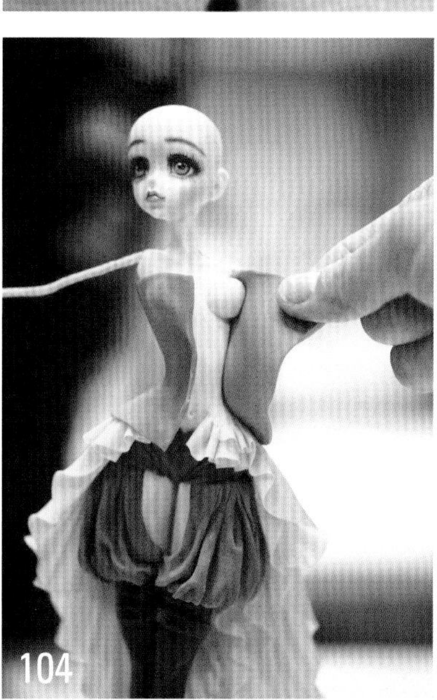
104

105

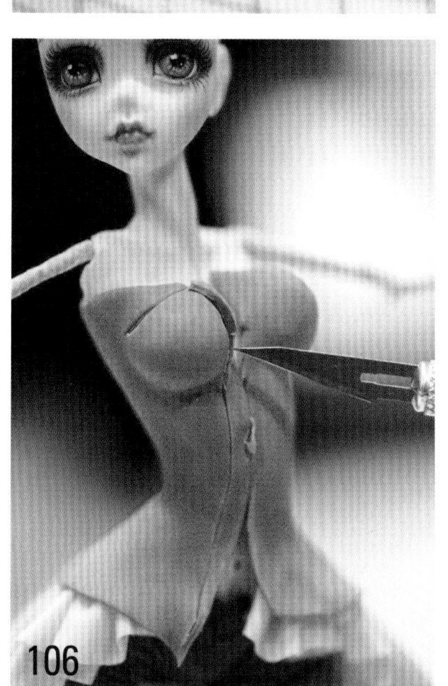
106

107

108

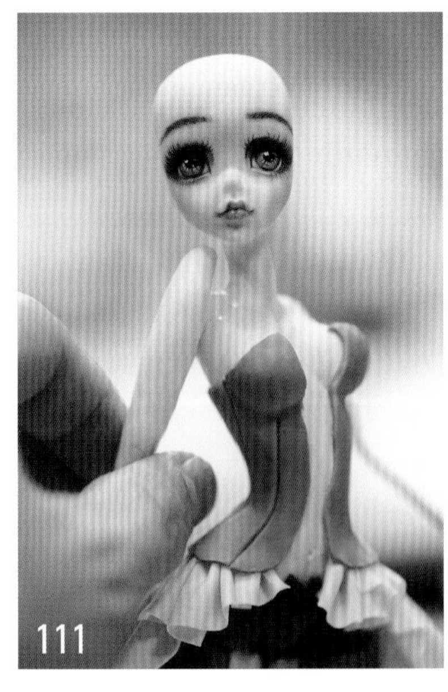

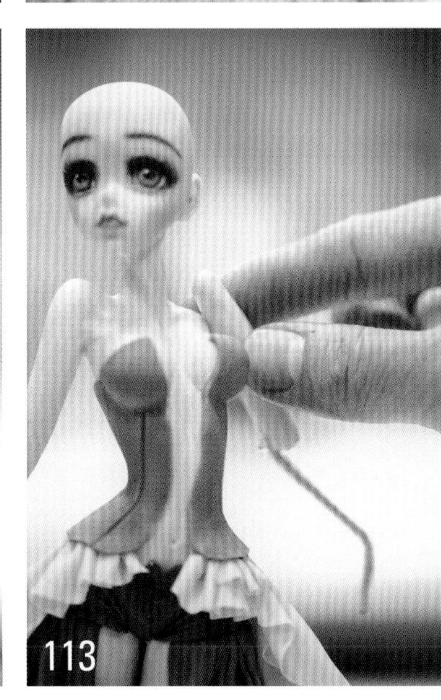

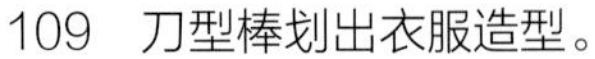

109　刀型棒划出衣服造型。

110　背部也划出衣服造型。

111　取肤色翻糖揉成上粗下细的条，用作手臂上臂，安装到身体支架上。

112　针型棒滚压连接口，抹平接缝。

113　同样的方法做出另一条手臂并组装。

114　针型棒继续滚压接口，压实抹平接缝。

115　同时下压做出脖颈斜方肌形状。

116　制作脖饰。擀一片黑色糖皮。

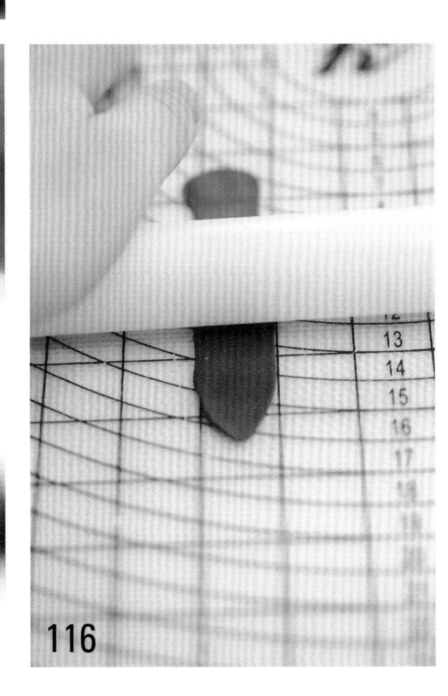

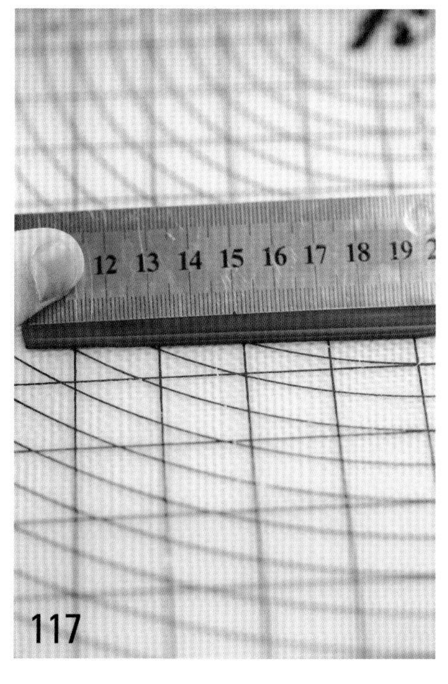

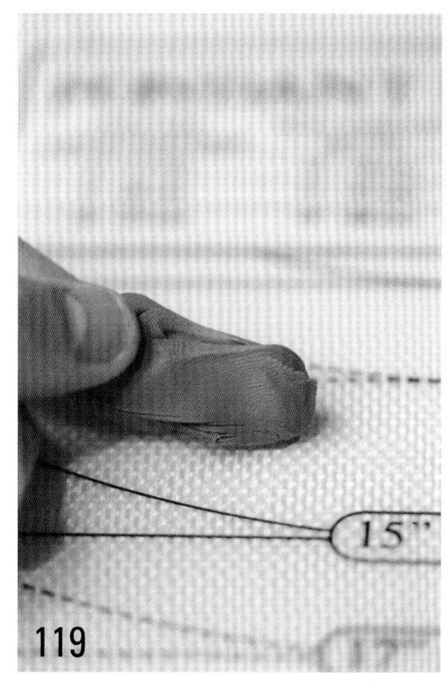

117　用钢尺压出纹理。

118　绕脖子一圈并将多余的翻糖去掉。

119　制作头发。棕色翻糖揉匀。

120　搓成条。

121　用手掌拍扁。

122　亚克力板斜着向下压出纹理。

123　把做好的头发粘贴在头顶。

124　纹理要清晰流畅。

125

126

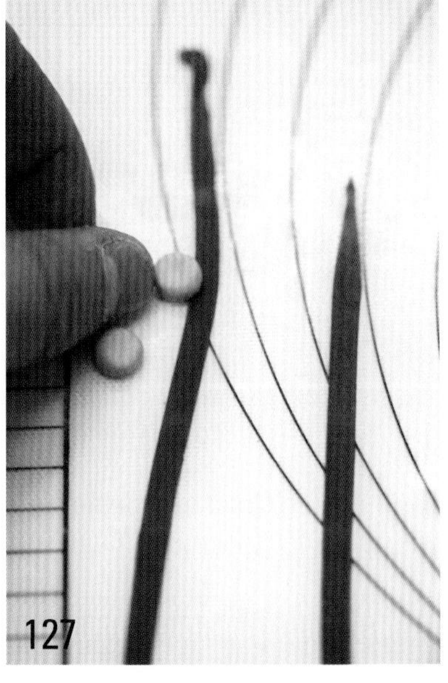

127

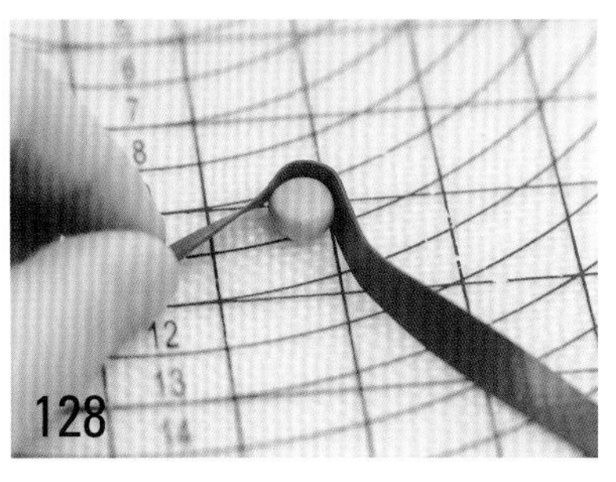

128

129

130

131

132

125　做出其余头发，粘在头像右侧并保持头发底端长度一致。

126　将头顶头发裁出中分线。

127　取小块灰白色翻糖搓成两颗相同大小的小球并准备两条比球体侧面略宽的咖啡色翻糖皮。

128　糖皮包裹住拍扁的圆球，用作时钟配饰。

129　时钟内勾画出指针和数字。

130　做出两个时钟配饰。

131　将时钟配饰打胶粘在前胸衣物外侧。

132　砖红色翻糖擀成厚片，压出两道纹路做成皮带，和时钟配饰连接。

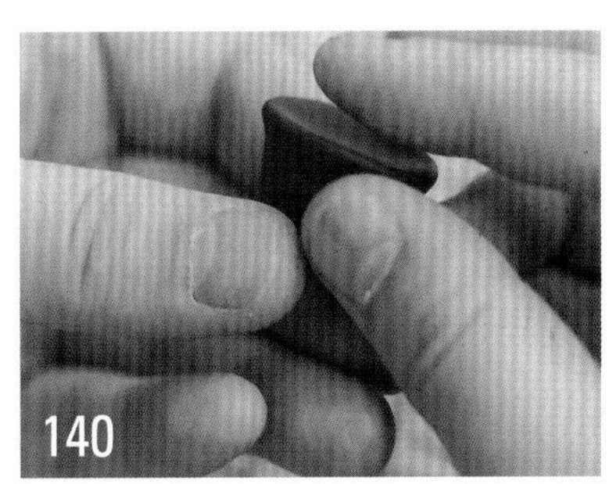

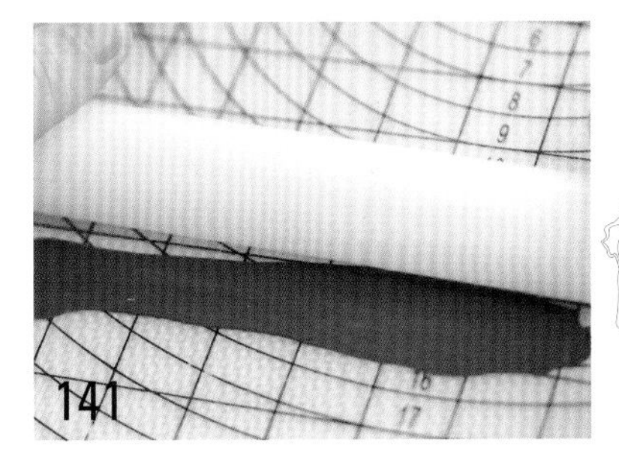

133　取咖啡色翻糖挤压成半蘑菇头形状。

134　小球刀点压出骷髅头配饰。

135　取黑色翻糖做成细一些的皮带，粘在砖红色皮带上方，骷髅头配饰打胶粘在身上。

136　时钟配饰表面点上光亮剂，呈现出玻璃反光效果。

137　艾素糖加热，滴到做好的底垫上。

138　取黑色翻糖捏出半蘑菇头形状，压出纹路并将两边向中间推挤。

139　小球刀点压出骷髅头眼窝。

140　取糖皮捏出帽子的形状。

141　擀一片长一些的黑色糖皮。

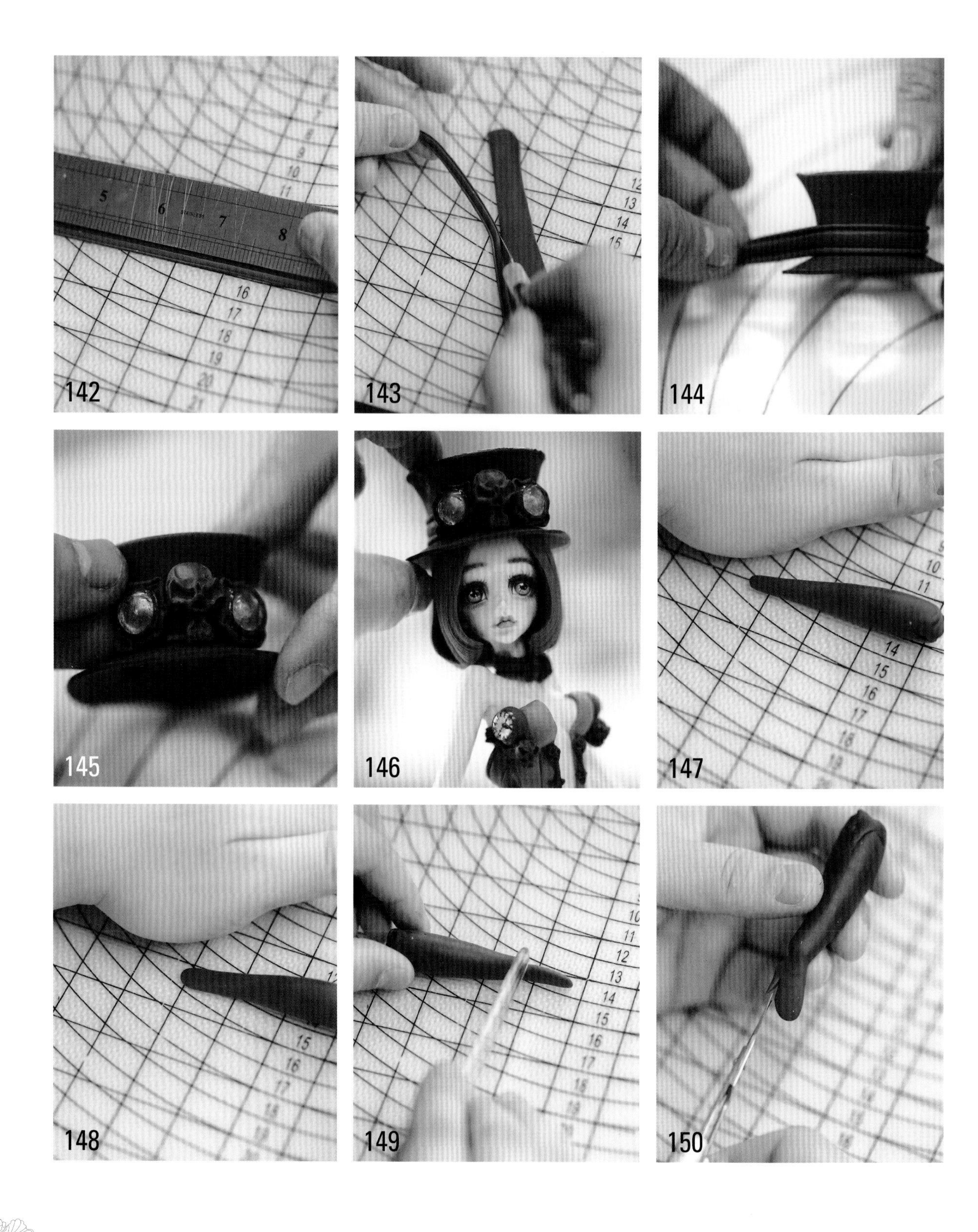

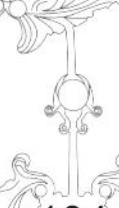

142 用钢尺压出纹理。
143 裁出细条。
144 绕在帽檐上方。
145 将配饰粘到帽子表面。
146 把帽子打胶戴在人物头顶（注意控制角度）。

147 制作手臂下臂和手。取一块黑色翻糖搓成一头略尖的条。
148 拍扁尖端。
149 中号主刀在手腕处压出凹槽。
150 剪出大拇指。

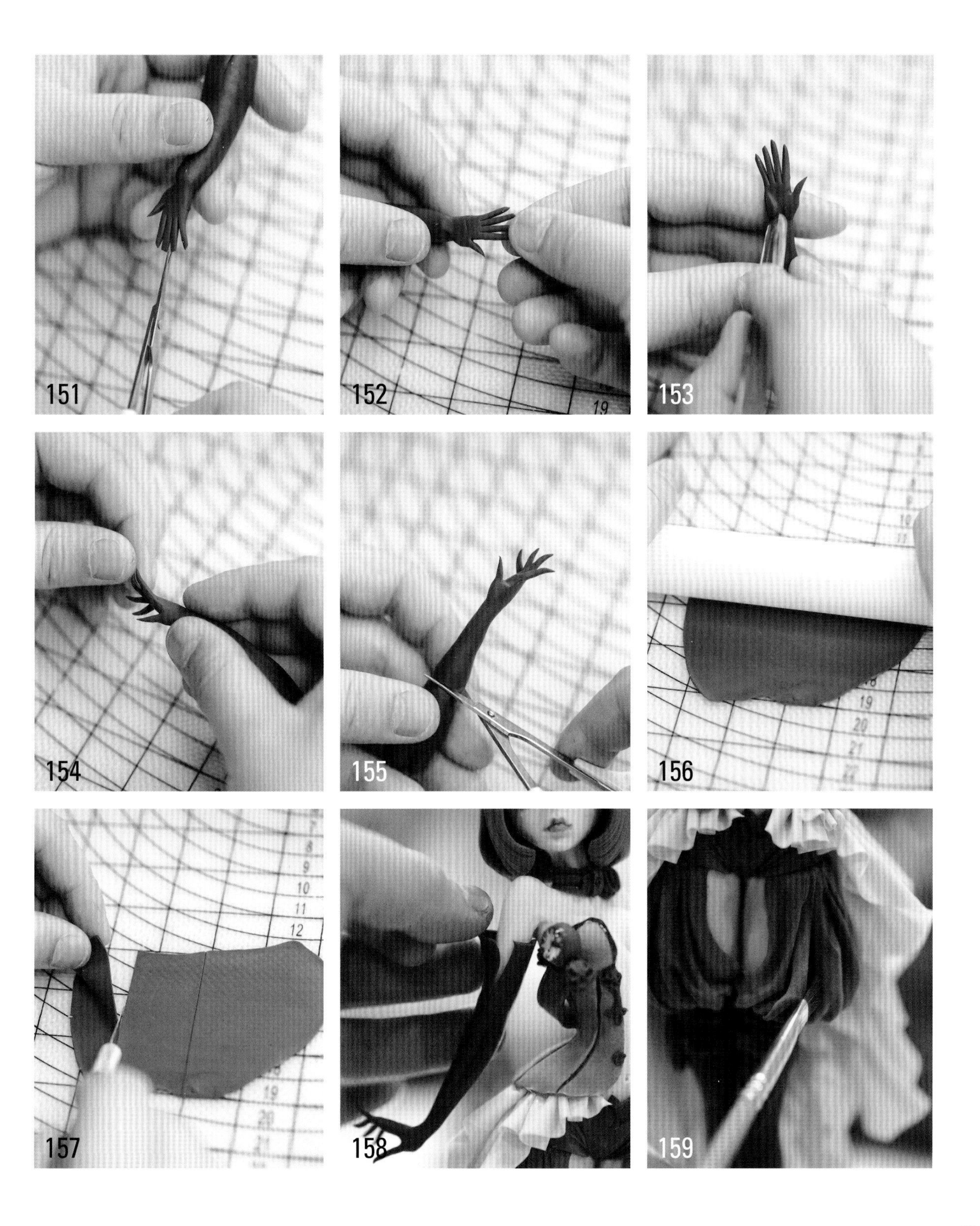

151　剪出其余四根手指。

152　把手指搓圆润并拉长一些。

153　中号主刀做出手掌上的肌肉。

154　调整手指的造型。

155　剪掉多余的翻糖并安装好。

156　制作上臂的袖套。另擀一片黑色糖皮。

157　裁出长方形。

158　裹在手臂上，将袖口切开。

159　大毛笔带少量奶咖色色粉均匀扫在衣边褶皱部分，打上阴影，显得更逼真。

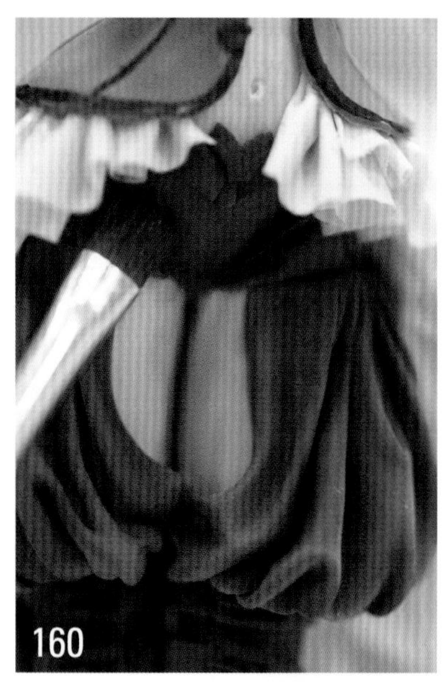

160　继续给裤子上色。

161　将衣边扫色过渡。

162　给帽子表面的装饰品刷上银白色。

163　帽檐部分刷上银白色增加质感。

164　帽子的表面整体上色（注意颜料不可过多，笔尖稍带轻扫即可）。

165　衣服表面过渡奶咖色制作阴影。

166　配饰骷髅头刷上金色增加质感。

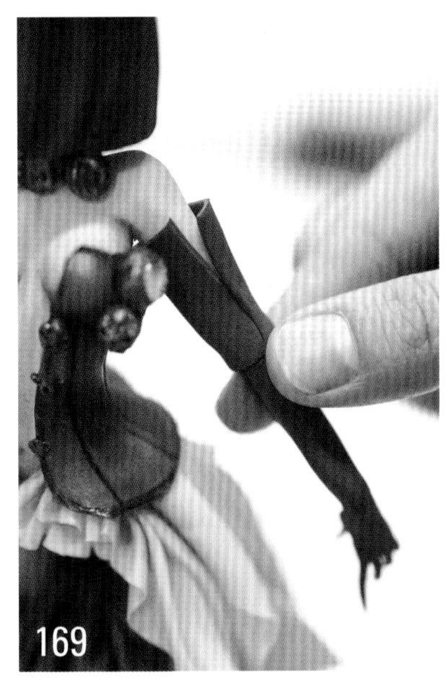

167　同样的方法做出另一条手臂与手掌安装好。

168　制作袖套包裹在大臂上。

169　接口处与手臂做个衔接。

170　用黑色翻糖塑出高跟鞋的鞋跟。

171　做出宝石手镯，粘在小臂上。

172　做出皮带配饰，组装在另一侧的小臂上。

173　组装完成。

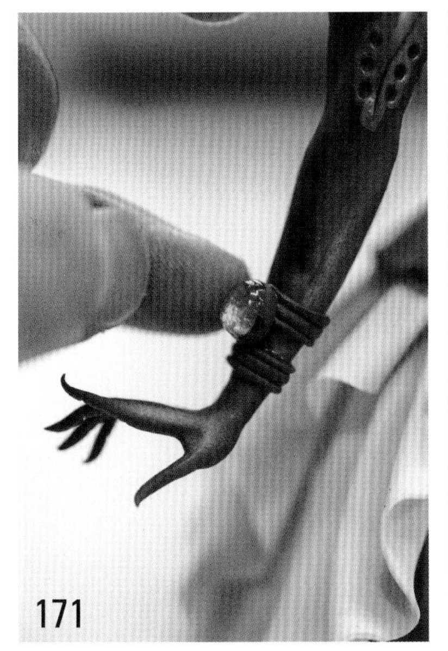

仙妮贝儿

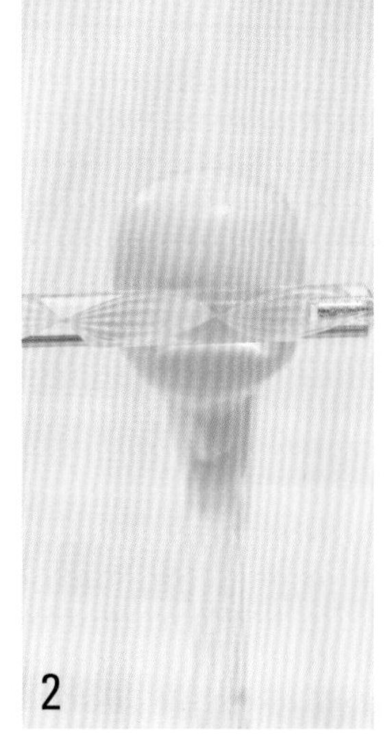

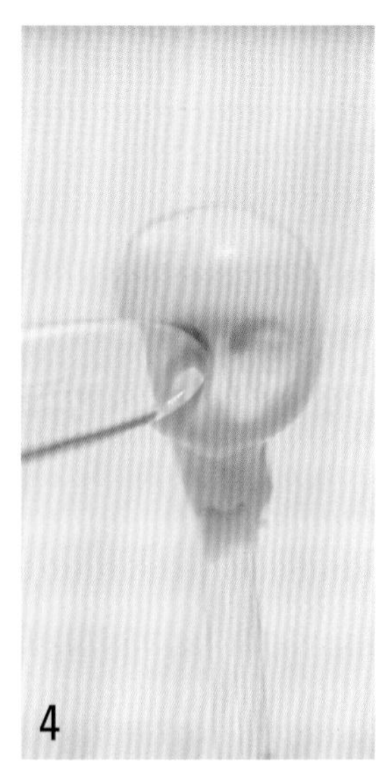

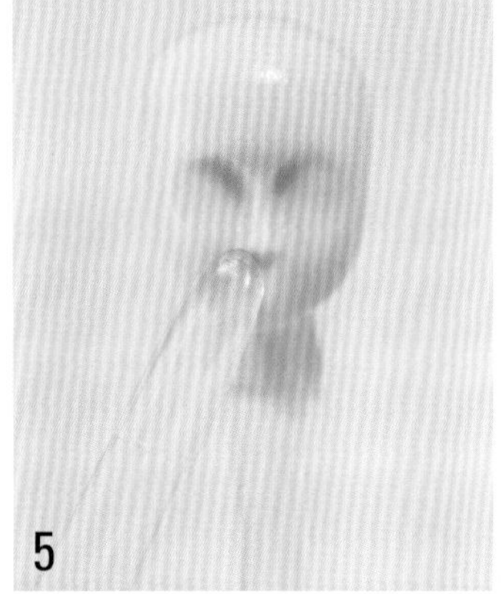

1　用肤色翻糖制作出头像初坯（小孩子头像偏圆且饱满）。

2　小球刀平行于头像，在头像 1/2 处下压做出眼部凹陷。

3　将头像侧过来，观察面部结构（额头饱满圆滑，嘴鼻部分凸起）。

4　大号主刀点压出眼窝和鼻梁。

5　在鼻梁正下方左右两侧斜点出鼻翼。

6　开眼刀的大头弧面向下斜压两眼正下方，突出鼻梁位置。

7　开眼刀的小头弧面向下点压出眼窝。

8　大球刀点压眼眶，左右大小一致。

9　取白色翻糖填入眼窝，确定大小位置，用作眼白。

10　开眼刀将眼白下压至完全贴合眼窝。

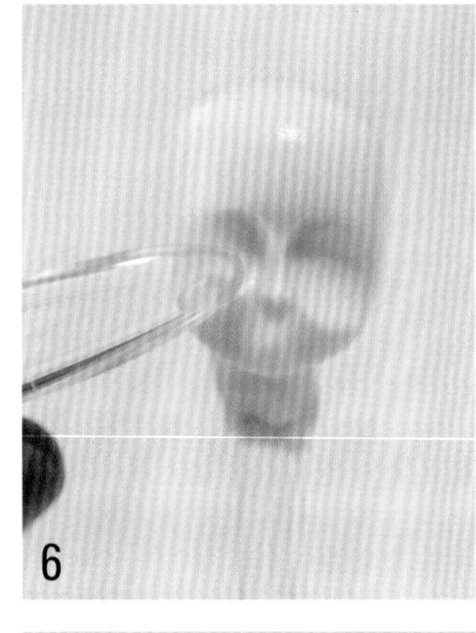

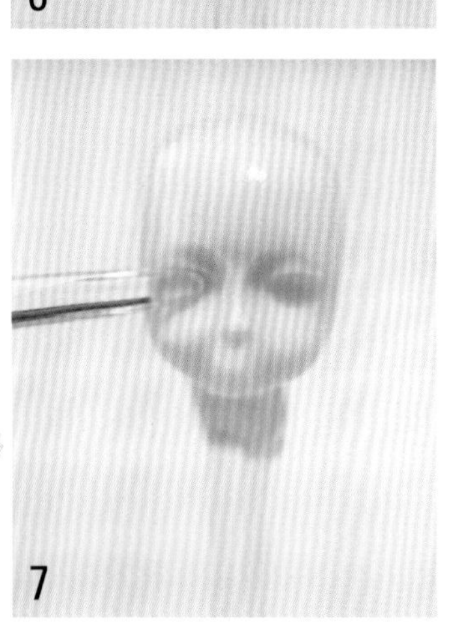

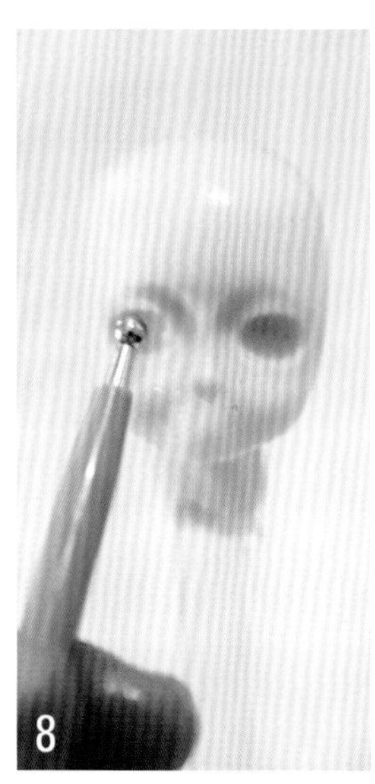

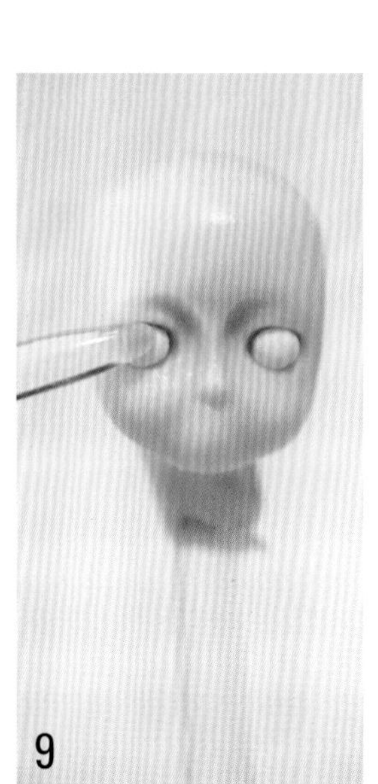

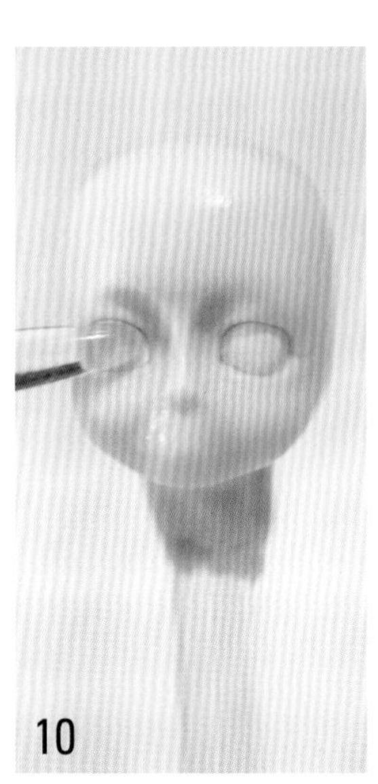

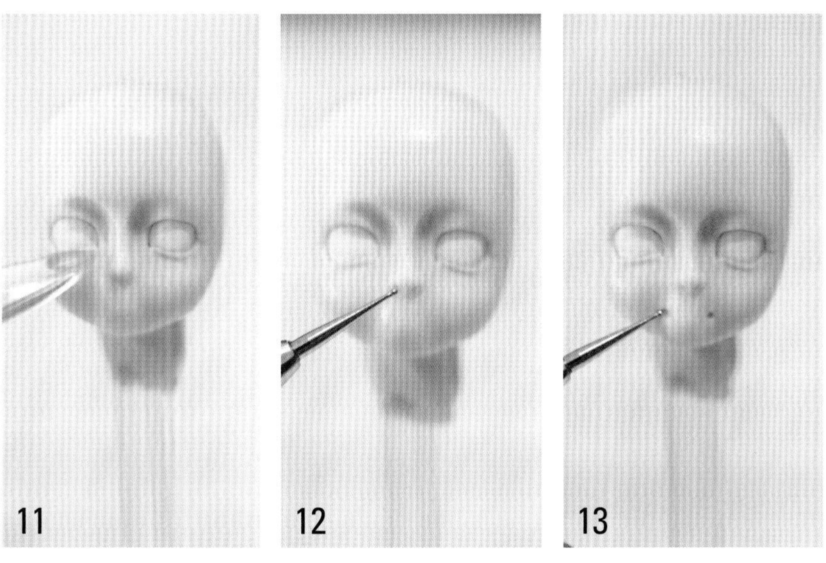

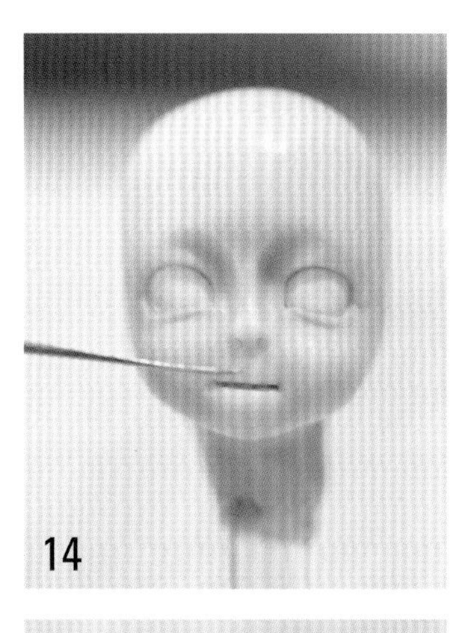

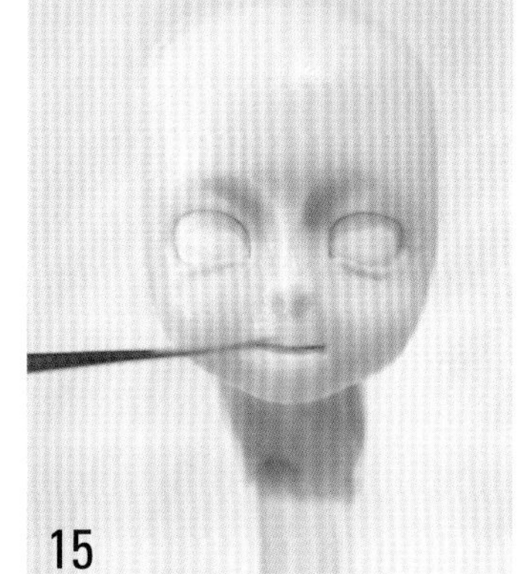

11　开眼刀的大头弧面向下做出下眼睑。

12　小球刀点出鼻孔。

13　确定嘴巴占下庭比例位置后点出嘴巴位置。

14　切出嘴缝（需要切一定深度）。

15　注意切嘴缝时以 45° 左右各切一刀。

16　开眼刀弧面向上，推出嘴唇弧度大形。

17　小球刀点压人中。

18　小号主刀向上推人中正下方左右两点，做出上嘴唇。

19　换中号主刀做出下嘴唇并把下嘴唇收到嘴角。

20　小球刀整理嘴形。

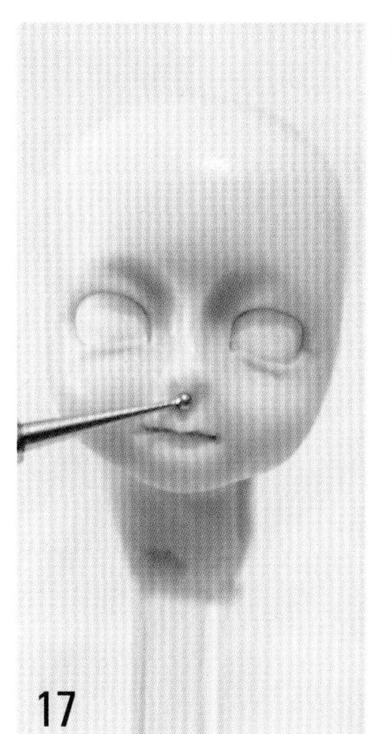

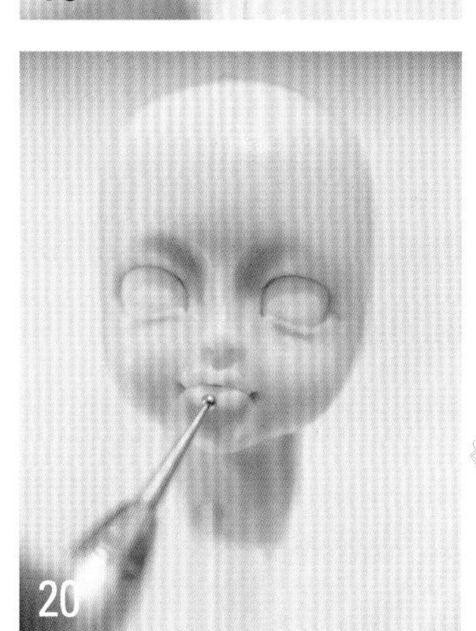

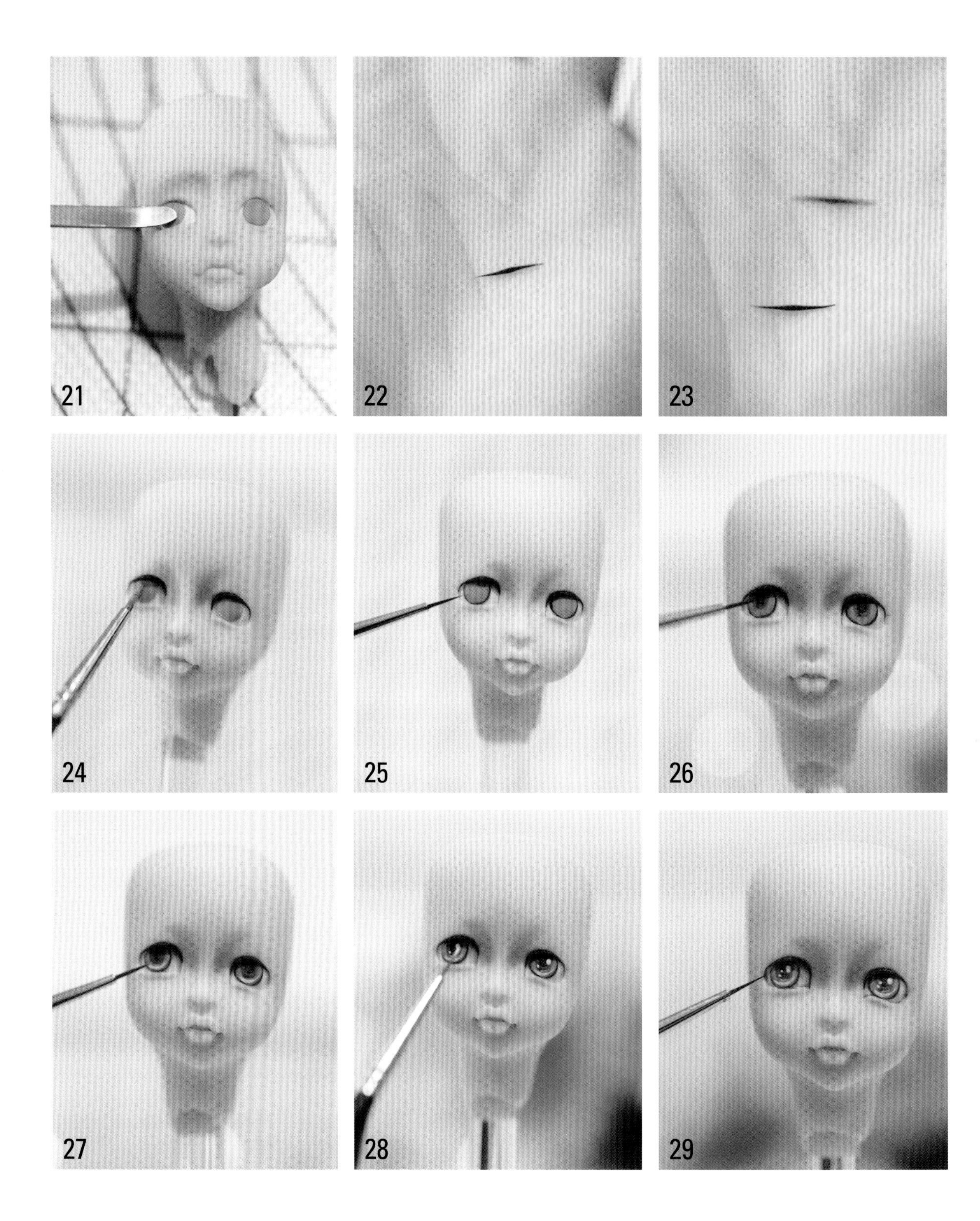

21 在眼窝部分填入蓝色翻糖用作眼珠（注意左右大小一致）。

22 制作眼线。取一块黑色翻糖搓成细条。

23 搓好一根后再搓另一根，保证两根粗细、长短一致。

24 用勾线笔将眼线粘在眼眶上部（保持眼线的完整度）。

25 勾线笔沾黑色色素画出眼珠边缘线。

26 勾线笔沾少许暗蓝色色素画出瞳孔。

27 继续用勾线笔沾白色色素画出眼珠玻璃体高光。

28 依次点画出其余的高光（注意不可模糊不清）。

29 勾线笔继续沾少许咖啡色色素勾画眼白四周的轮廓，增加眼睛深度，突出眼球。

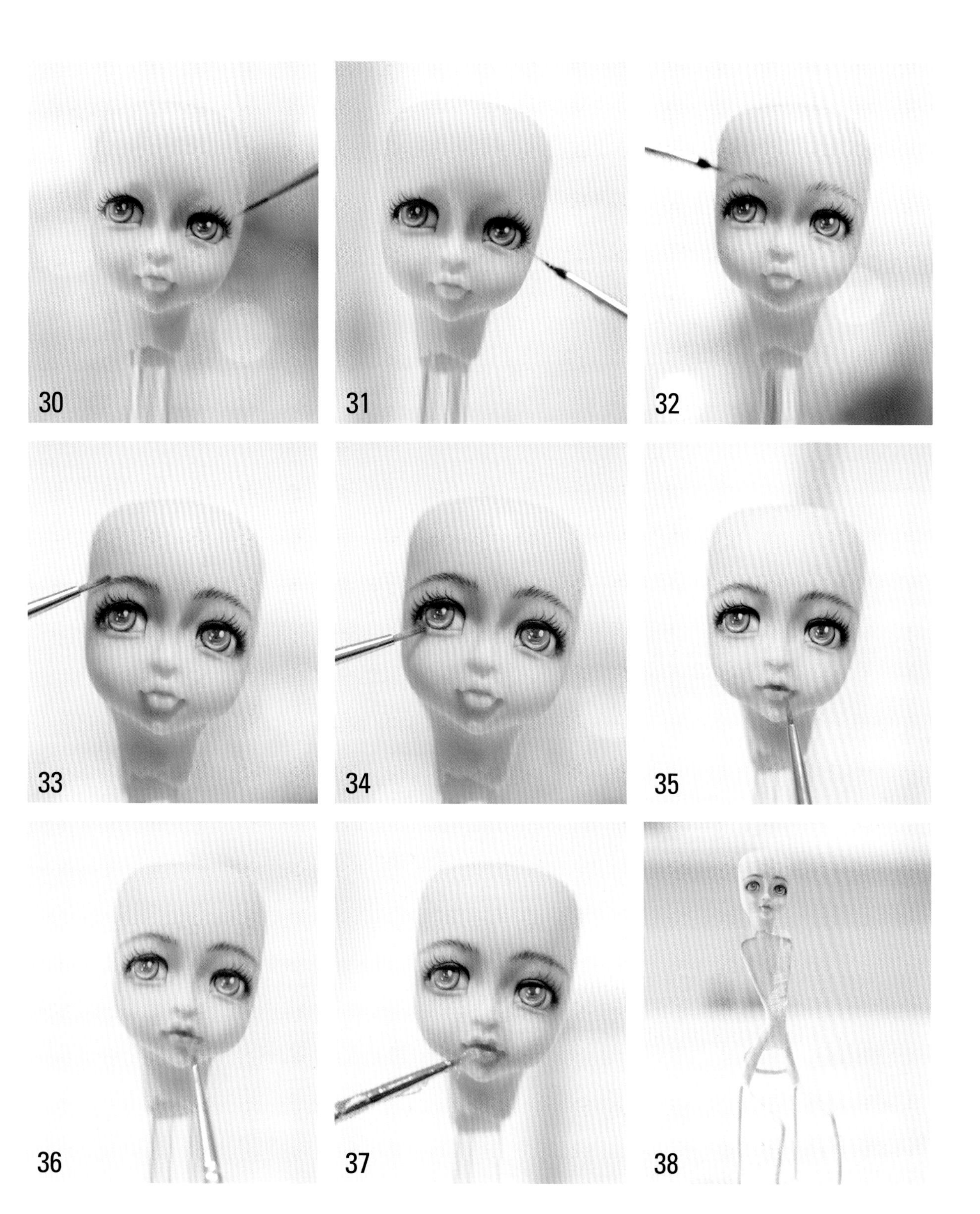

30　勾画出眼睫毛（可在稿纸上练习后再制作）。

31　在下眼睑眼尾部添加少许眼睫毛过渡。

32　勾画出眉毛（注意密度、长短合理搭配）。

33　用 3 个 0 勾线笔带奶咖色色素均匀扫在眉骨位置。

34　在下眼睑及眼眶部位过渡奶咖色做出阴影。

35　用 3 个 0 勾线笔带少许玫瑰色色粉扫在嘴唇内侧，再慢慢过渡到嘴唇外围。

36　扫色时注意要着色均匀，过渡有层次感。

37　在嘴唇上涂上唇油。

38　把做好的头像和身体支架连接好。

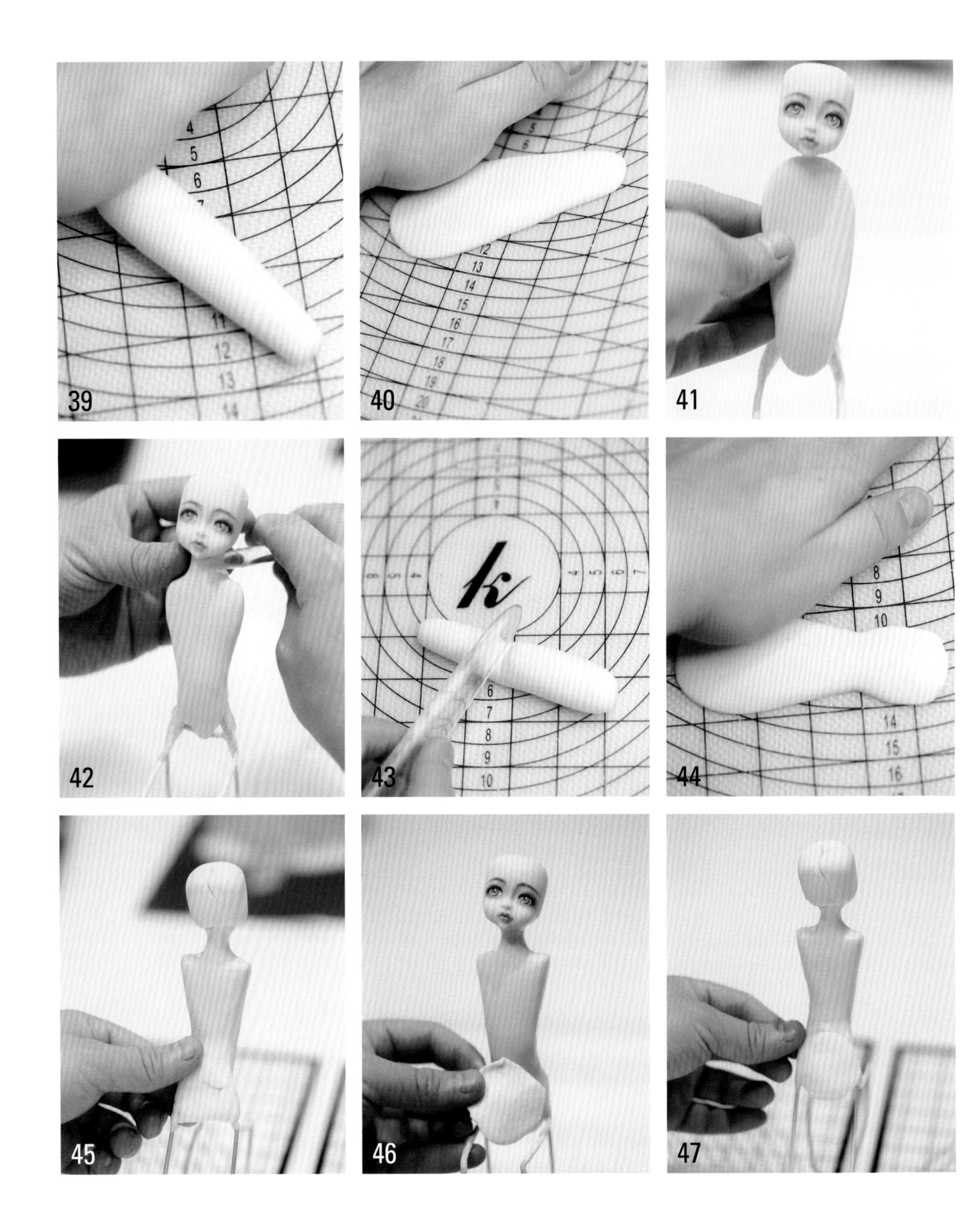

39　制作人物正面。取一块肤色翻糖搓成上粗下细的条。

40　用手掌拍扁。

41　找好位置，准备拼接。

42　先将脖子和头部连接，再把其余部分粘好。

43　另取一块肤色翻糖搓条，在 1/3 的位置用大号主刀压出凹槽，作为后背。

44　用手掌拍扁。

45　将后背连接好抹平。

46　取小块肤色翻糖搓圆、压扁，平贴在腹部（如腹部本来就很饱满则不用添加）。

47　取同样大小肤色翻糖贴在臀部。

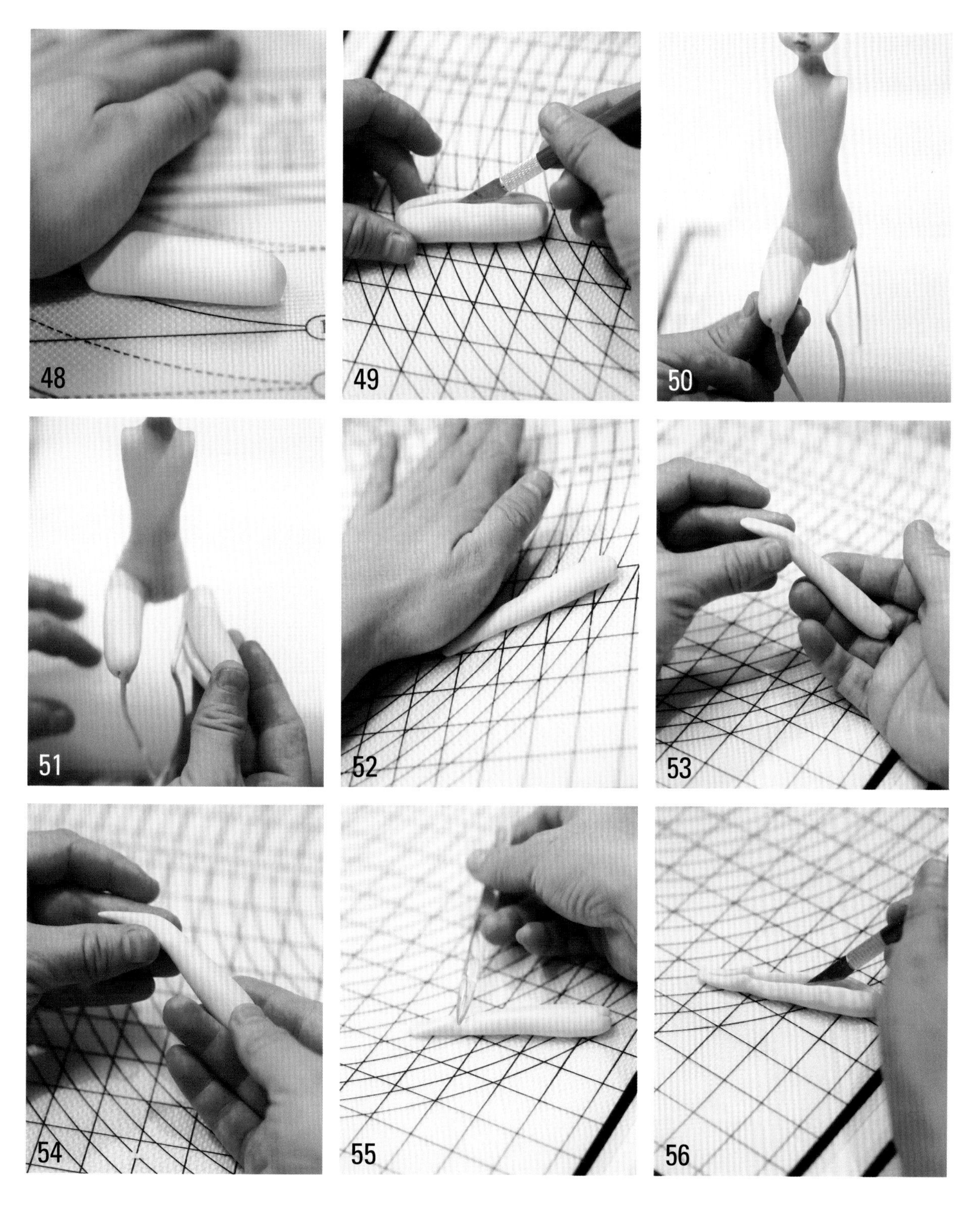

48 取肤色翻糖搓成上粗下细的条，用作大腿。

49 用美工刀裁出开口。

50 将制作好的大腿粘在支架上。

51 再做出另外一条大腿。

52 制作小腿和脚。取 20 克肤色翻糖（克数仅供参考，可按实际情况改动）搓成长条锥形并将尖端按扁。

53 定出脚踝位置并用手指捏出大形。

54 收窄脚掌，将表面处理干净确保无杂物。

55 针型棒尖端滚压出脚后跟形状。

56 将小腿后侧裁出缝隙，准备拼接。

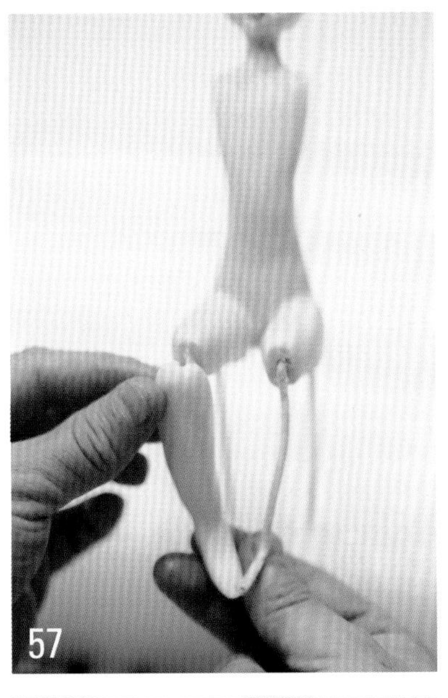

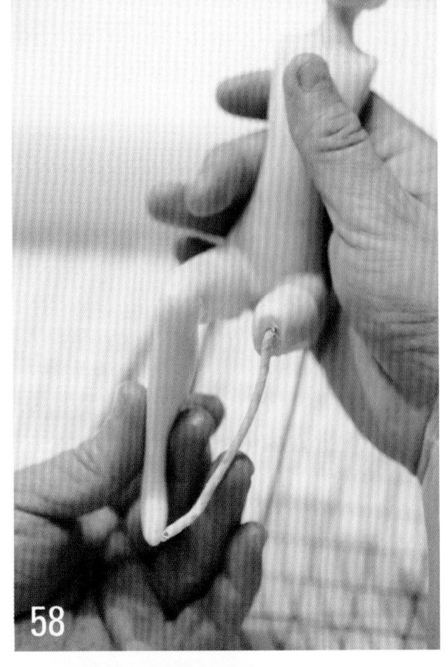

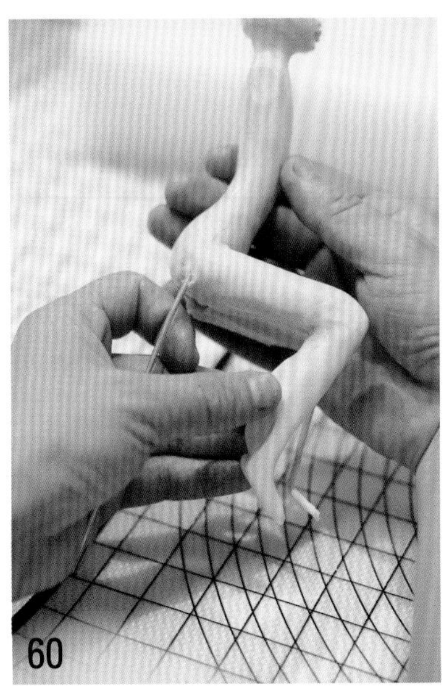

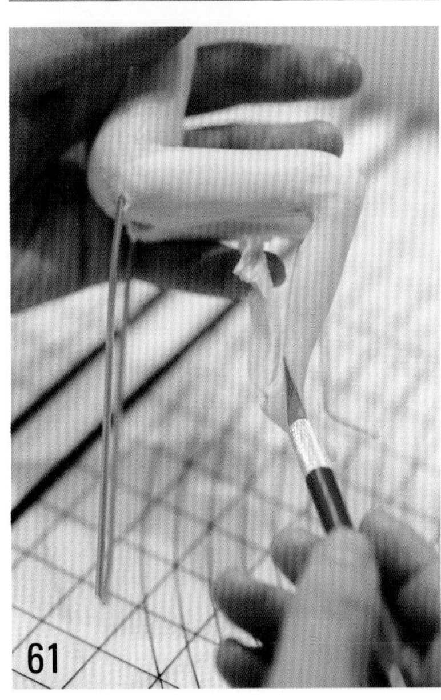

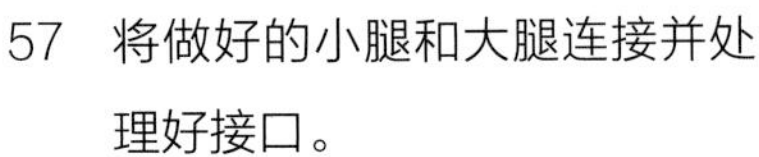

57 将做好的小腿和大腿连接并处理好接口。

58 用手指辅助捏出小腿大形并将多余的翻糖收至腿后。

59 细修脚面形状。

60 处理小腿侧面形状并将多余的翻糖收至腿后。

61 用美工刀将多余的翻糖裁切掉，并抹平切口。

62 同样方法做出另一条小腿和脚。

63 取小块肤色翻糖搓成橄榄形，平贴于胸部。

64 将连接口抹平。

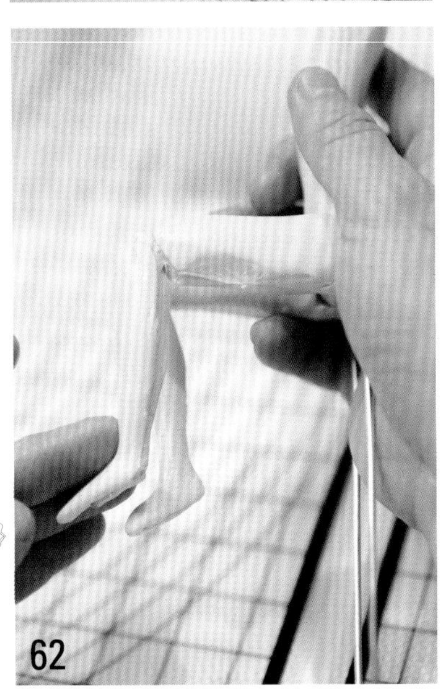

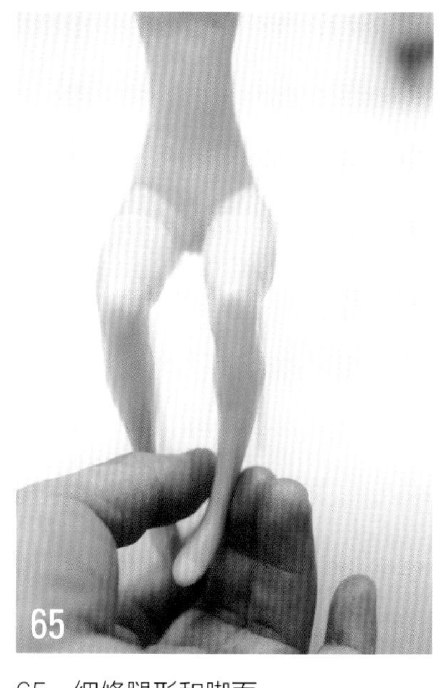

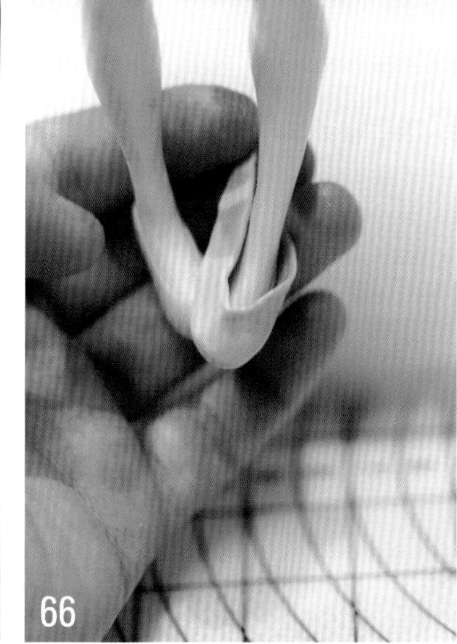

65　细修腿形和脚面。

66　取少许肉粉色翻糖搓成长条，按扁后包裹住脚面做成鞋子。

67　切除多余的翻糖，修平接缝处。

68　取少量咖啡色翻糖搓成 8 字形。

69　将搓好的翻糖压扁，作为鞋底。

70　将压好的鞋底粘在鞋子下面。

71　用刮刀把蕾丝酱料刮在蕾丝模具上。

72　入烤箱以上下火 100℃烤 10 分钟，取出冷却后脱模。

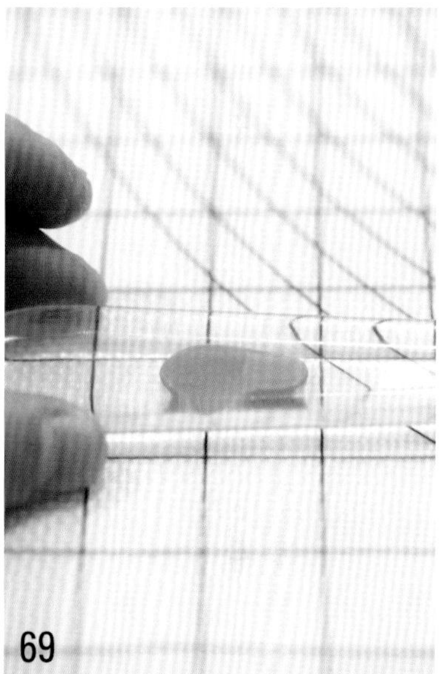

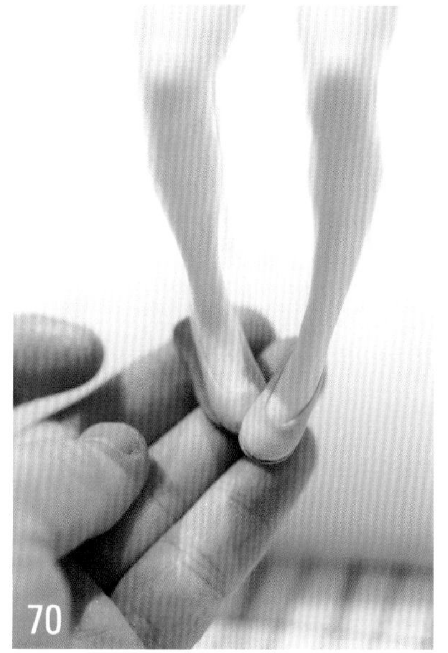

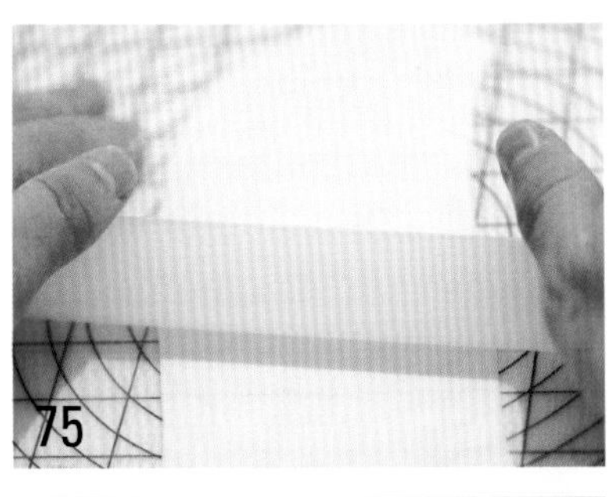

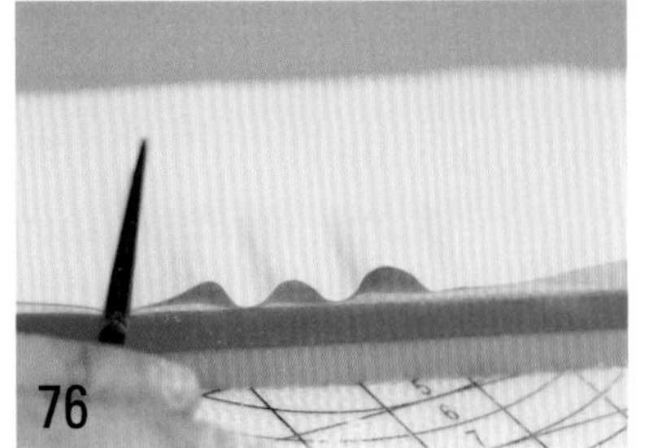

73　脱模后的蕾丝边展示。

74　将蕾丝粘在腰部。

75　制作裙子。取淡蓝色翻糖擀薄片。

76　碾花棒碾出衣料褶边（注意起伏高低一致且不能有破边）。

77　将衣料堆叠出衣褶（衣褶大小要搭配适宜）。

78　将衣褶压实后切去多余部分。

79　将做好的衣料粘在腰部并用工具调整造型。

80　同样的方法制作出裙子粘贴在腰部一圈，裙子的下边缘部分也做出褶皱。

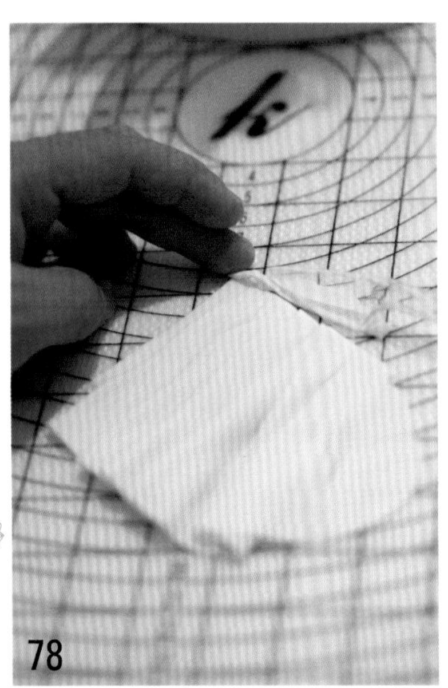

81　用开眼刀处理缝隙部分。
82　中号主刀修整衣服褶皱保持线条流畅。
83　中号主刀辅助做出身体后侧裙边褶皱。
84　刀型棒将裙底衣料填压进去。
85　中号主刀调整填压进去的衣料的褶皱。
86　修整裙边后侧的衣褶保持线条流畅。
87　将多余的衣料填塞到身体底部。

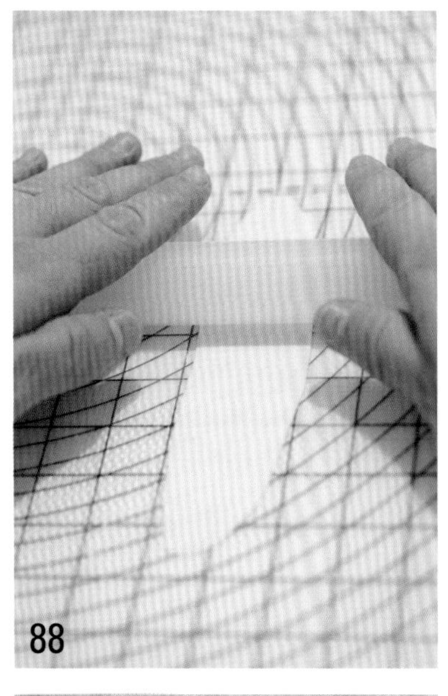

88　擀一片白色糖皮。

89　包裹在胸部做出文胸。

90　围绕身体一周，将接口放在身体一侧。

91　剪出蕾丝边的一角。

92　剪好的蕾丝边展示。

93　粘贴到腰部制作腰带。

94　取淡蓝色翻糖擀成薄片。

95　从糖皮中间一直堆叠。

96　用工具把中间压实后用美工刀切开。

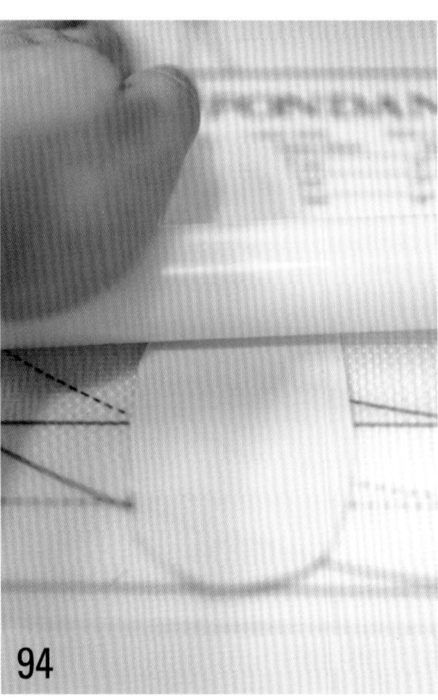

97　围胸部下方贴一圈，用美工刀划出纹路。

98　在文胸中间粘上一段花边。

99　用镊子取珍珠糖粘在中间，制作成珍珠纽扣。

100　在模具上打上干淀粉。

101　将咖啡色翻糖放入模具内按压。

102　脱模成小熊配件。

103　勾线笔沾黑色色素画出小熊五官细节。

104　将配件小熊粘在裙子上。

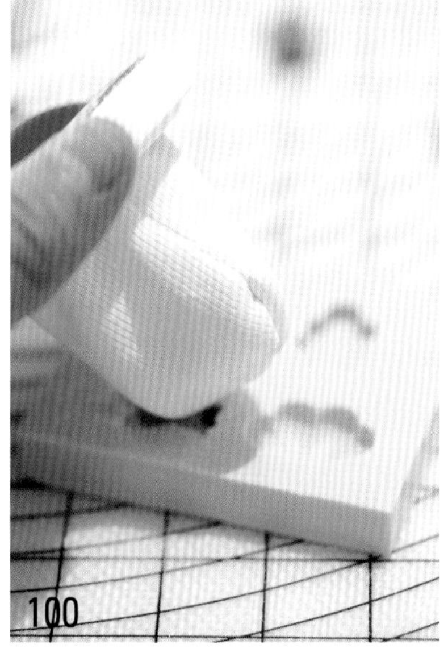

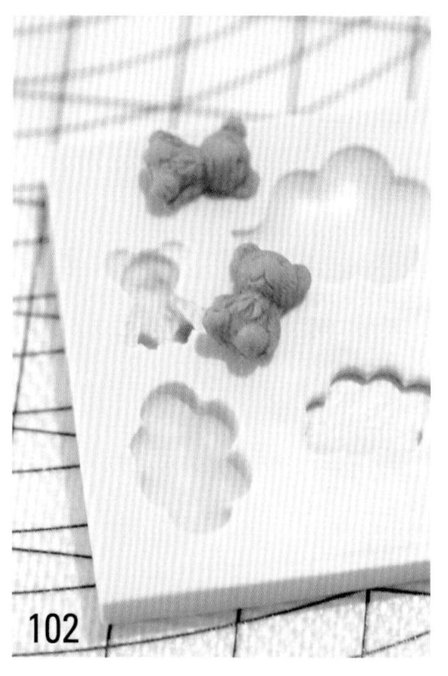

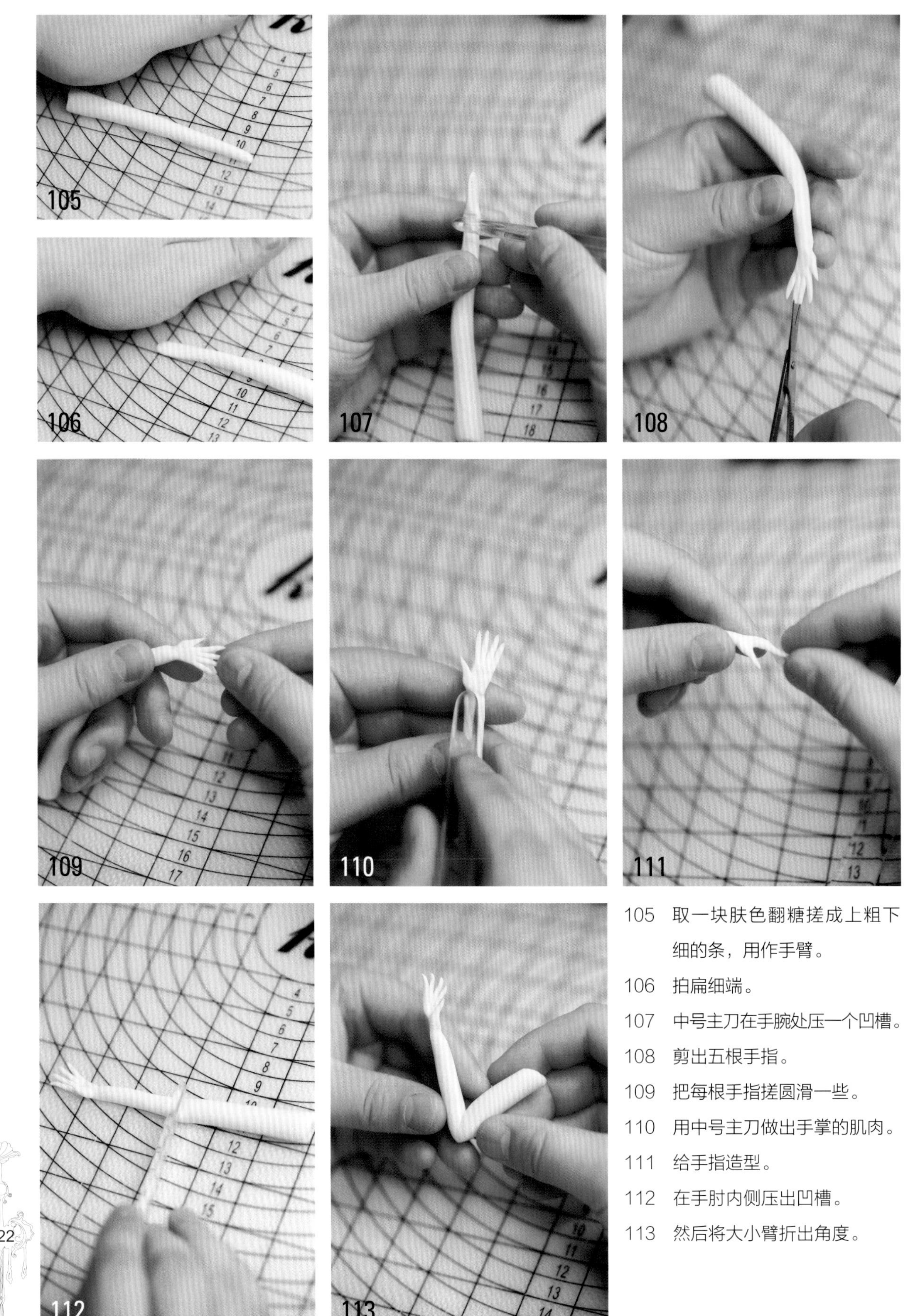

105　取一块肤色翻糖搓成上粗下细的条，用作手臂。

106　拍扁细端。

107　中号主刀在手腕处压一个凹槽。

108　剪出五根手指。

109　把每根手指搓圆滑一些。

110　用中号主刀做出手掌的肌肉。

111　给手指造型。

112　在手肘内侧压出凹槽。

113　然后将大小臂折出角度。

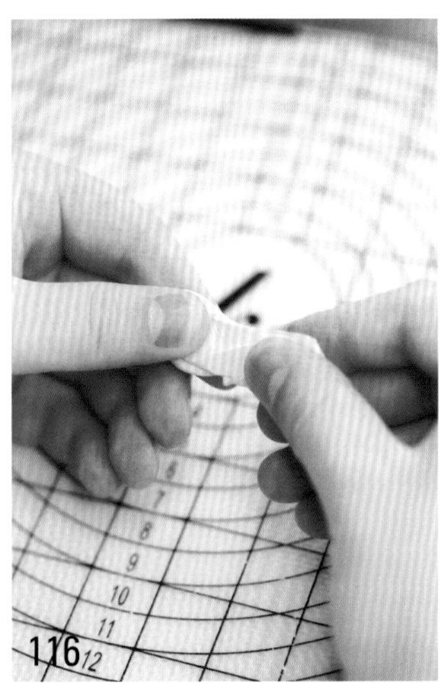

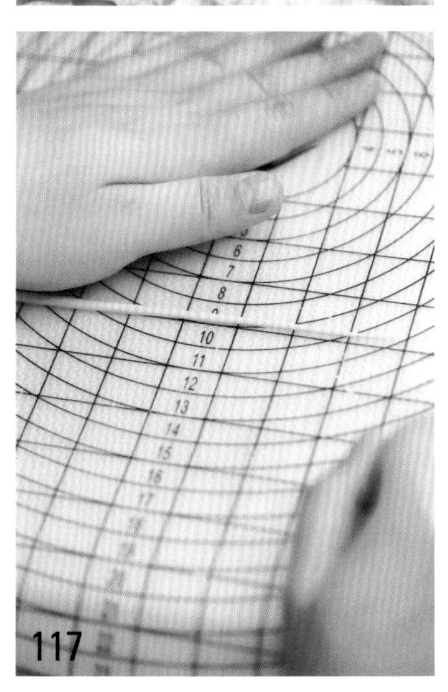

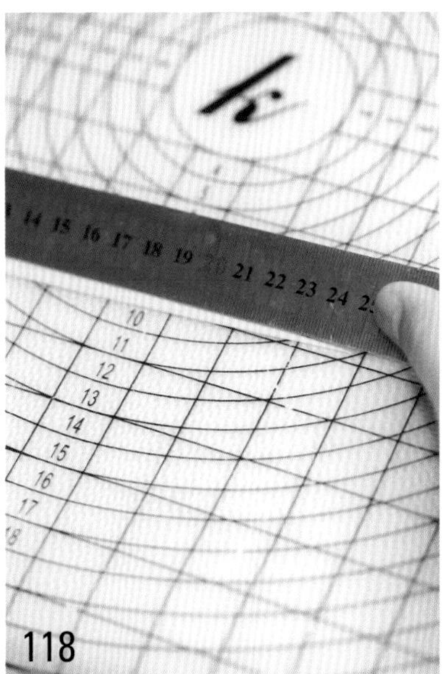

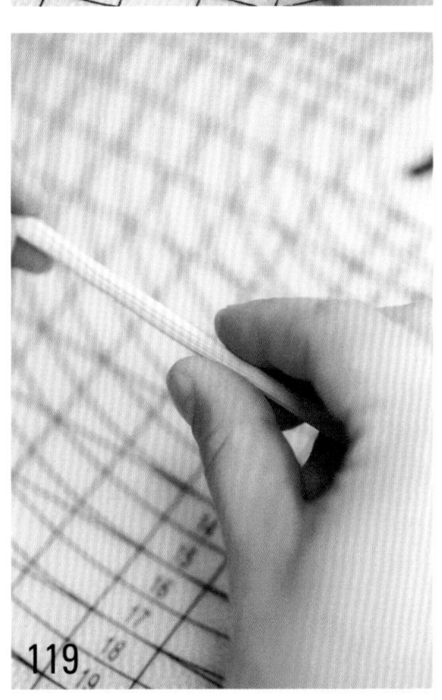

114　将做好的手臂和身体衔接。

115　同样的方法制作出另外一条手臂并组装。

116　取粉色翻糖揉软一些。

117　搓成长条，用作头发。

118　拍扁后用钢尺压出头发的纹理。

119　把头发边缘收窄一些。

120　将压好花纹的头发盘绕在碾花棒上，定型后取下，制作出卷发。

121　将制作好的卷发粘在头顶。

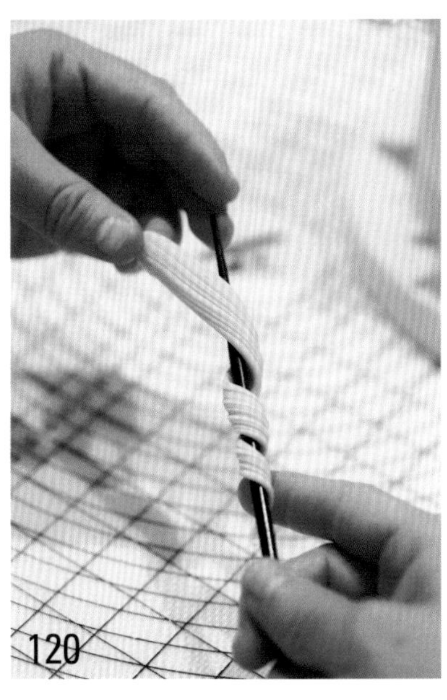

122　继续添加头发，注意长短搭配。

123　制作出较短的刘海并粘在头部。

124　在手指上画出指甲。

125　脸上扫少许腮红。

126　在裙边点缀小珍珠糖。

127　取粉色翻糖放入蝴蝶结模具的心形处。

128　用工具压实。

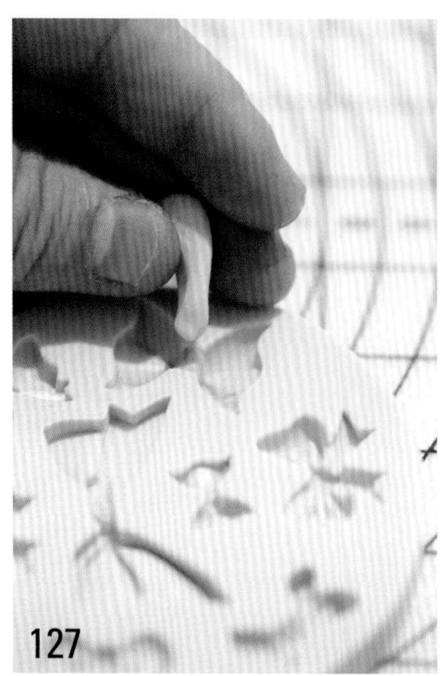

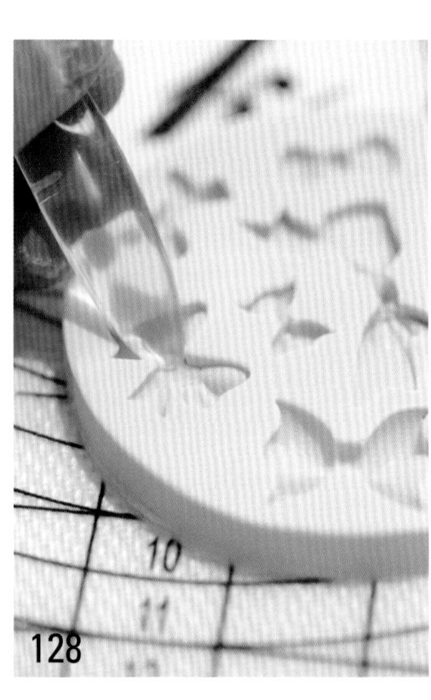

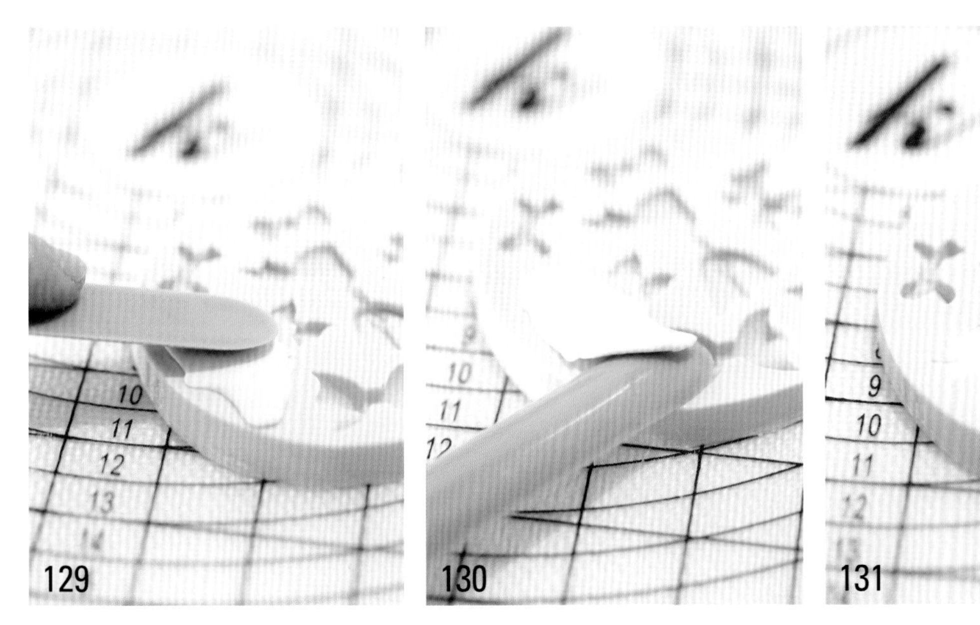

129 取淡蓝色翻糖放入蝴蝶结模具，用工具压实。

130 去除多余翻糖。

131 压实后的蝴蝶结模具。

132 将蝴蝶结取出。

133 将配饰蝴蝶结粘在鞋子上，再镶上一颗珍珠糖。

134 将配饰蝴蝶结粘在头顶。

135 组装完成。

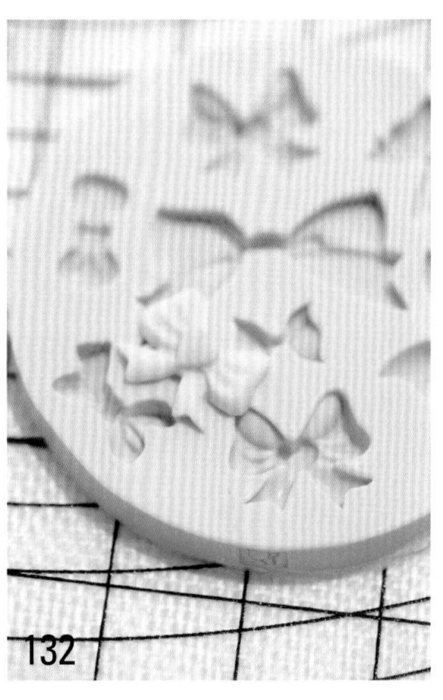

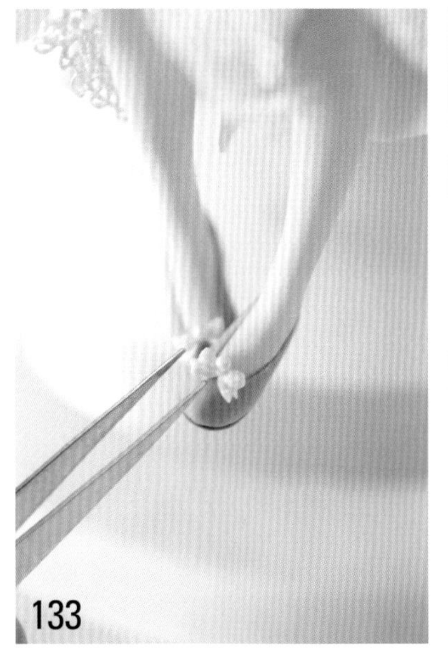

秋

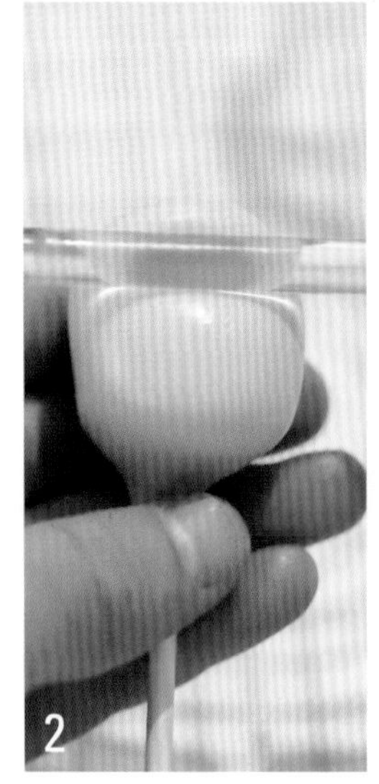

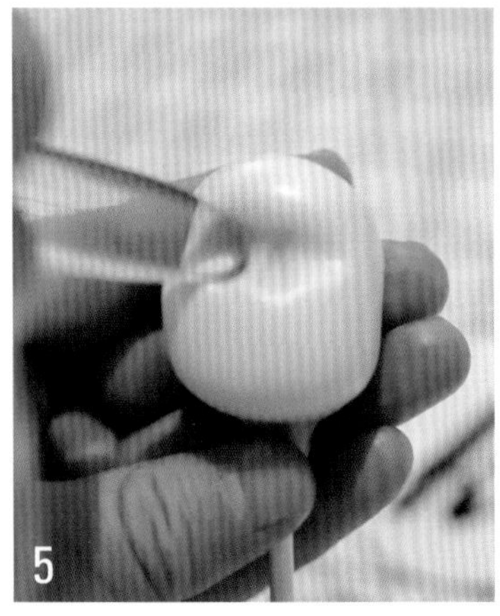

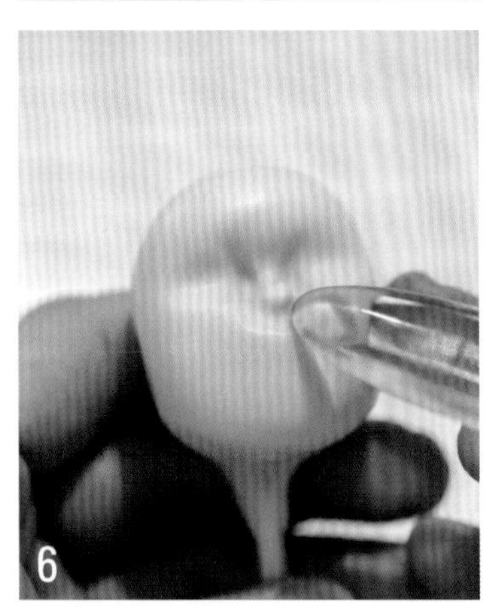

1　用肤色翻糖捏好面部大形后涂上白油保湿。

2　针型棒滚压出眼部凹陷。

3　大拇指按压额头，突出鼻子部分。

4　大号主刀点压出一侧眼窝和鼻梁。

5　对称方向做出另一侧鼻梁及眼窝。

6　定出鼻头（注意大小）。

7　鼻头左边斜压出面部凹陷。

8　对称边下压做出凹陷。

9　金属开眼刀切出嘴缝。

10　嘴缝呈半弧形且需要切出一定深度。

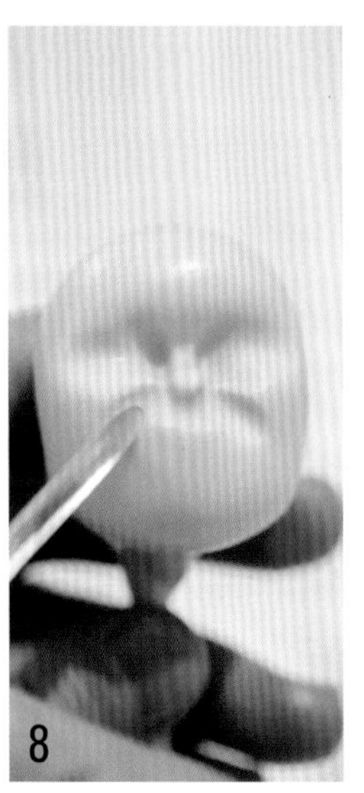

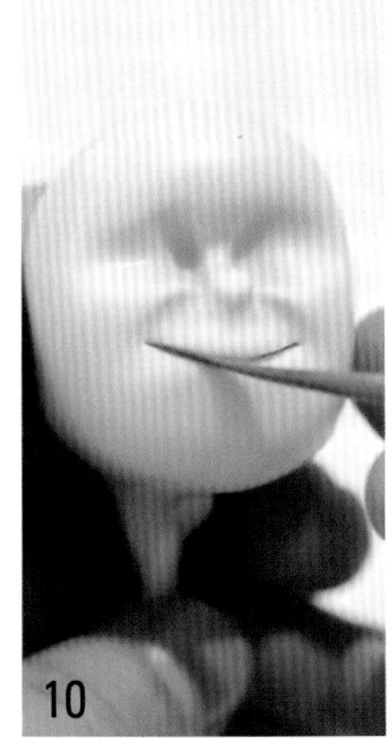

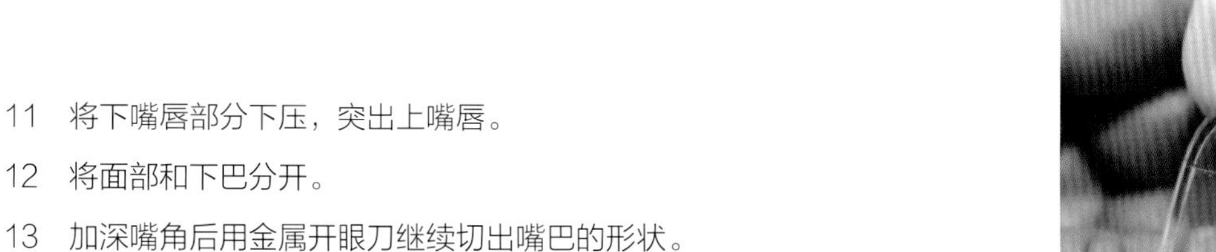

11　将下嘴唇部分下压，突出上嘴唇。

12　将面部和下巴分开。

13　加深嘴角后用金属开眼刀继续切出嘴巴的形状。

14　嘴巴下边呈钝角三角形切开。

15　将嘴巴内的翻糖填压进去后用中号主刀推出下嘴唇。

16　滚动针型棒将下嘴唇过渡圆滑。

17　大球刀伸入嘴巴内侧将多余翻糖下压，使嘴巴里呈空着的状态。

18　金属开眼刀将口腔内部填平修整。

19　小球刀点压做出人中。

20　中号主刀向上推出上嘴唇唇峰。

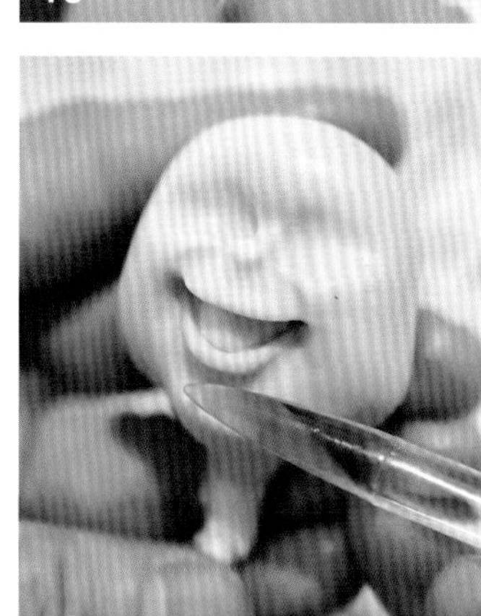

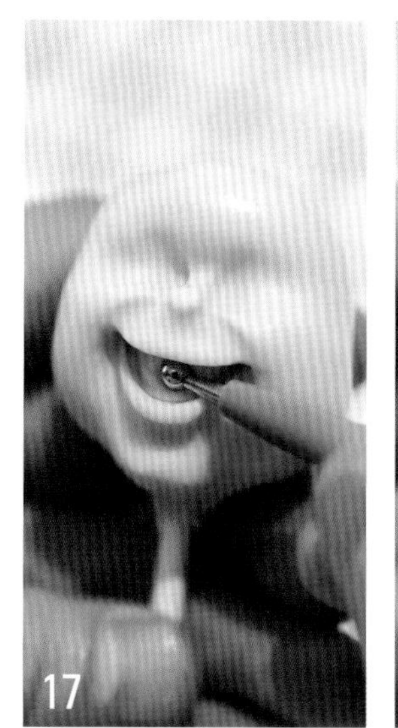

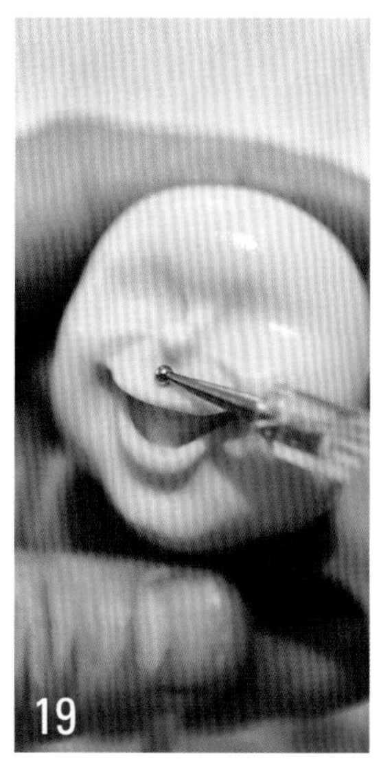

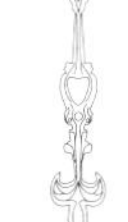

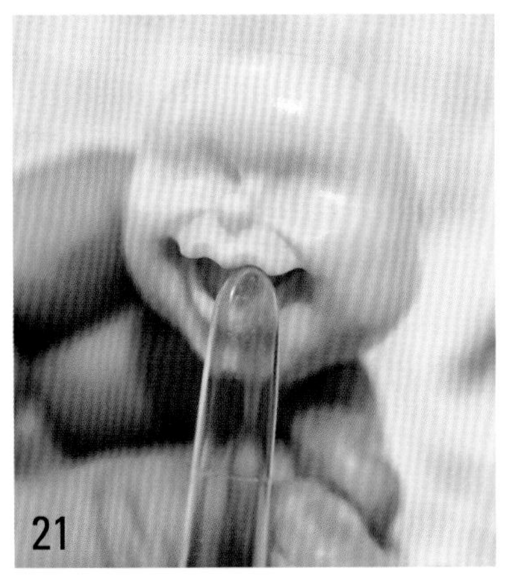

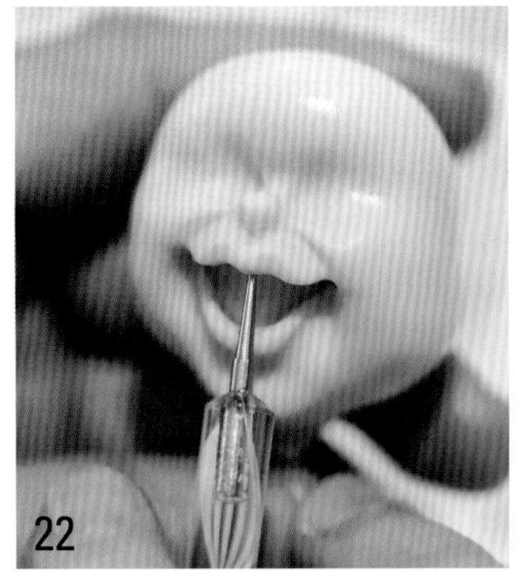

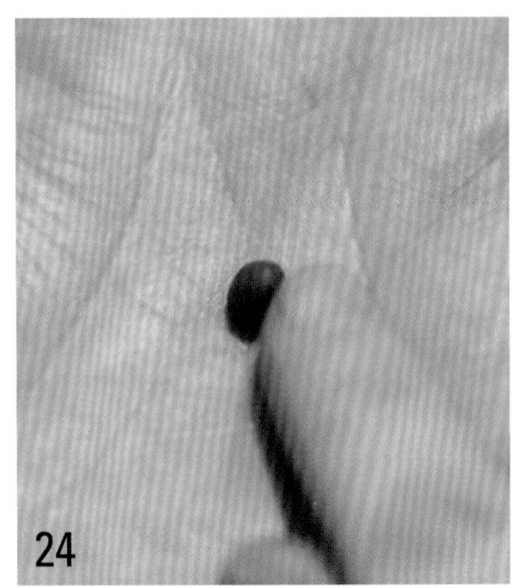

21　将另外一边唇峰也推出来。

22　将小球刀伸入人中正下方勾出唇珠，使嘴部造型更逼真。

23　针型棒点压嘴角将嘴角加深。

24　制作口腔。在手心搓出球状巧克力色翻糖。

25　将搓好的翻糖打胶后填压在口腔内部。

26　搓出柳叶形白色翻糖当牙齿。

27　金属开眼刀均匀点压出牙齿，用作下牙。

28　将做好的牙齿打胶后找准位置粘出下牙。

29　上嘴唇与口腔的连接处打胶。

30　肉粉色翻糖搓成长条，粘在上嘴唇内部，用作牙龈。

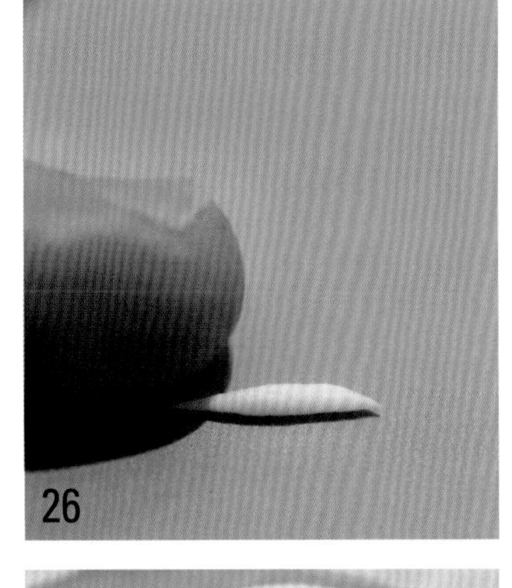

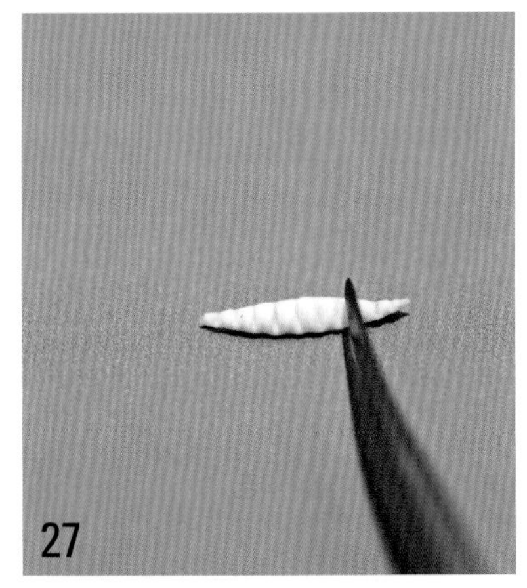

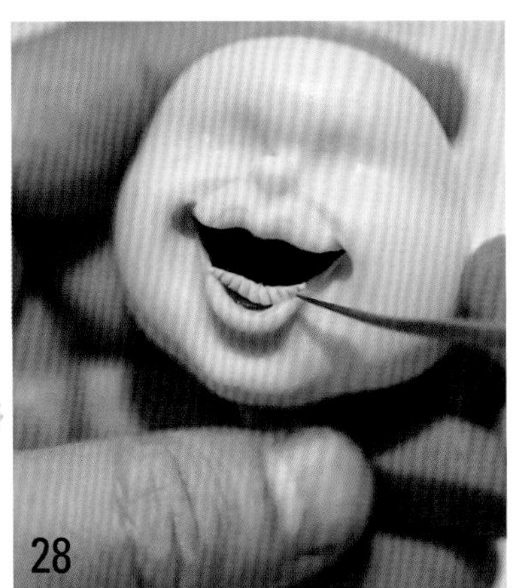

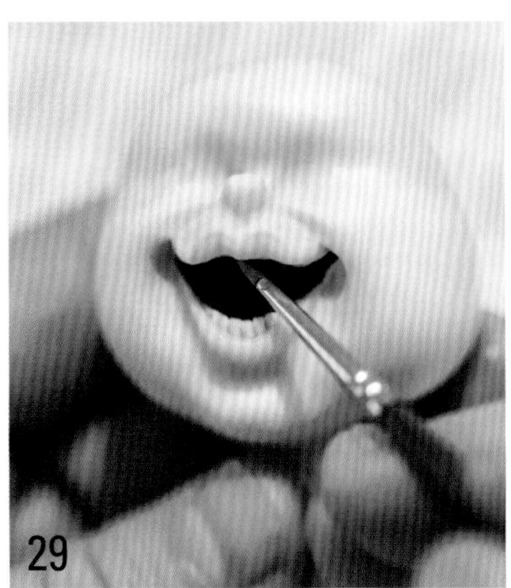

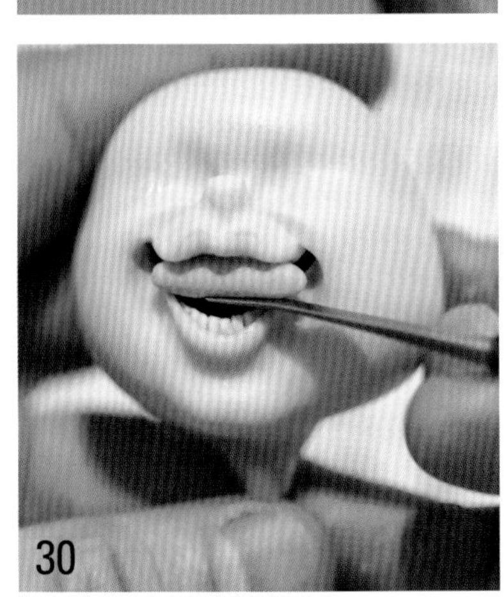

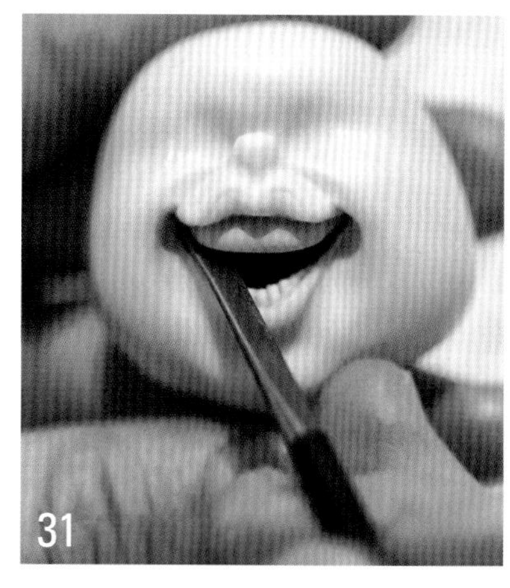

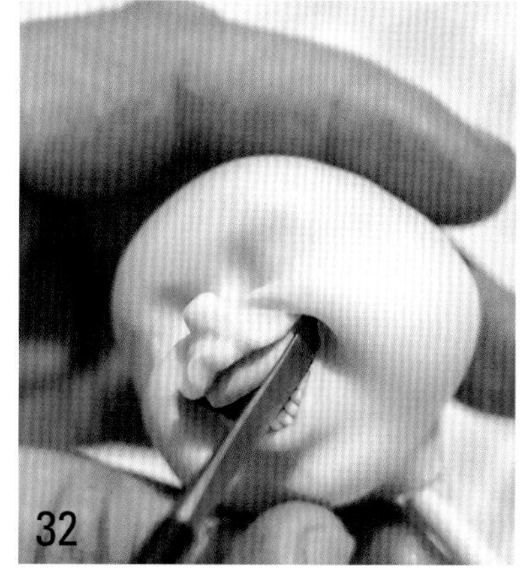

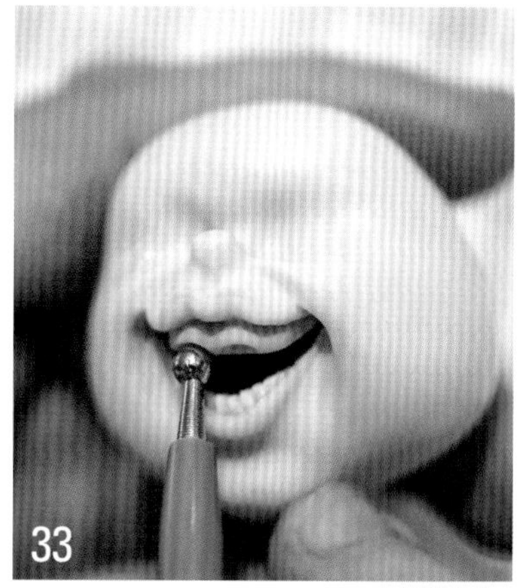

31　金属开眼刀将肉粉色翻糖两端分别填压到嘴角。

32　金属开眼刀填压嘴角根部突出嘴角深度。

33　大球刀点压出牙龈空缺，准备装填上牙。

34　参照步骤26、27的方法，做出上牙（比下牙略大）。

35　将做好的上牙打胶后填入嘴巴和牙龈连接好。

36　将牙齿和牙龈过渡连接。

37　点压眼窝，修整上嘴唇将牙齿包住。

38　小球刀定出眼睛宽窄高低位置。

39　开眼刀点压出上眼皮。

40　正下方推出双眼皮。

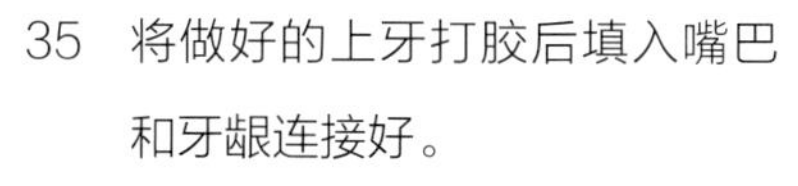

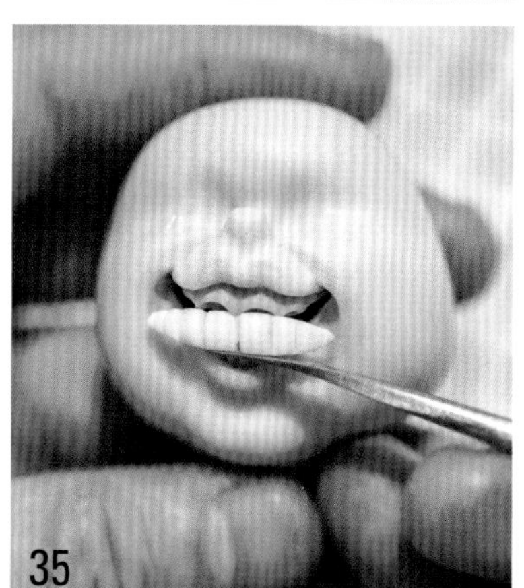

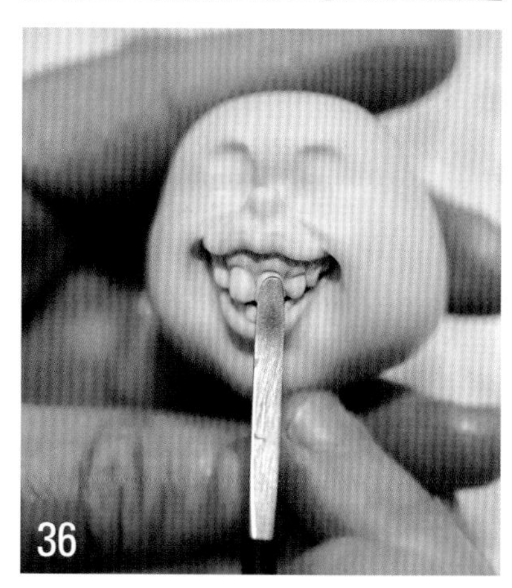

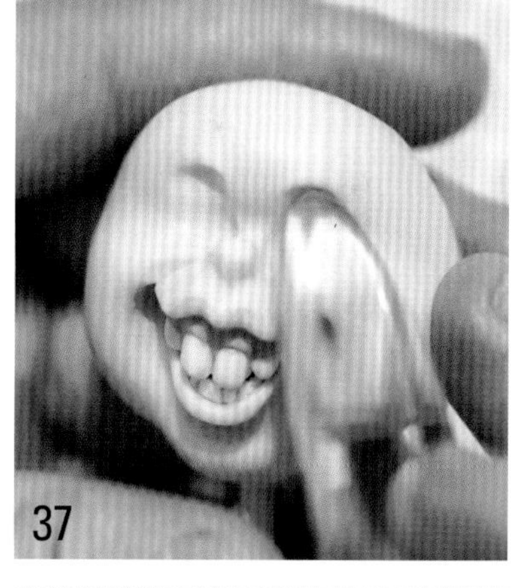

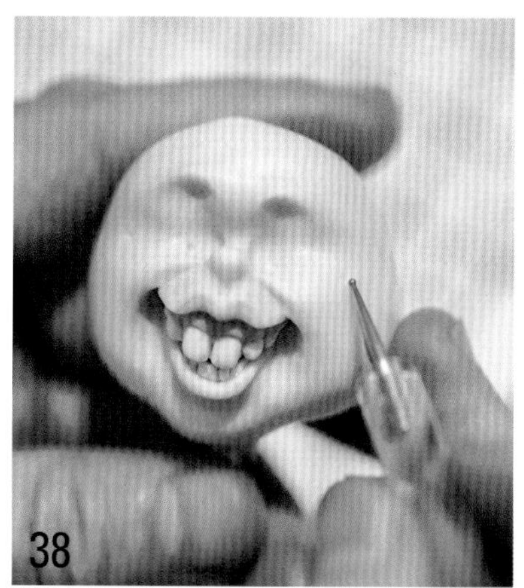

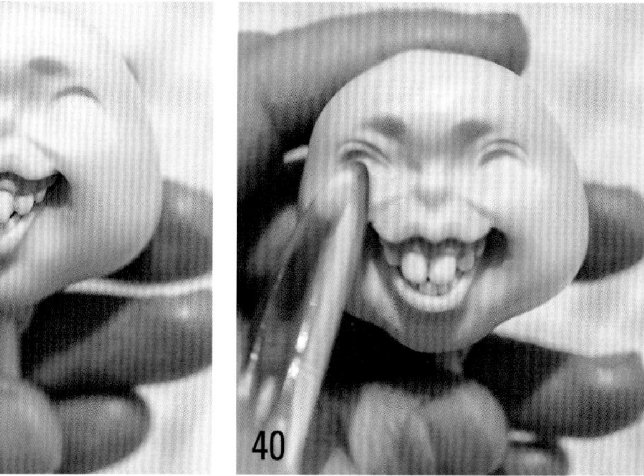

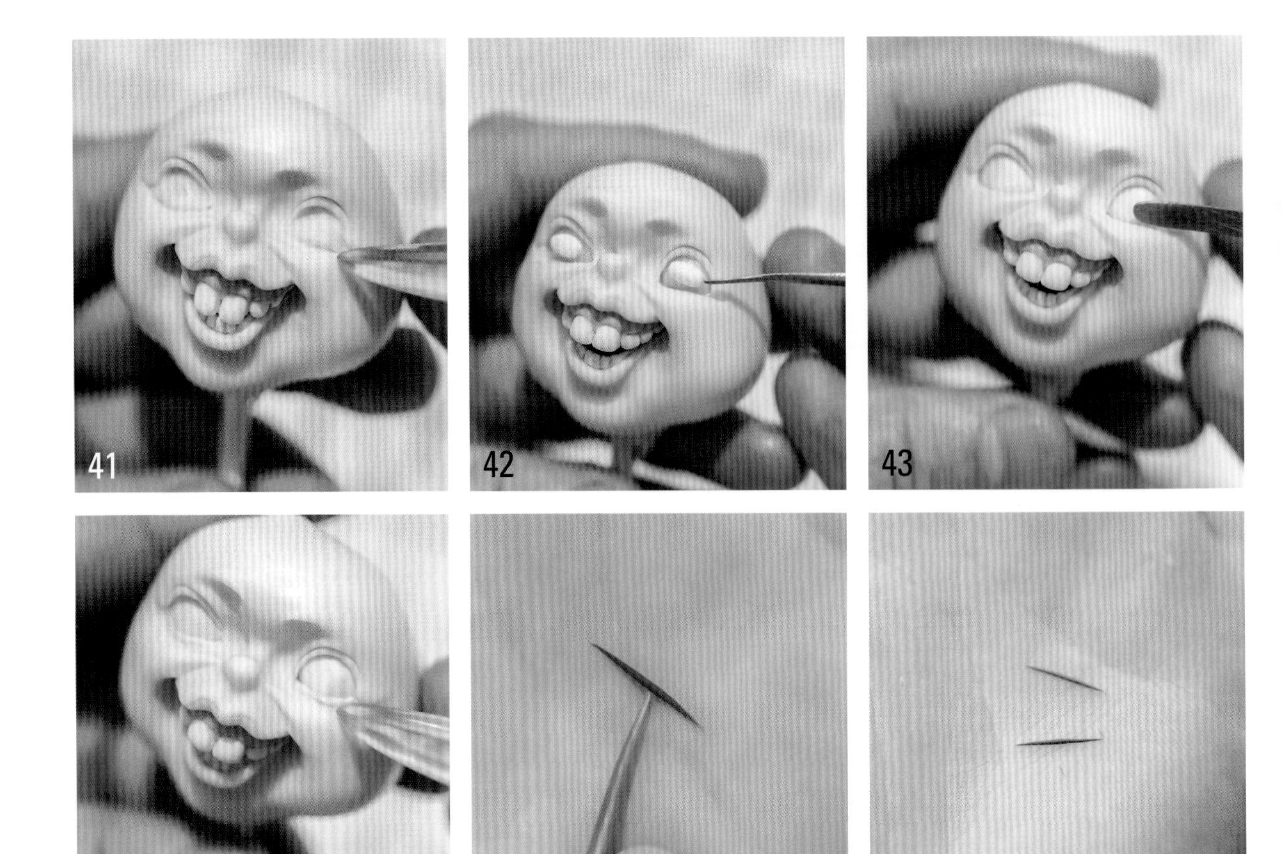

41 开眼刀反面点压出眼睛轮廓大形。

42 取白色翻糖搓成球状后点进眼眶里，用作眼白。

43 金属开眼刀将眼白平填入眼眶内。

44 开眼刀推出下眼睑。

45 取黑色翻糖在掌心搓成细条，用作眼线（要求两端带尖且均匀）。

46 同时搓两条眼线避免大小不一。

47 将搓好的眼线刷胶后粘在上眼皮下方。

48 取黑色翻糖搓成两个小圆球，用作眼珠填入眼睛。

49 将眼珠压扁后再填入两颗更小的淡黄色翻糖当瞳孔。

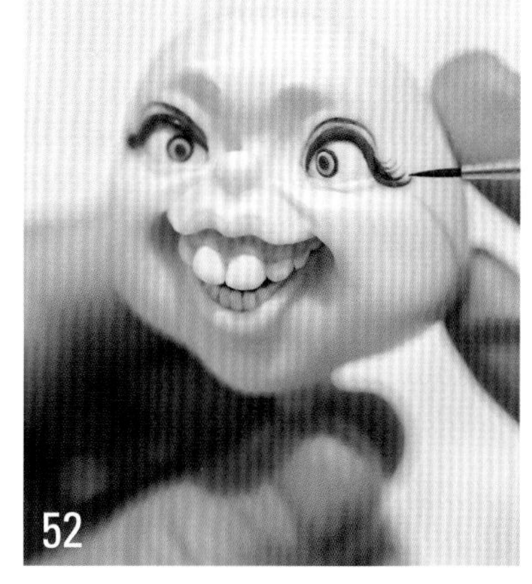

50 5 个 0 勾线笔沾黑色色素画出眼珠轮廓线。

51 5 个 0 勾线笔沾少许淡咖啡色色素加深双眼皮缝隙部分，突出双眼皮。

52 5 个 0 勾线笔沾黑色色素继续勾画出眼睫毛。

53 3 个 0 勾线笔沾玫瑰色色粉均匀扫在嘴唇上（注意颜色过渡）。

54 继续用毛笔带少量奶咖色色粉扫眉骨部位，加深眉毛阴影。

55 检查头像正脸效果。

56 在支架上绑好胶带。

57 将头像组装在支架上，取小块肤色翻糖做出人物正面。

58 将多余翻糖往上提，和头像连接，做出脖子，然后把两边的翻糖向后拉扯做出后背。

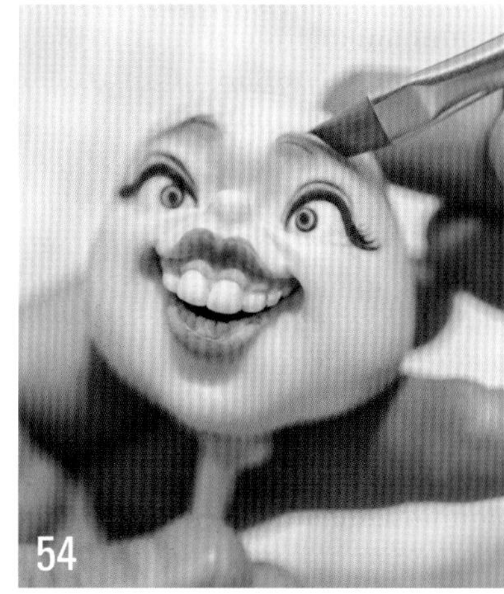

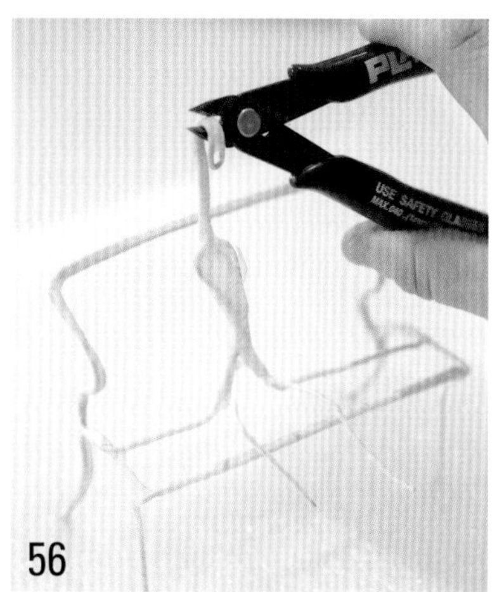

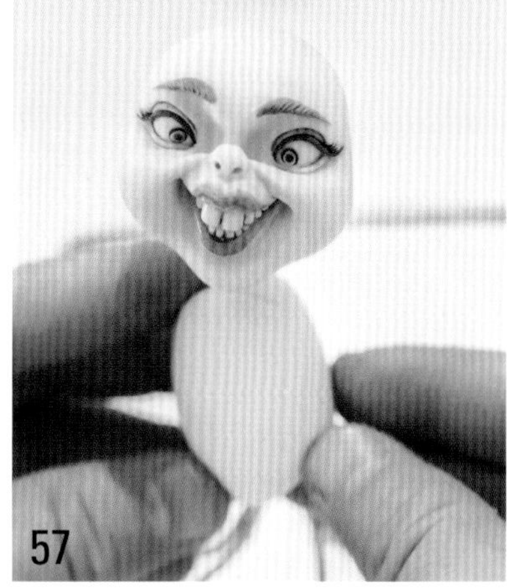

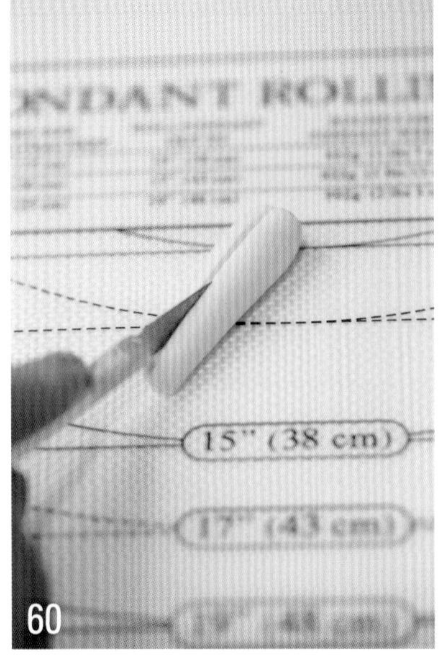

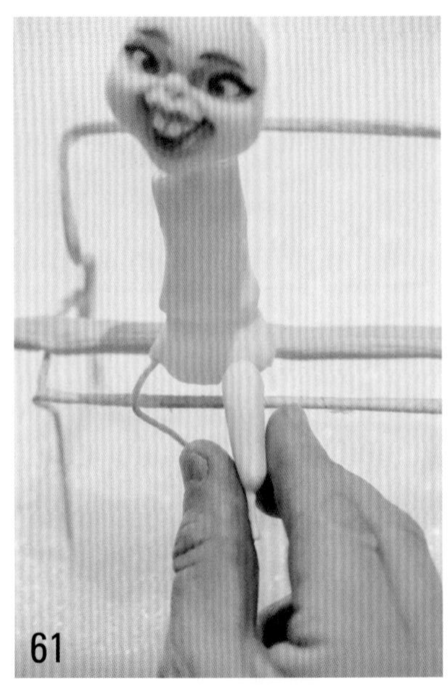

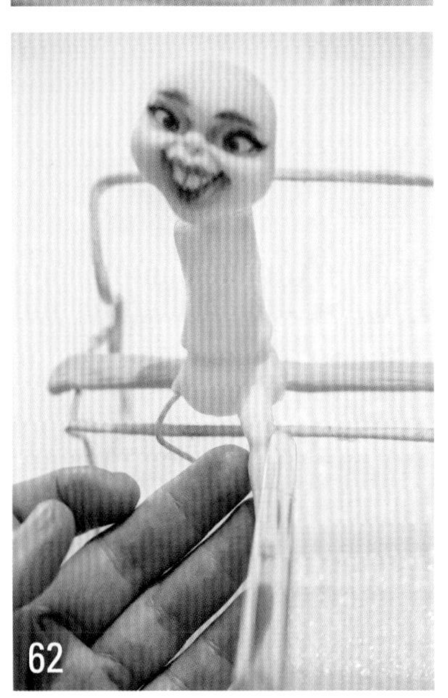

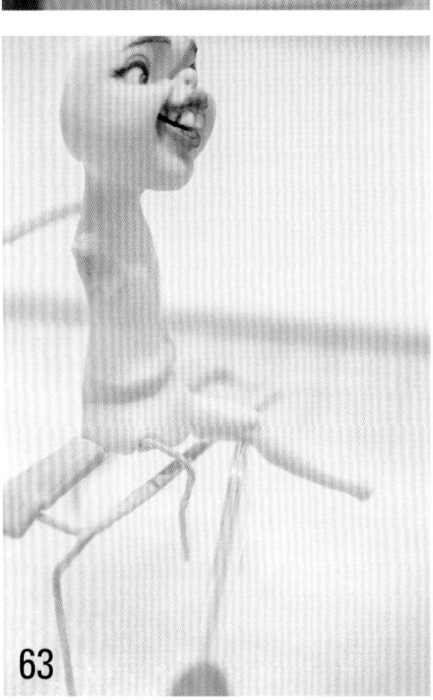

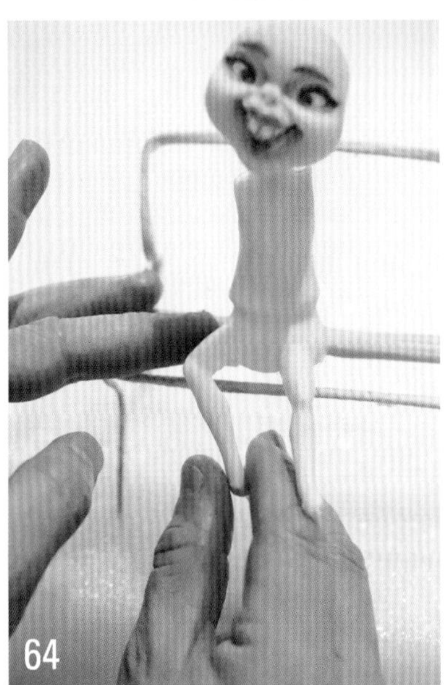

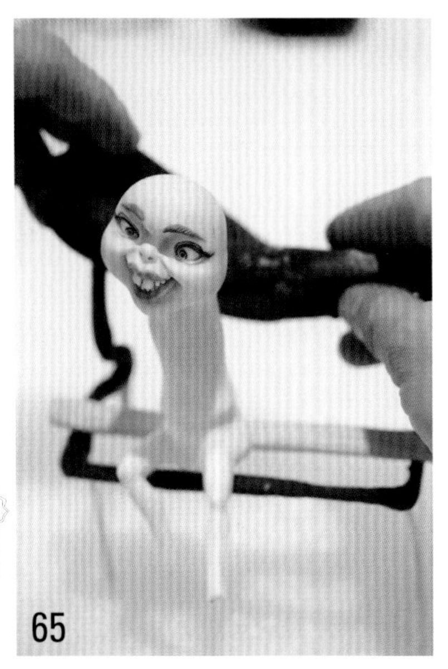

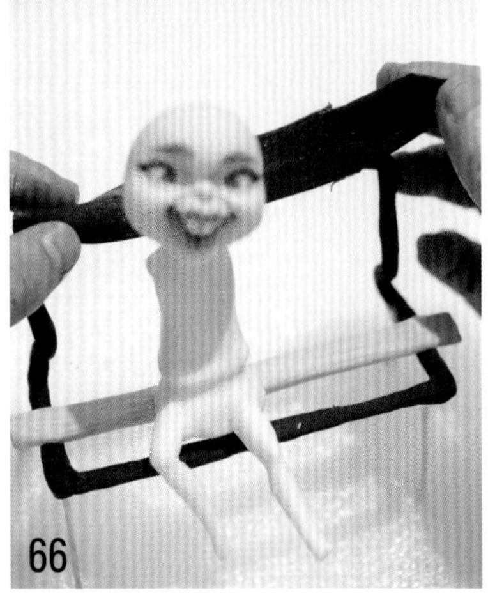

59 制作大腿。肉色翻糖搓成上粗下细的条。

60 用美工刀裁开。

61 把大腿和身体粘好。

62 中号主刀处理腿部结构。

63 将腿型修整出来。

64 同样的方法做出另外一条腿。

65 取黑色翻糖擀片，包裹在椅子支架表面。

66 将多余的糖皮裁切掉。

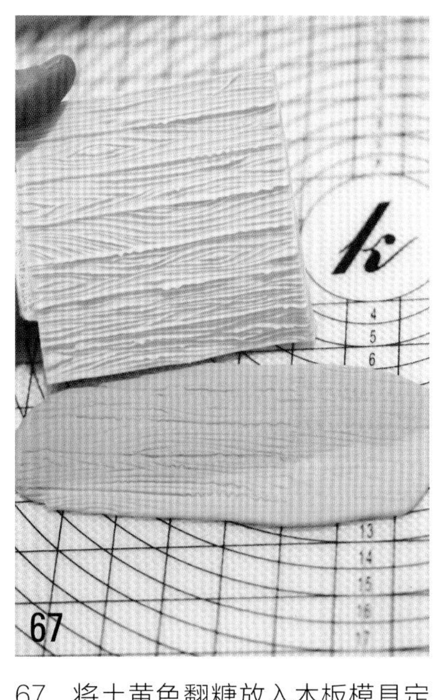

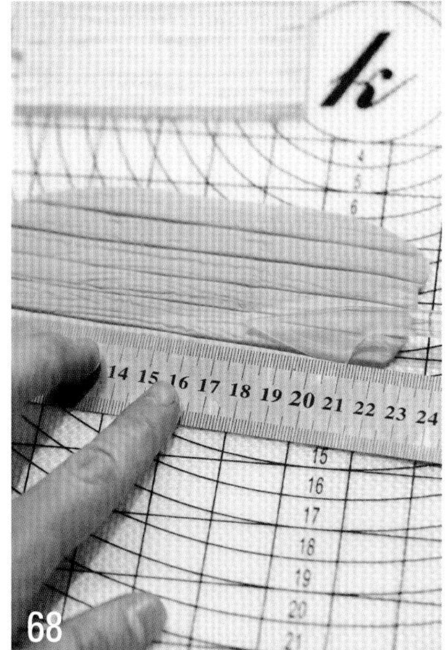

67　将土黄色翻糖放入木板模具定型，脱模。

68　将脱模好的木板均匀切开，晾干备用。

69　将做好的木板裁切成长条，粘在椅子上（注意翻糖的承重）。

70　小球刀点压出椅子的铁钉位置。

71　取橙黄色翻糖擀成薄片，用作裙子。

72　将衣料堆叠。

73　注意堆叠效果。

74　将堆叠好的裙边粘到腰部。

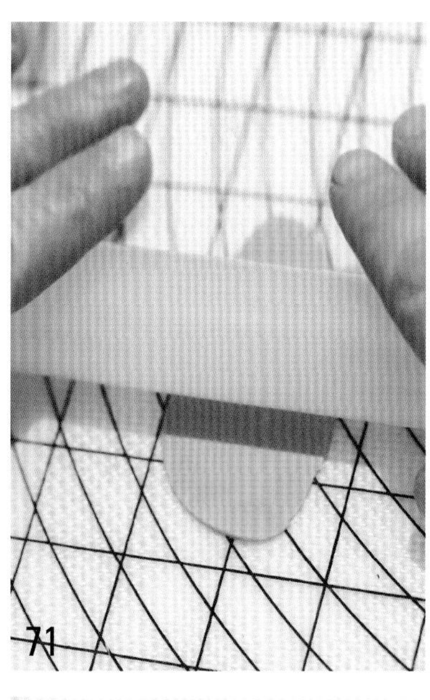

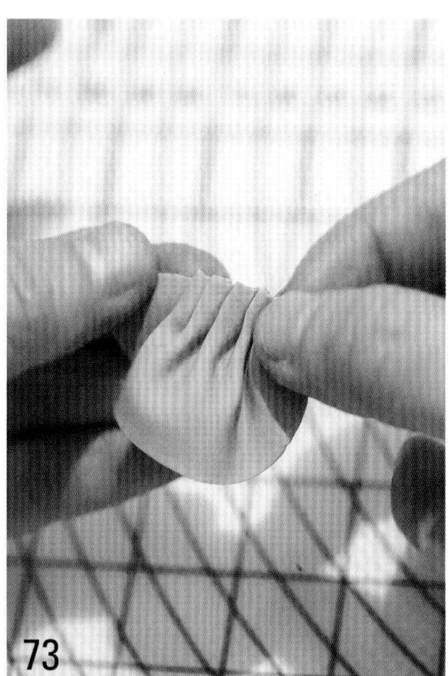

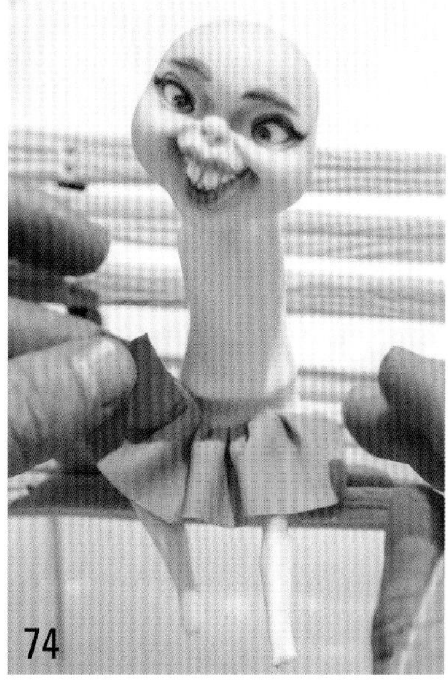

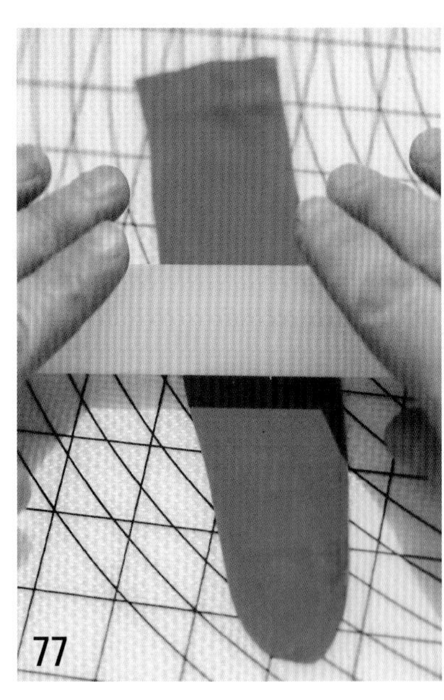

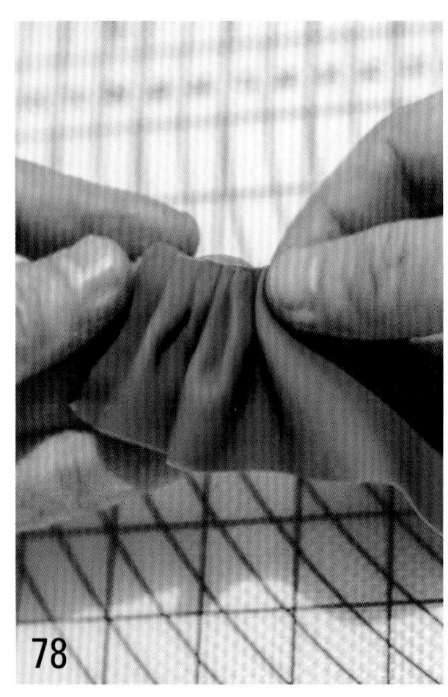

75　中号主刀将裙边压实，和身体连接好。

76　大球刀处理裙边，呈现起伏摆动的状态。

77　取蓝色翻糖擀成薄皮，用作外层裙子。

78　将衣料堆叠。

79　把堆叠好的蓝色布料粘在橙黄色裙边上方做出有层次的裙边。

80　将裙子与腰部压实连接。

81　大球刀继续整理出起伏的裙边。

82

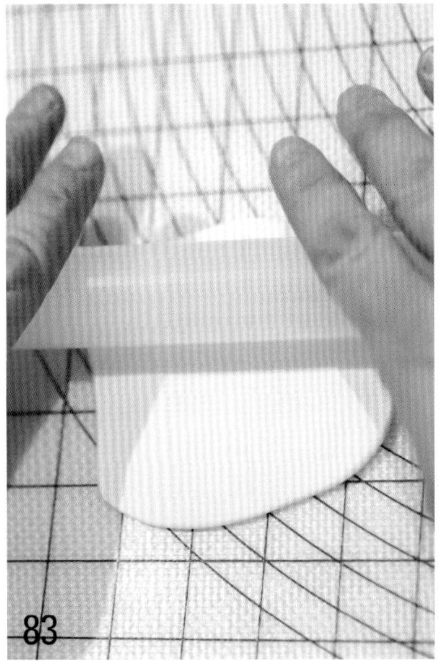
83

84

82 用工具辅助将裙边两端对接相连。

83 制作上衣。取白色翻糖擀成薄片。

84 将白色糖皮粘在上身做出衣服，并把后方多余的翻糖裁切掉，抹平接口。

85 裁出衣襟部分。

86 取小块白色翻糖做出肩头。

87 主刀在肚子部分塑出衣服褶皱。

88 同样的方法在肩头部分塑出衣褶。

85

86

87

88

89

90

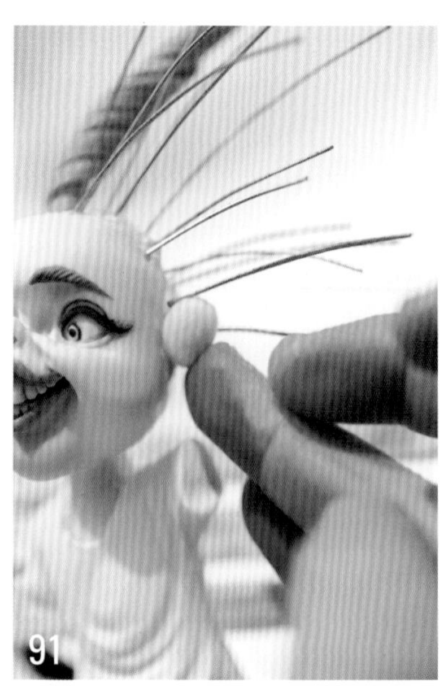

91

92

89　相同的方法做出另外一个肩头。

90　继续处理细节，塑出衣褶。

91　取小块肤色翻糖搓圆，准备做耳朵。

92　中号主刀的小头做出耳朵大形的轮廓。

93　小球刀点压出耳蜗，塑出耳洞细节。

94　取紫色翻糖擀成片，包裹在小腿处，做出长袜。

95　将多余的翻糖剪掉。

96　开眼刀塑出形状。

93

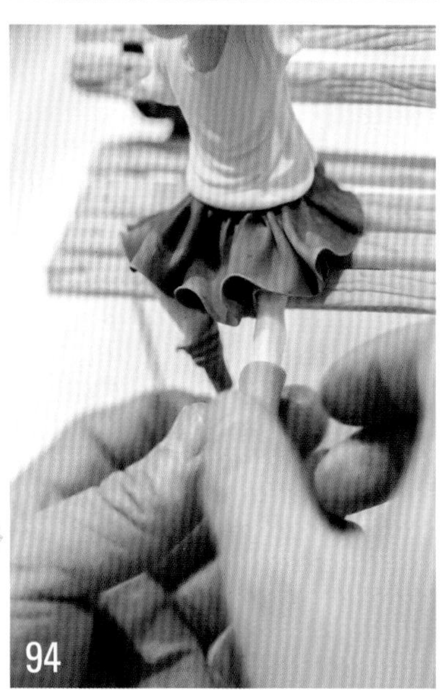

94

95

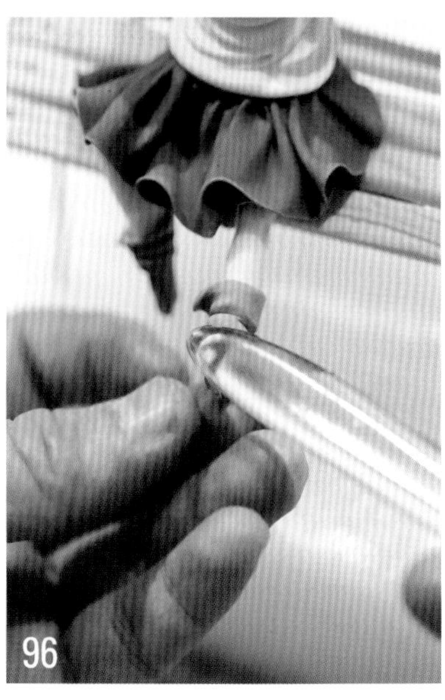

96

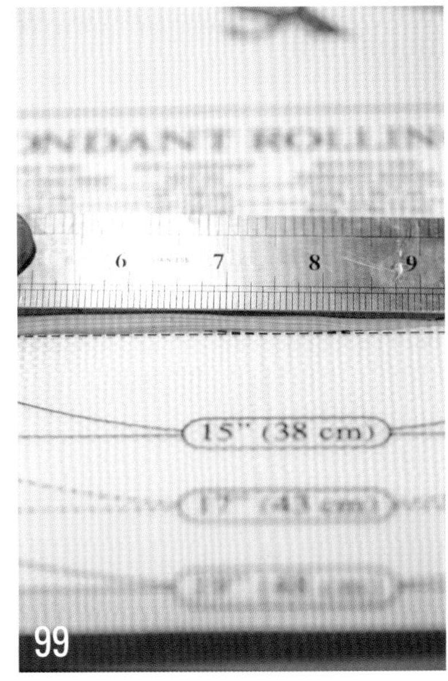

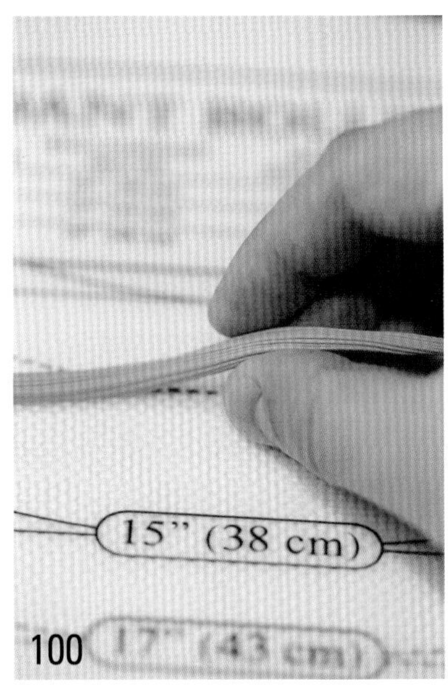

97　取橙色翻糖搓成一头细的长条，用作头发。

98　整体拍扁。

99　钢尺压出头发的纹理。

100　头发两侧捏窄一些。

101　卷在支架上。

102　取橙色翻糖搓成水滴状，用作刘海。

103　整体拍扁一些。

104　钢尺压出头发的纹理。

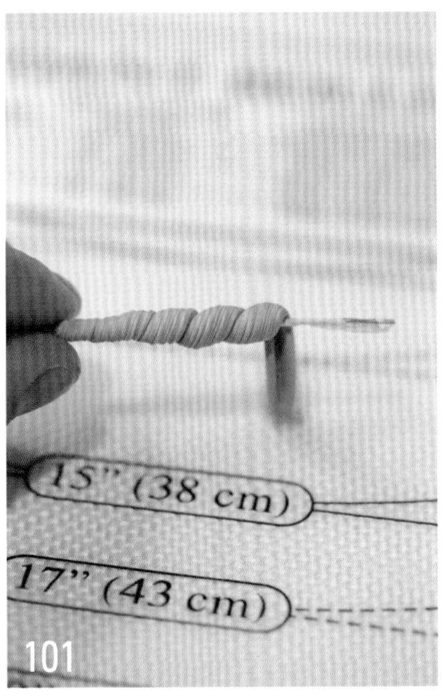

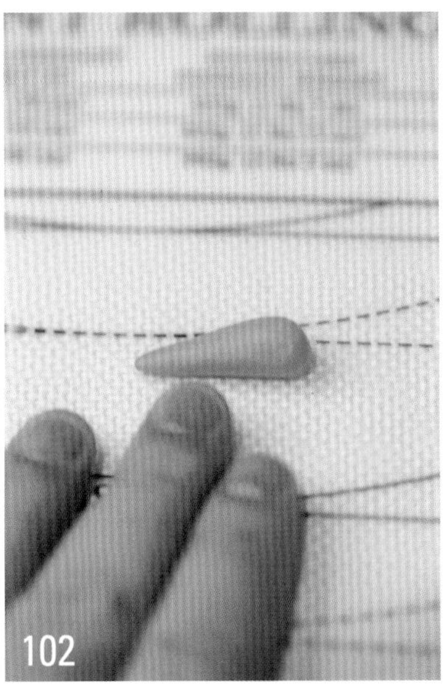

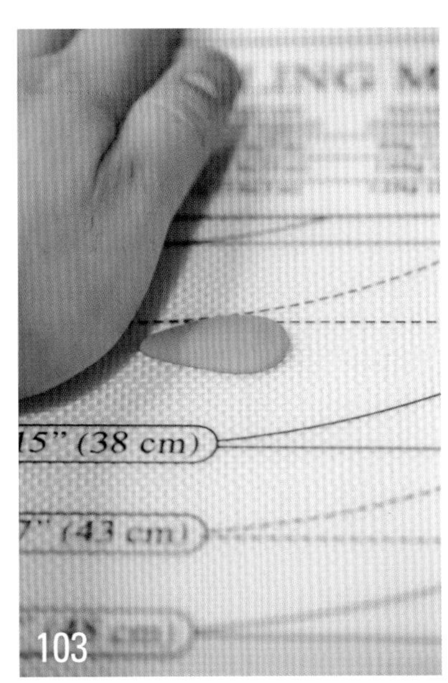

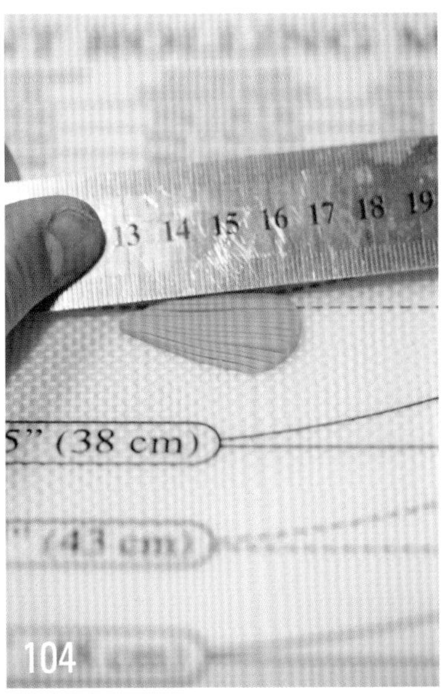

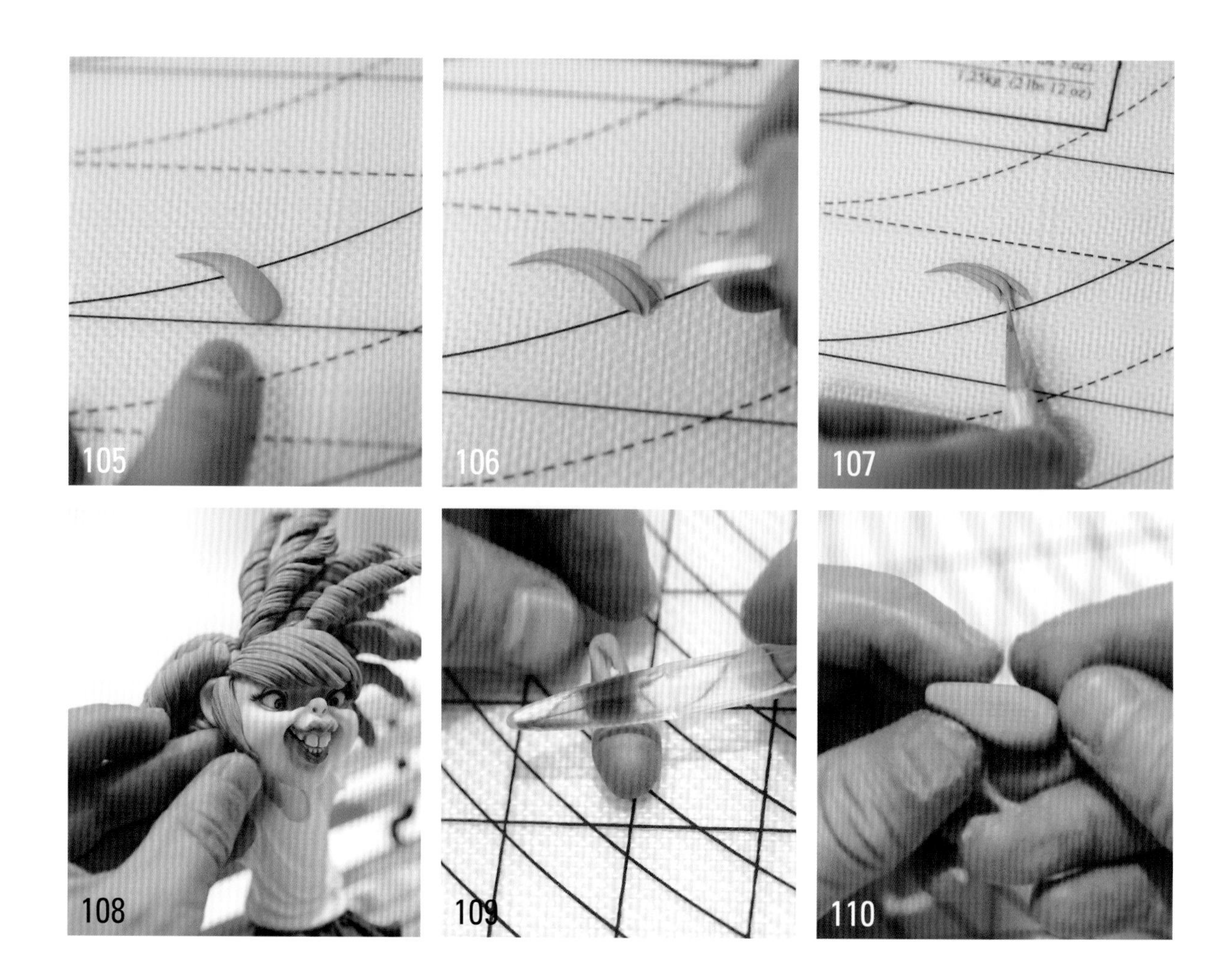

105 搓一个小的橙色水滴状翻糖拍扁，弯曲尖端，用作鬓角。

106 开眼刀塑出头发的纹理。

107 美工刀切除多余的翻糖。

108 把做好的头发、刘海依次粘到头上，将鬓角粘到耳边。

109 制作鞋子。取橙色翻糖做出水滴形。

110 将水滴形翻糖一面压平。

111 在粗端 1/3 部分用白色糖皮包裹。

112 去掉多余的白色糖皮。

113 在橙色翻糖正上方添加一片扬起的橙色糖皮。

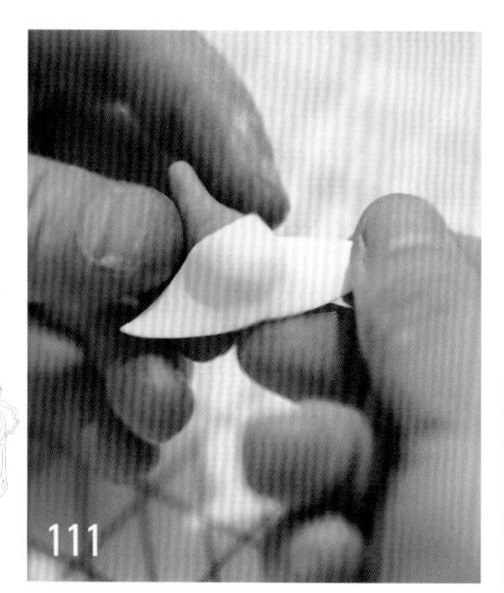

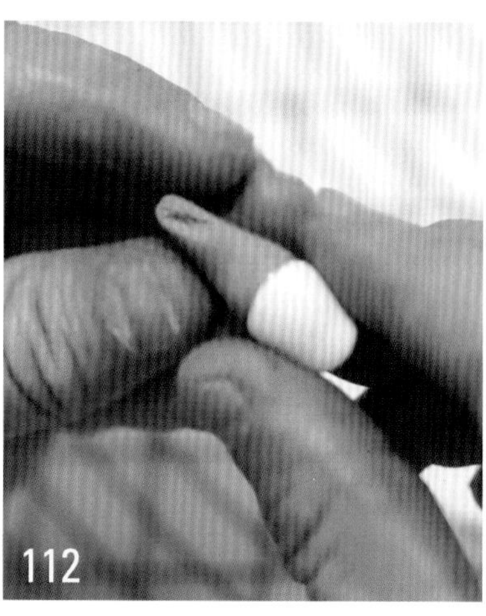

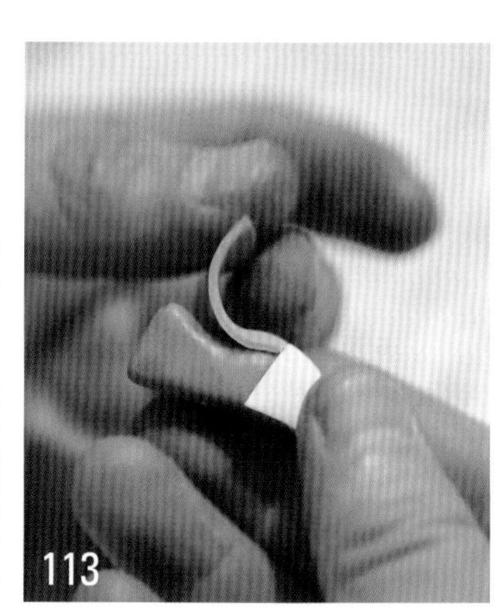

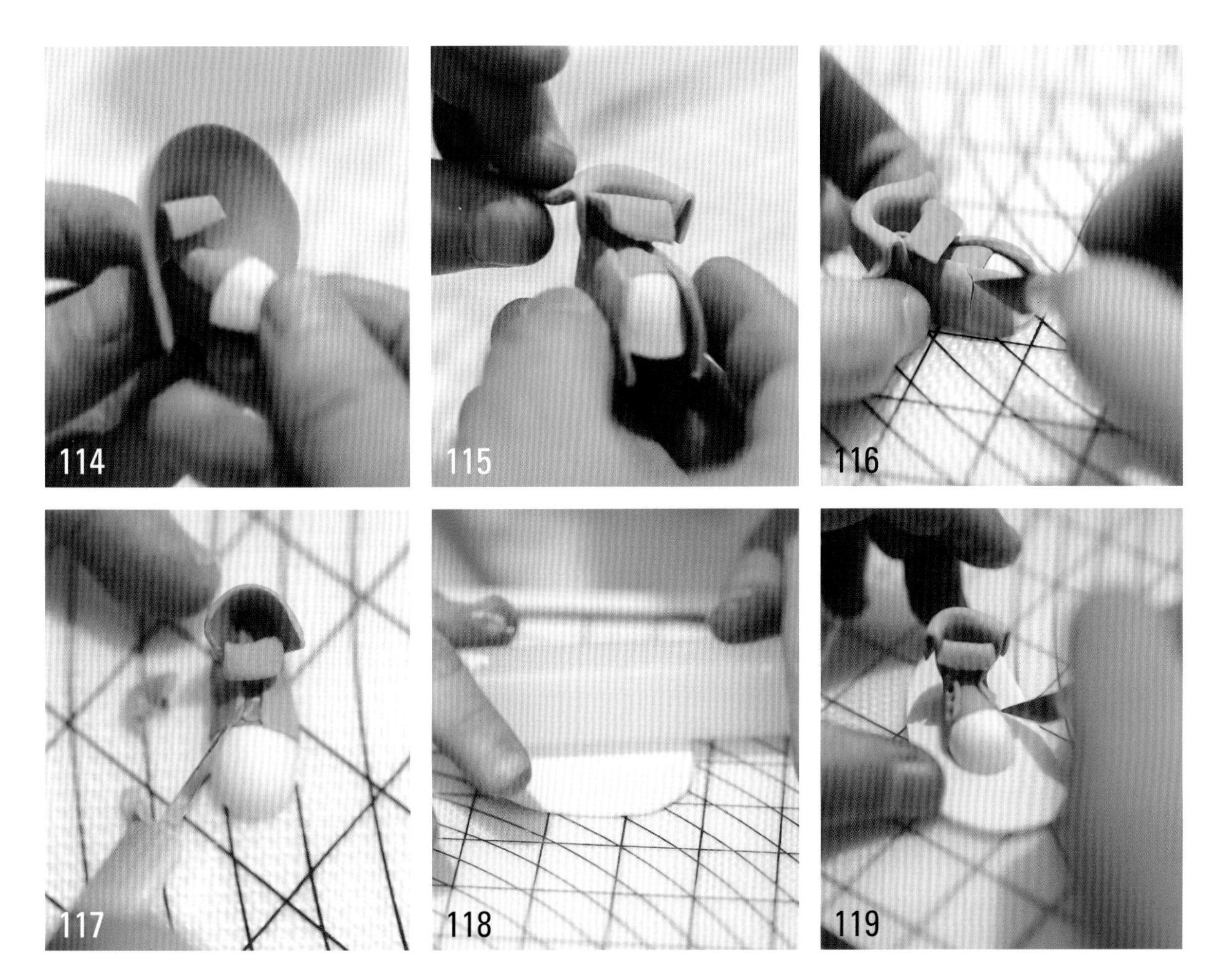

114 再取橙色糖皮包裹在水滴形鞋底四周。

115 裁切后将鞋帮部分向外翻卷。

116 去除多余的橙色翻糖，露出白色鞋头。

117 裁切出鞋耳部分。

118 取白色翻糖擀成糖皮。

119 将鞋子放上后裁切出鞋底。

120 将鞋子取出。

121 白色翻糖搓成细线，交叉做出鞋带。

122 将鞋带粘在鞋子上面。

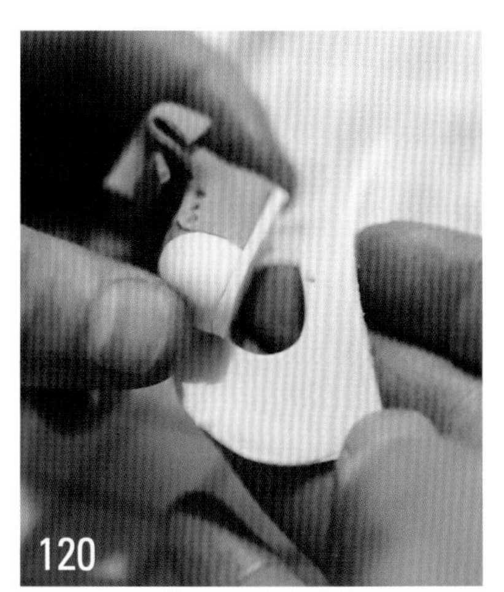

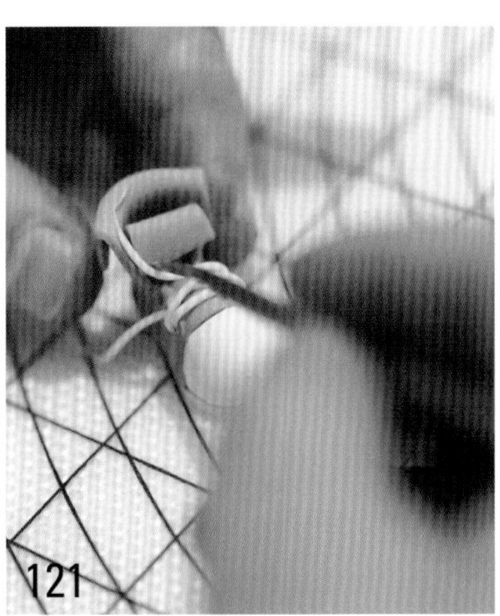

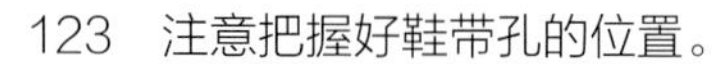

123　注意把握好鞋带孔的位置。

124　做一个白色蝴蝶结绑花粘在鞋面。

125　制作好的鞋子成品。

126　将鞋子打胶,连接在长袜下方。

127　制作蝴蝶结。暗蓝色翻糖压入配件模具，脱模。

128　脱模好的配件蝴蝶结。

129　将配饰装在头顶。

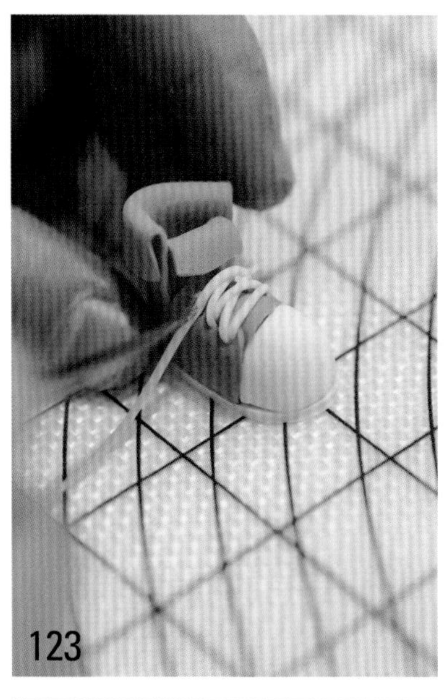

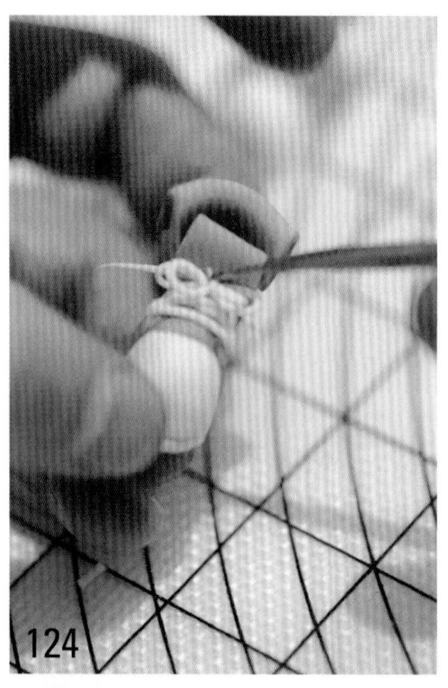

125

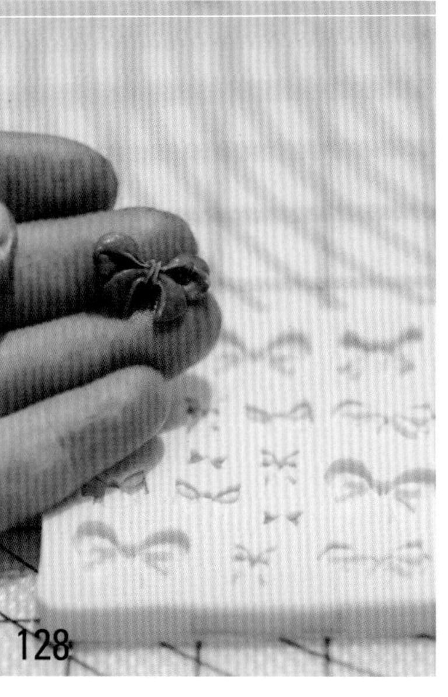

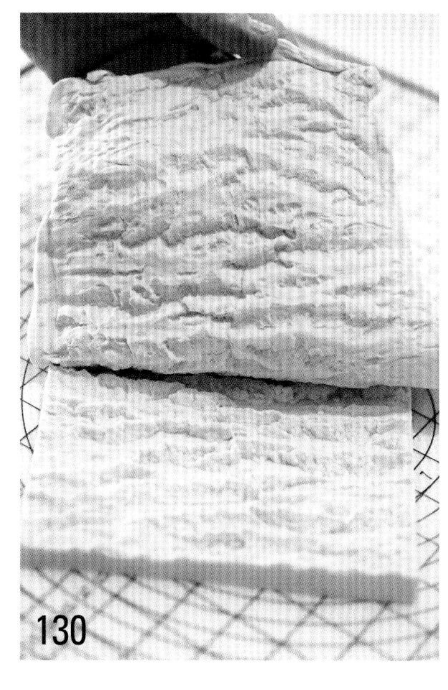

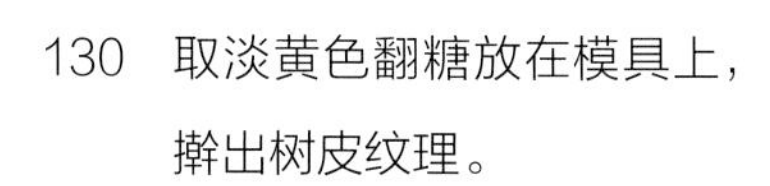

130 取淡黄色翻糖放在模具上，擀出树皮纹理。

131 包覆在蛋糕坯表面。

132 将高出的边缘裁出高度不同的缺口，用手指向外拨，使之往外自然翻卷。

133 取一整片脱模的树皮卷成卷。

134 将卷好的翻糖粘在底坯一旁制作成树杈。

135 手动塑出一条更小的树枝，插在树杈上作装饰。

136 毛笔沾咖啡黄色色素扫在树皮表面。

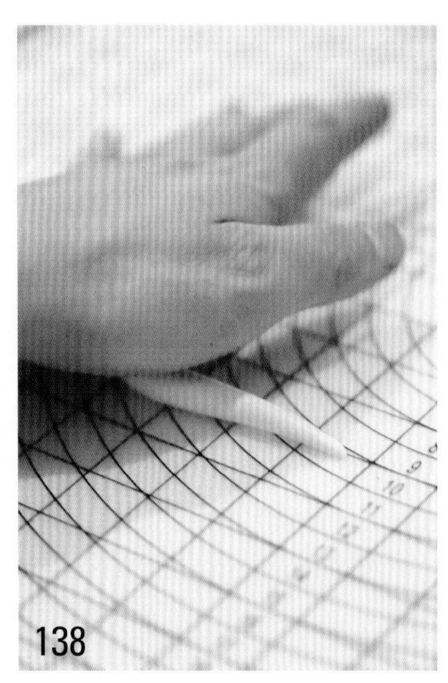

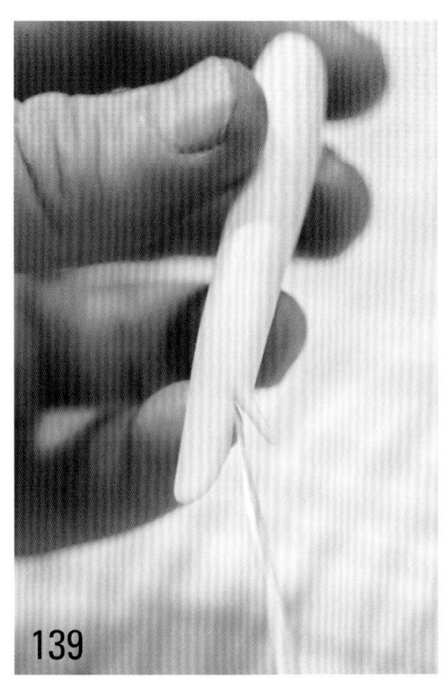

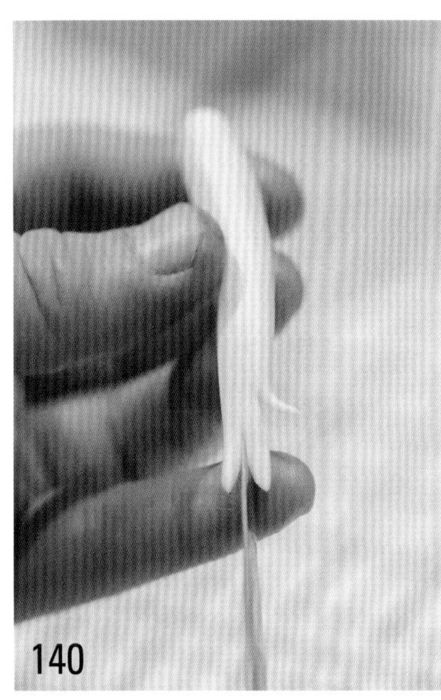

137　喷枪装上可食用黑色色素加深树皮的阴影。

138　制作手臂和手。取肤色翻糖搓成一头尖的长条。

139　剪出大拇指。

140　从手掌正中间将手掌剪开。

141　再剪出每个手指（注意大小粗细分配均匀）。

142　开眼刀做出手掌虎口和手心肌肉结构。

143　修整切口的断面。

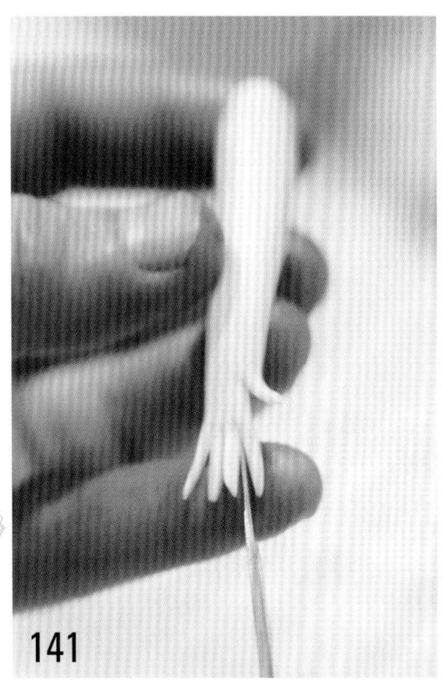

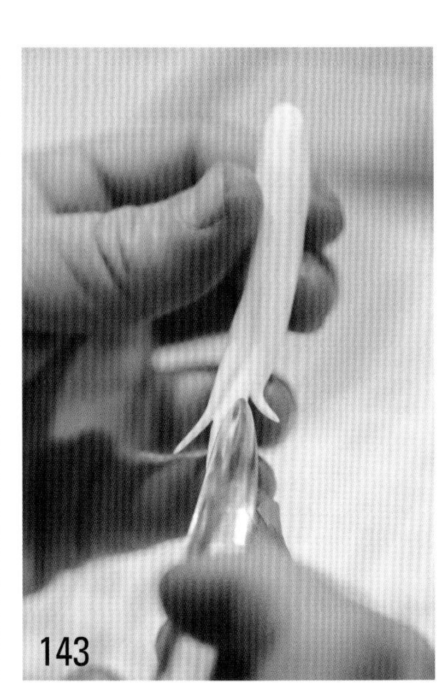

144　分压出指节。

145　用手辅助塑出手指结构和造型。

146　将手腕收细。

147　把制作好的手臂和肩头连接，用橙色糖皮做出袖口。

148　同样的方法制作出另外一条手臂、袖口并连接好。

149　取紫色翻糖擀成糖皮，压入带纹理的模具中，脱模，用作围巾，围在人偶的脖子上。

飞吻

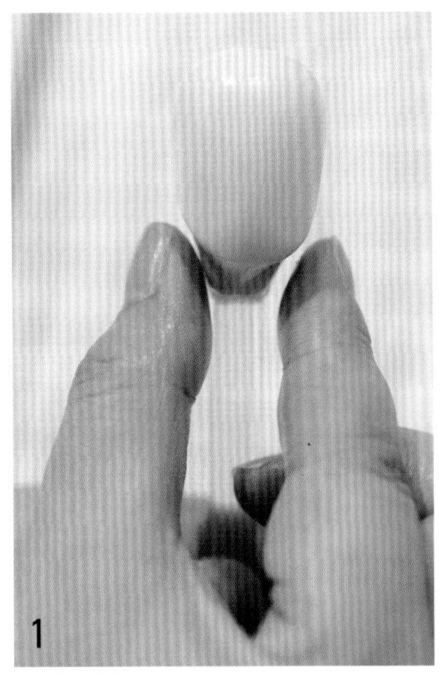

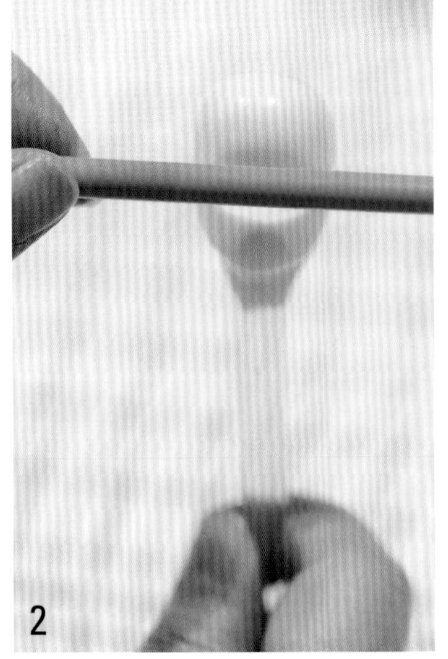

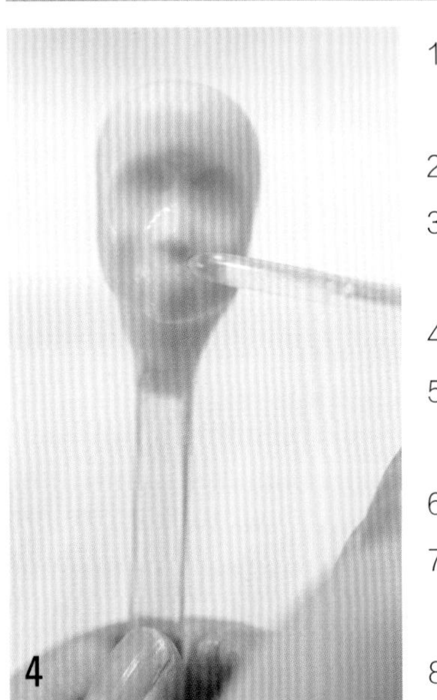

1 取一块肤色翻糖反复折叠揉至表面光滑后捏出头型，固定在针型棒上。

2 大球刀压出眉骨的深度。

3 大号主刀压出鼻梁两侧的深度，定出鼻梁的宽度，然后向两边延伸做出眉骨。

4 在中庭的位置定出鼻子的长度。

5 大号主刀在眉骨与鼻尖之间距离的 1/2 处向两侧做出眼包。

6 开眼刀的弧面朝上做出上眼眶。

7 然后平面朝上做出下眼眶，在眼眶内填入一块白色翻糖，用作眼白。

8 开眼刀的平面朝上推出下眼皮。

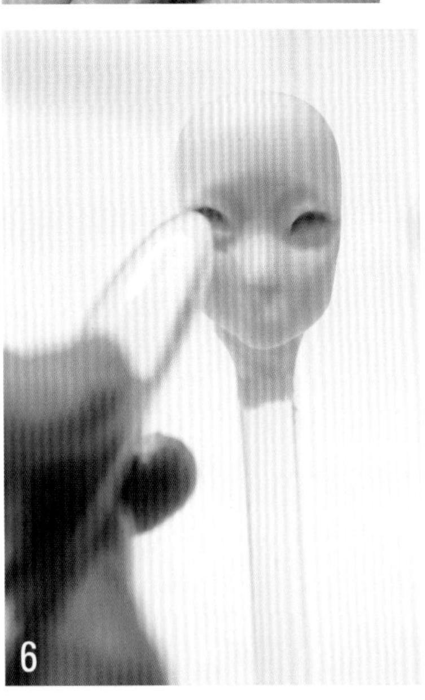

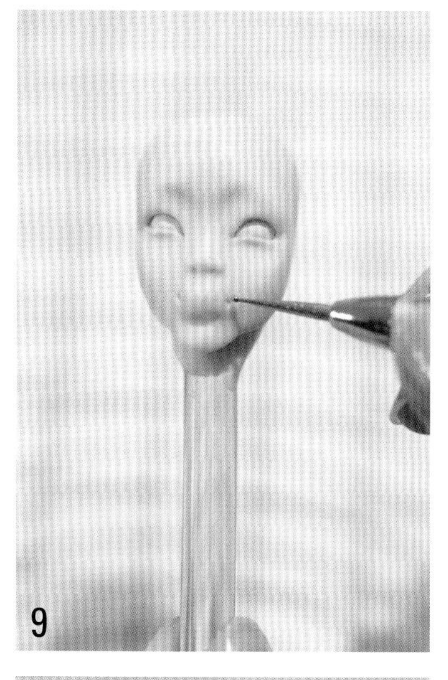

9

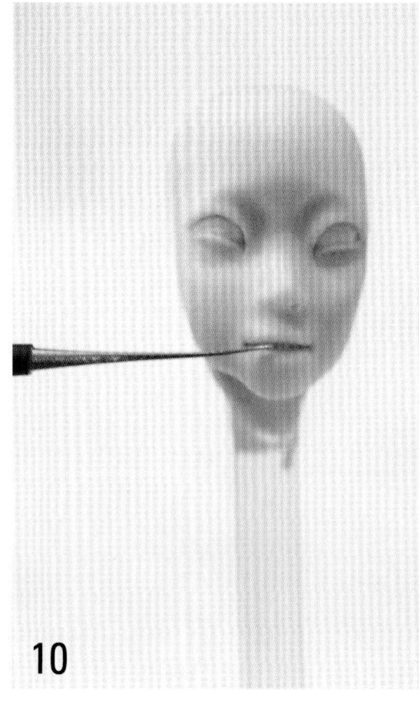

10

11

12

9　小球刀定出嘴巴的宽度。

10　金属开眼刀连接两个点，分开上下唇。

11　开眼刀的弧面朝上推出上嘴唇的弧度。

12　中号主刀推出上嘴唇。

13　小球刀做出人中。

14　中号主刀向上推出下嘴唇。

15　在眼白上贴上紫色眼珠。

16　金属开眼刀填平眼珠。

13

14

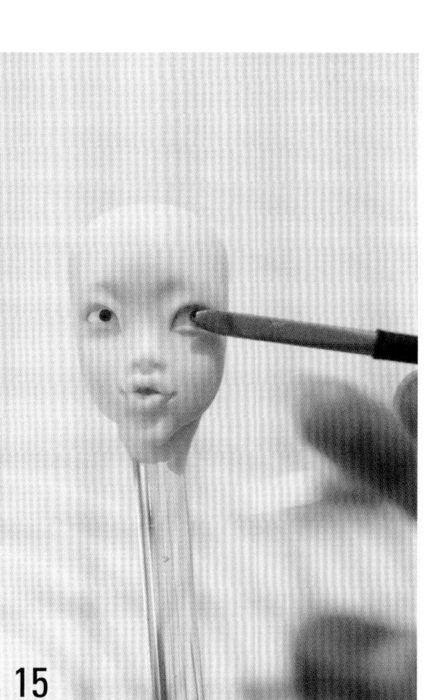

15

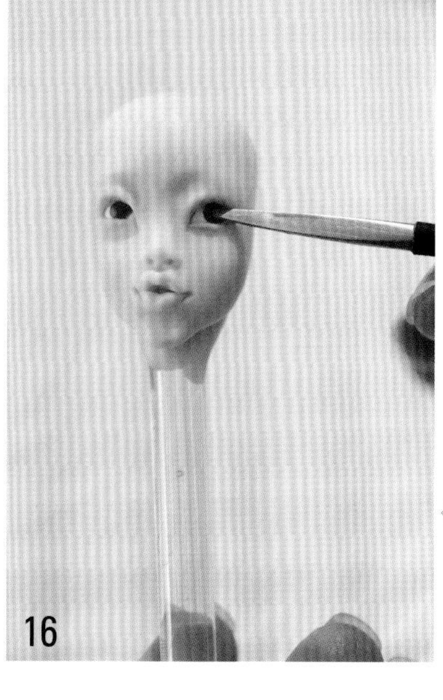

16

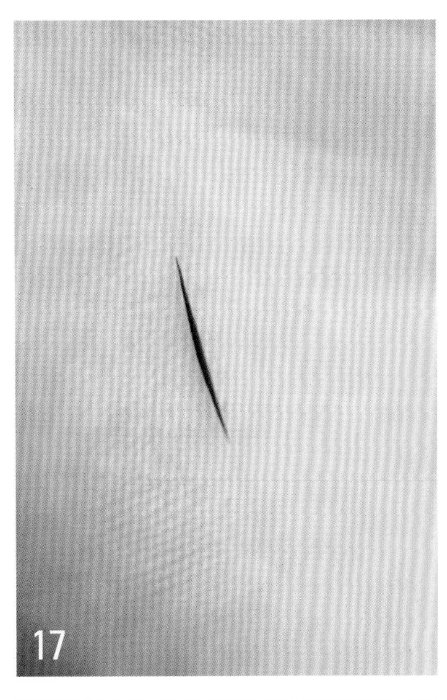

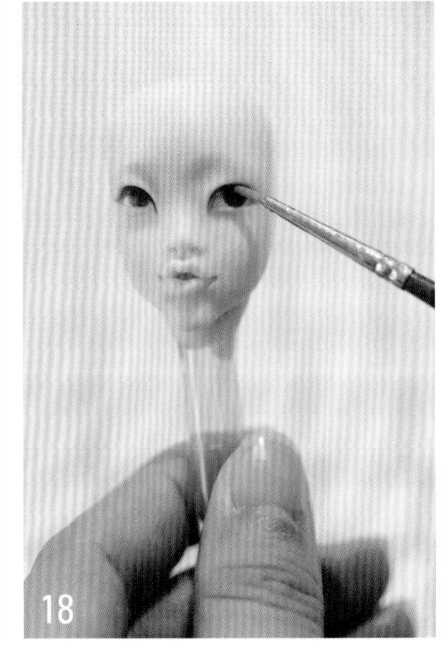

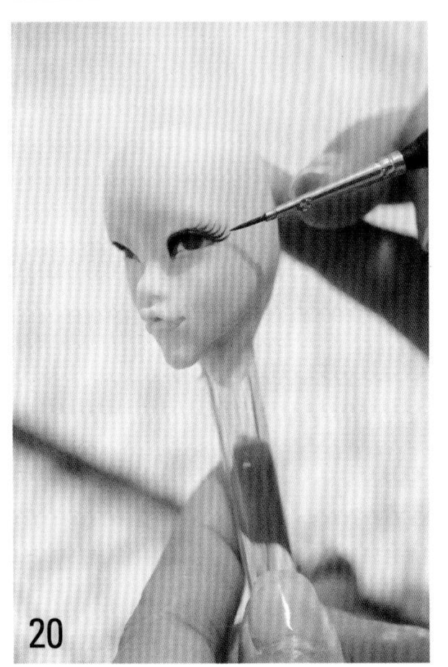

17　取黑色翻糖搓成细条。

18　粘在上眼皮内侧，用作眼线。

19　5个0勾线笔沾咖啡色色粉画出内眼线。

20　画出眼睫毛，要注意眼睫毛是有弧度的，不可以画成直的。

21　画上瞳孔。

22　在嘴唇内刷上深橘色色粉。

23　嘴唇的外侧刷上浅橘色形成渐变。

24　逐渐加深嘴唇上的颜色。

25 用白色色素点上高光。

26 画出眉毛。

27 3个0勾线笔沾咖啡色色粉刷上眼影。

28 刷上眉粉。

29 把制作好的头像安装在支架上。

30 制作人物身体。取一块肤色翻糖搓成上粗下细的条。

31 用手掌拍扁整块翻糖。

32 安装在支架上，两边向后拉扯抹平，做出后背，并用手捏出脖子。

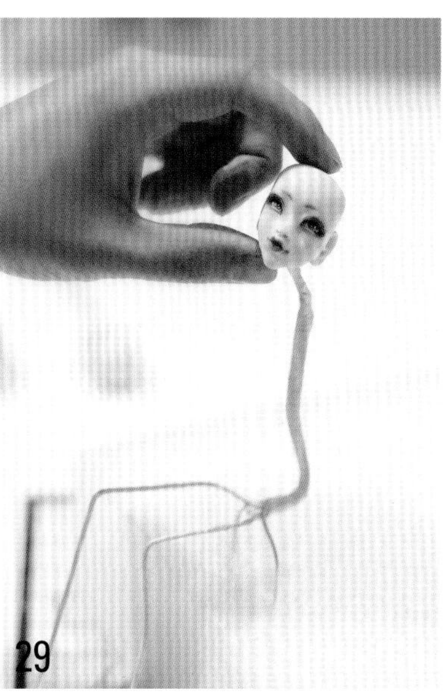

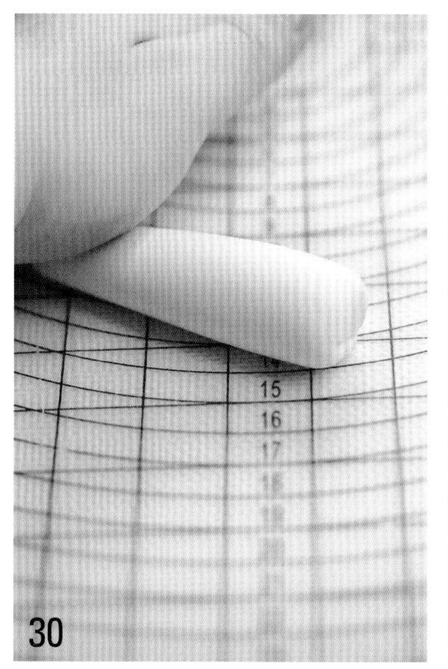

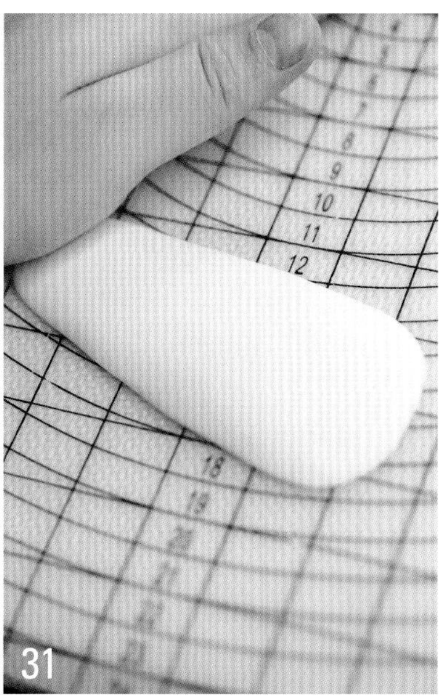

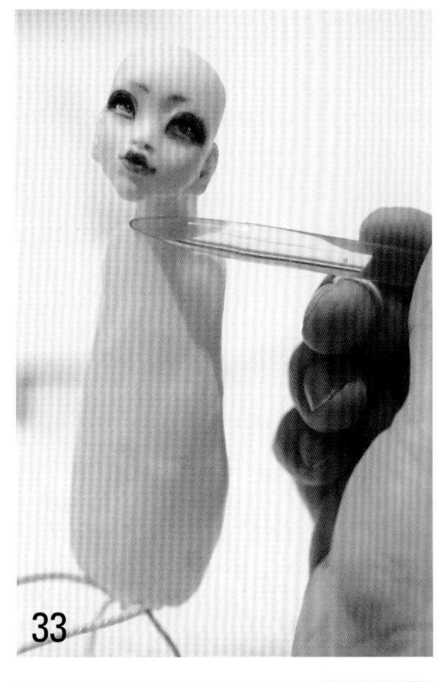

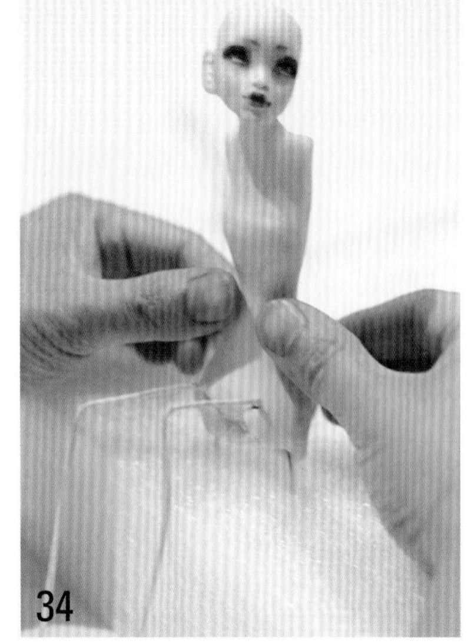

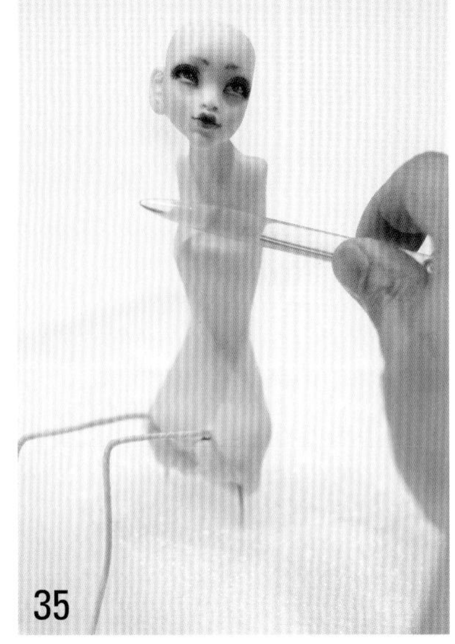

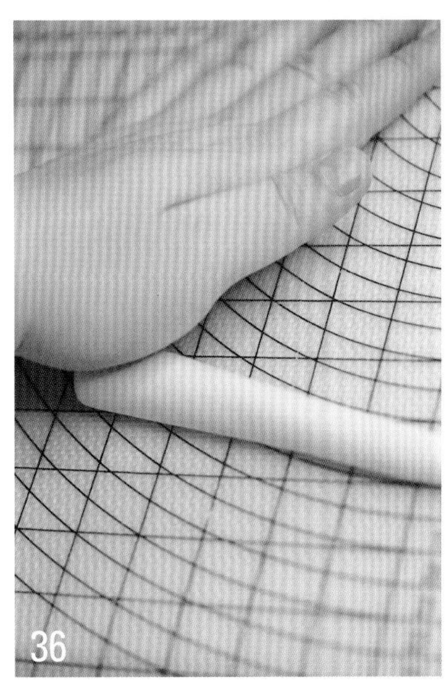

33　用开眼刀的弧面做出肩膀的形状。

34　捏出身体的形状，腰需要捏细一些。

35　针型棒压低胸部上方。

36　取一块肤色翻糖搓成一端略细的条，用作腿部。

37　用手指在1/2处滚压出凹槽。

38　美工刀从后面切开。

39　在缝隙里刷上胶水。

40　安装在腿部支架上。

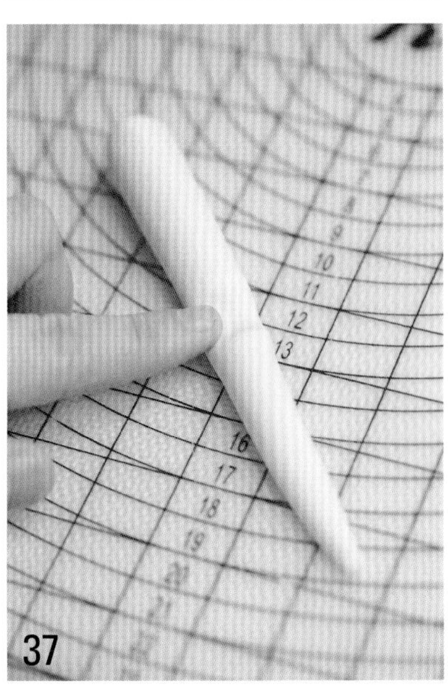

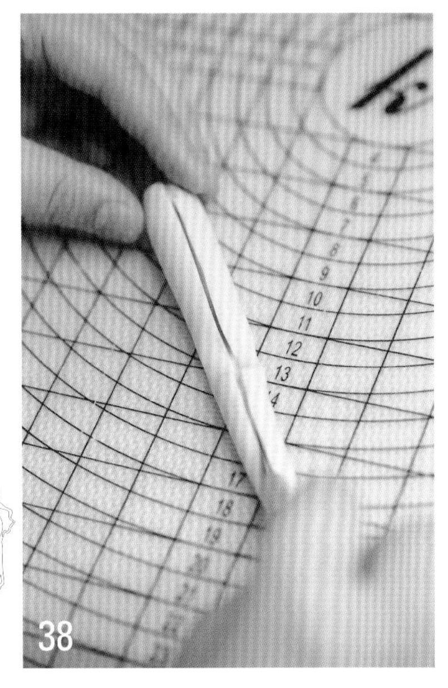

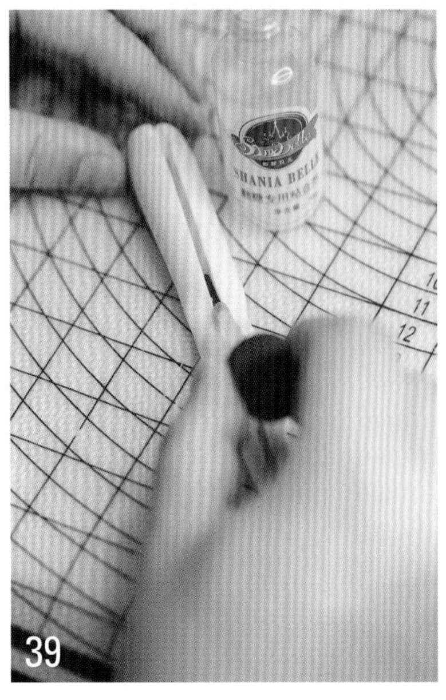

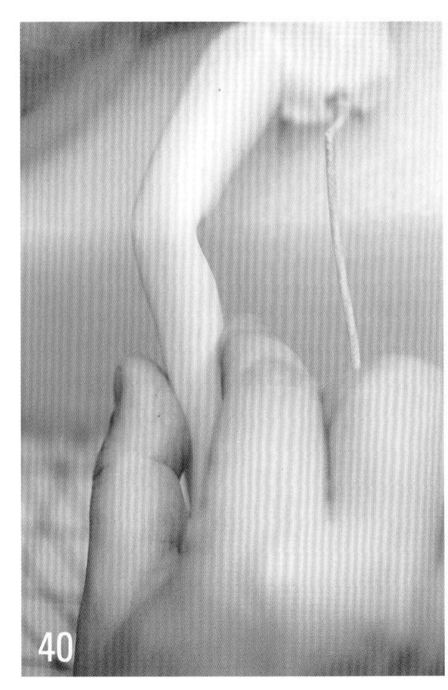

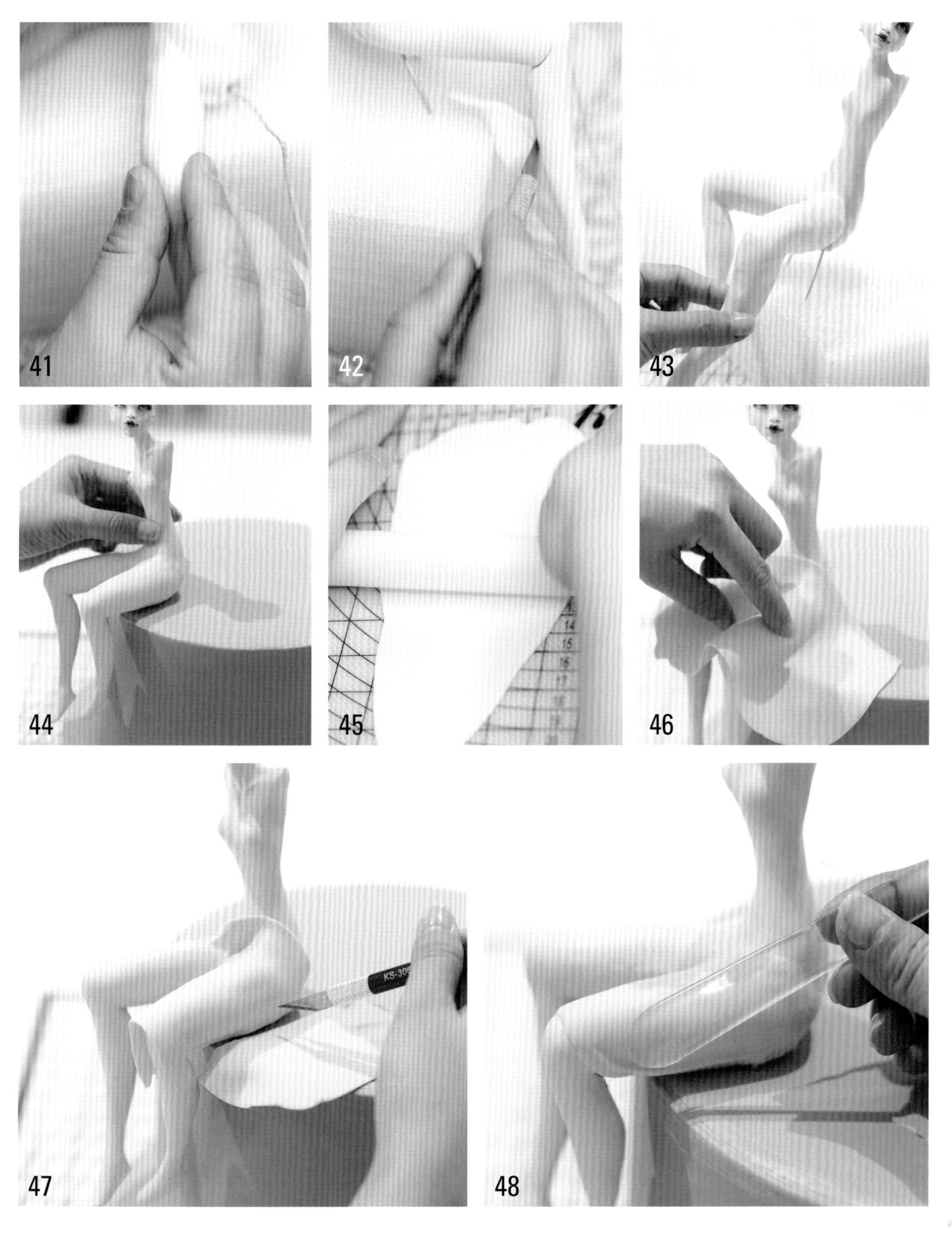

41　先捏出膝盖。

42　用美工刀切除小腿后方多余的翻糖。

43　同样的方法做好另外一条腿并安装在腿部支架上。

44　抹平腿与身体的接口。

45　制作大腿上的裤子。擀一片白色糖皮。

46　包裹在腿上。

47　切除腿上多余的翻糖。

48　中号主刀做出褶皱。

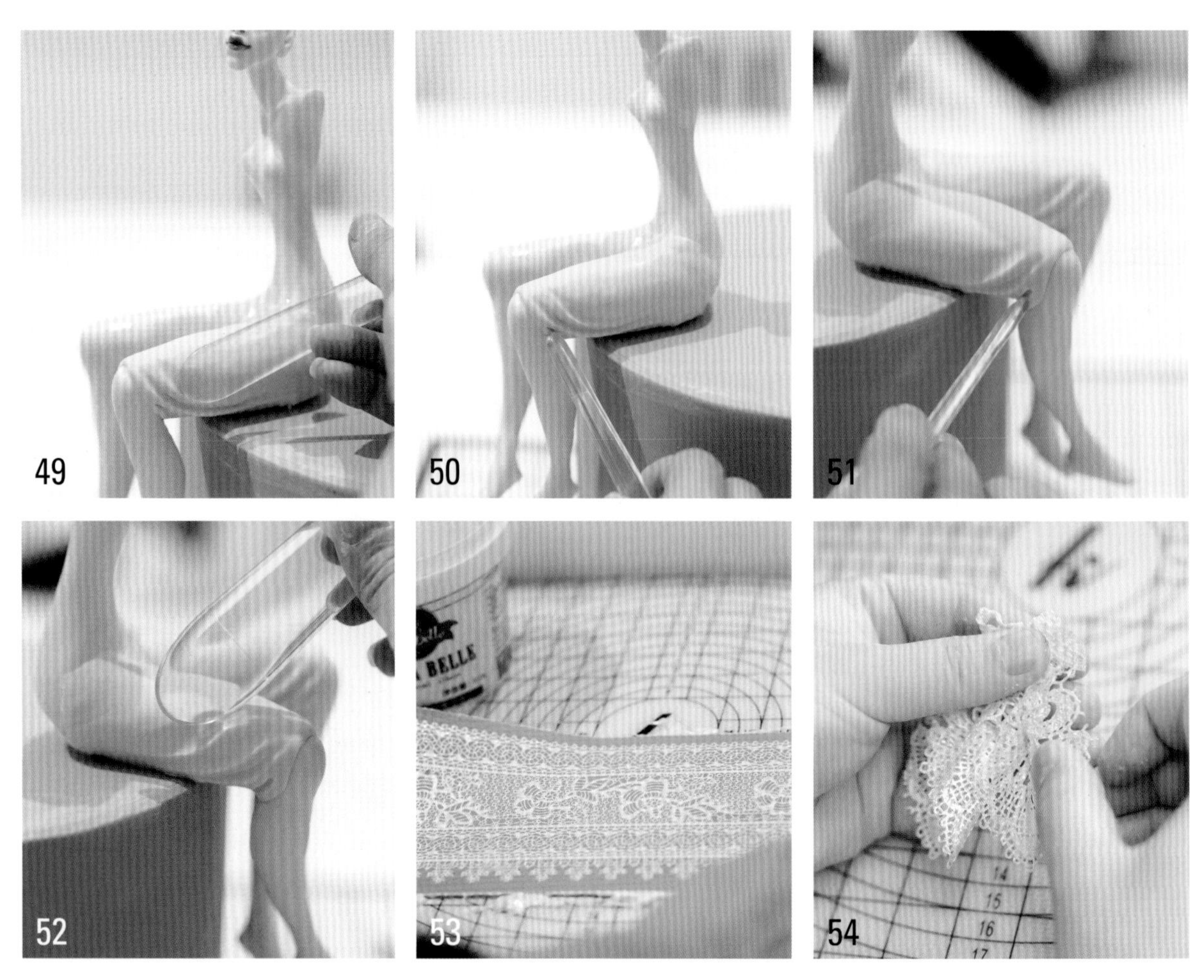

49　依次做出更多褶皱。

50　夹缝中的褶皱也做出来。

51　同样的方法做出另外一条裤腿上的褶皱。

52　制作褶皱的时候需注意顺畅、合理。

53　把蕾丝酱料抹在蕾丝模具上，放入烤箱用上下火100℃烤 10 分钟。

54　将脱模后的蕾丝边折叠形成褶皱。

55　把制作好的蕾丝边安装在裤子上方。

56　安装好的蕾丝边效果图。

57

58

59

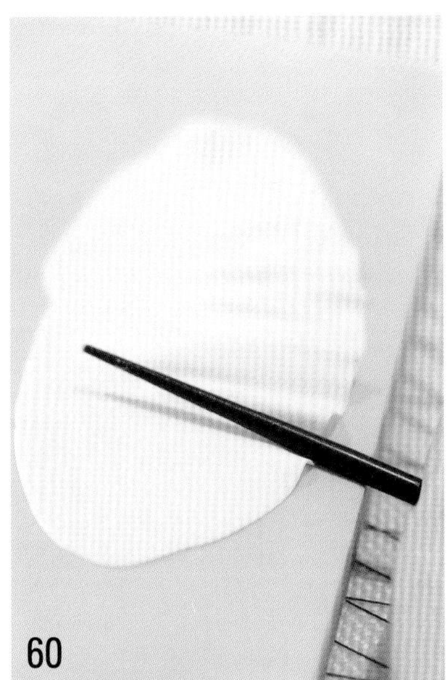

60

57 制作裙子。取一块白色翻糖揉软一些。

58 擀成糖皮。

59 美工刀裁一下边。

60 放在海绵垫上，锥形刀压出裙子的波浪边。

61 折叠上方形成褶皱。

62 粘在腰上。

63 粘好后用中号主刀整理裙子的褶皱。

64 同样的方法依次贴上裙子。

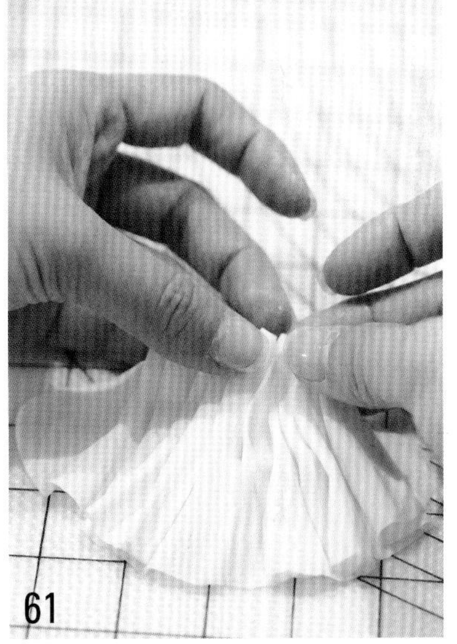

61

62

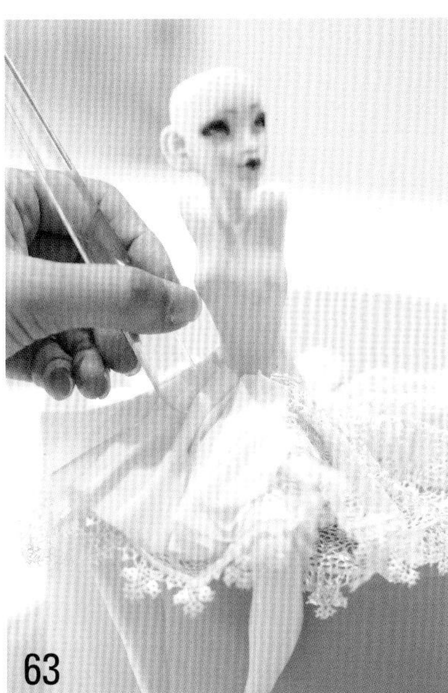

63

64

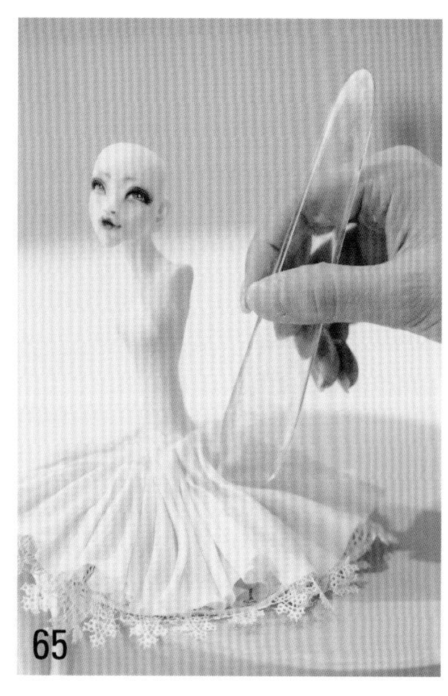
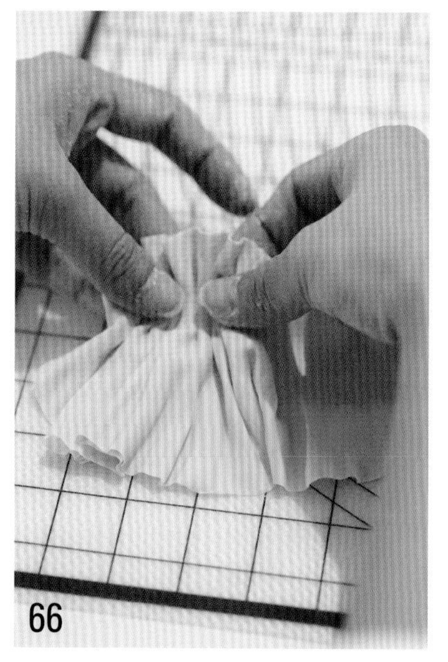

65 每次贴好裙子后都需要用大号主刀梳理褶皱。

66 制作外层裙子。擀一块黄色糖皮，折叠形成褶皱。

67 依次安装裙子。

68 中号主刀把裙子有些凸起来的部分压平一些。

69 制作裹胸。擀一片黄色长条状糖皮。

70 粘贴在前胸。

71 从背后切除多余的翻糖。

72 制作束腰。另擀一片淡紫色糖皮，折叠糖皮的上方。

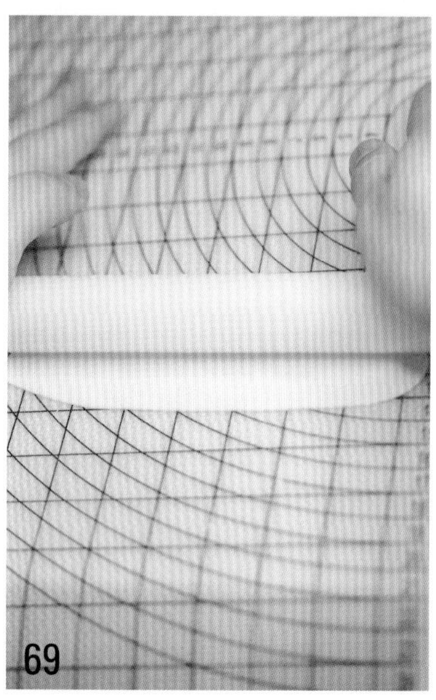

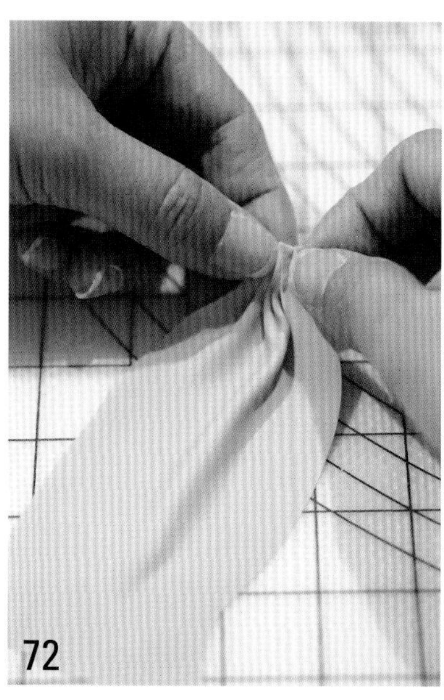

73 贴在腰间。

74 缠绕在背后。

75 切除多余的翻糖。

76 开眼刀在前胸的衣服上压出一些褶皱。

77 中号主刀调整一下褶皱。

78 把做好的蕾丝边剪出来。

79 贴在前胸的衣服上。

80 制作外套。擀一片紫色糖皮从后背往前贴上。

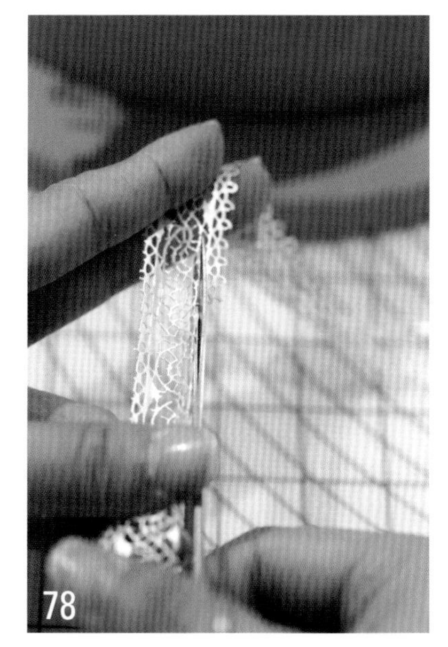

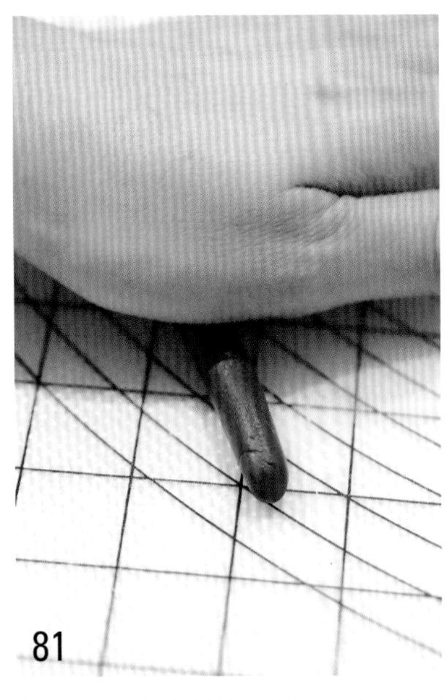

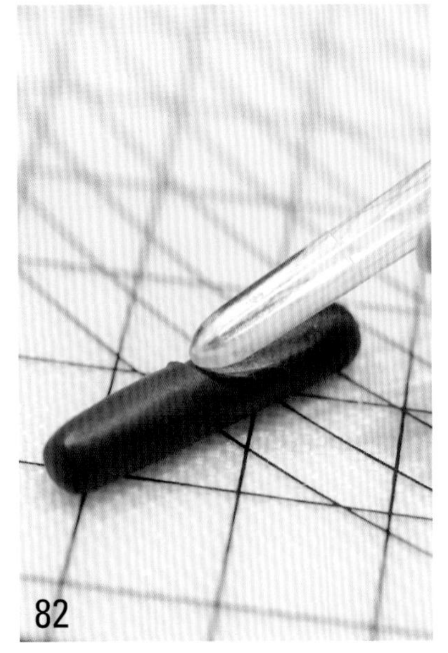

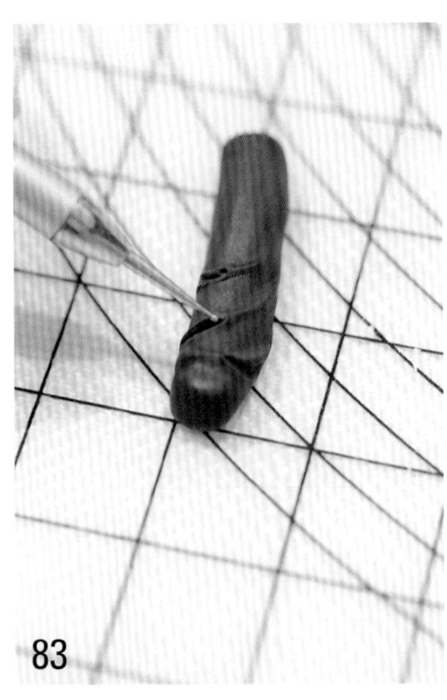

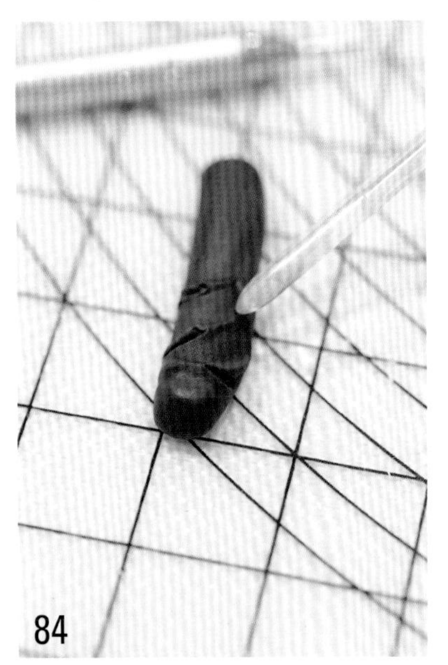

81 取一块紫色翻糖搓成条，用作手臂。

82 中号主刀在 1/2 处压出纹理。

83 小球刀梳理褶皱。

84 中号主刀加深褶皱。

85 把做好的手臂粘在肩膀处。

86 中号主刀做出衣褶。

87 加深衣褶的线条。

88 制作小臂上的褶皱。

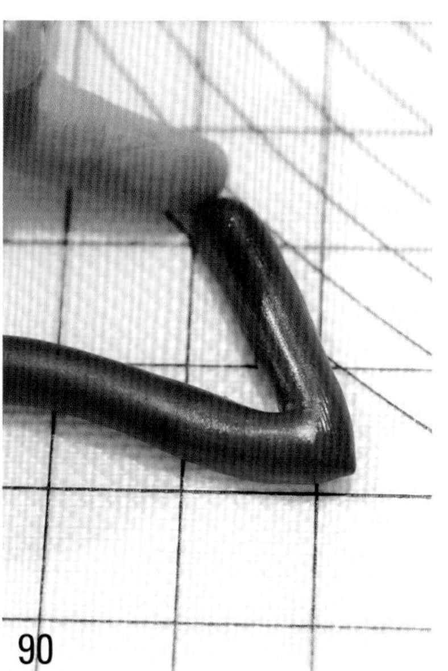

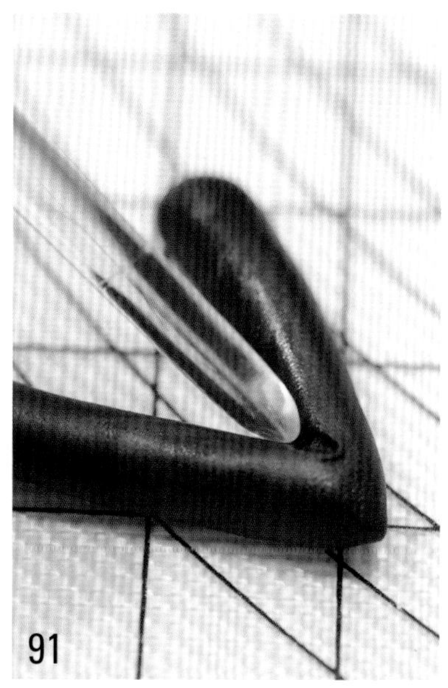

89　制作好的衣褶展示图。

90　制作另一条手臂。取一块紫色翻糖搓成条后捏出手肘。

91　在夹缝处推出衣褶的形状。

92　中号主刀制作出衣褶。

93　制作出小臂上的衣褶。

94　安装制作好的左臂。

95　取一块橙色翻糖搓成条后用钢尺压出纹理，用作头发。

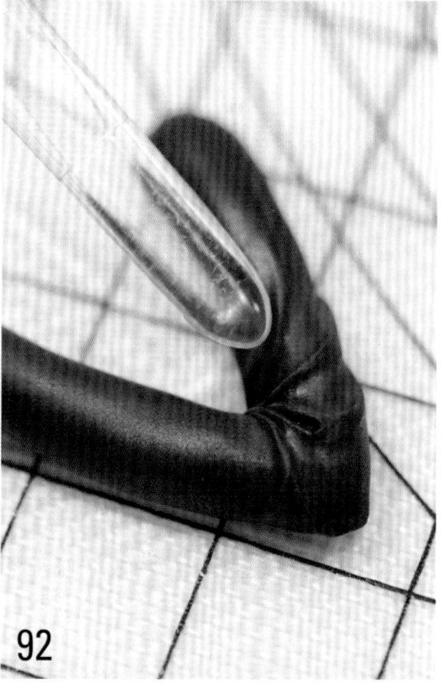

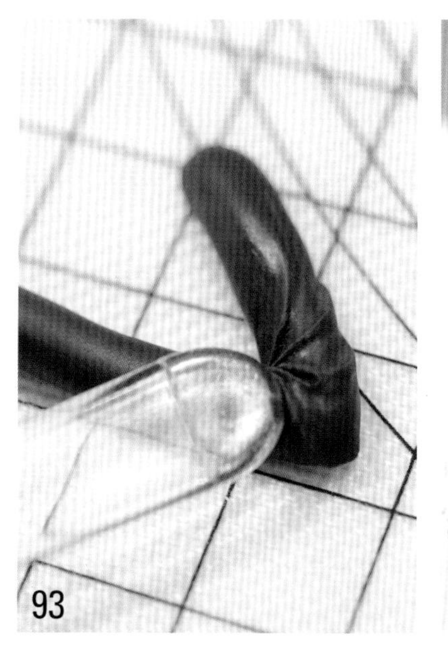

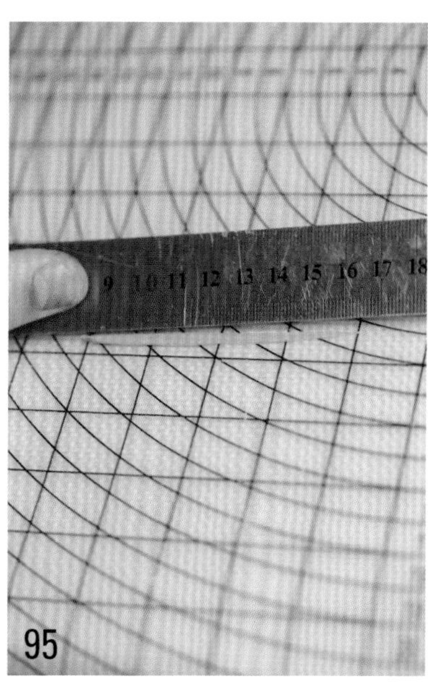

96

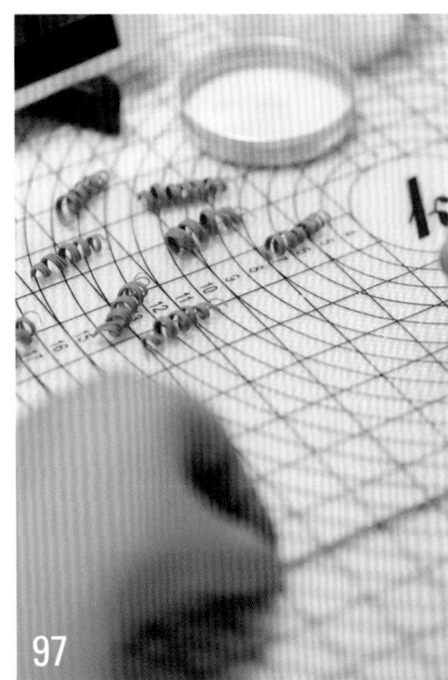
97

98

99

96　把制作好的头发缠绕在锥形棒上。

97　制作好的头发展示图，可以一次性多做一些头发出来。

98　从头顶侧边开始安装头发。

99　依次向前贴上头发。

100　继续贴上头发。

101　注意不要碰断发尖。

102　安装另外一侧的头发。

100

101

102

103　逐渐向后脑勺处贴头发。

104　后脑勺的头发需要从下往上贴。

105　逐渐往上贴上头发。

106　制作头顶的头发。取橘色翻糖搓成条。

107　拍扁后用亚克力板压出纹理。

108　一端贴在头顶上。

109　另外一端卷在后脑勺上。

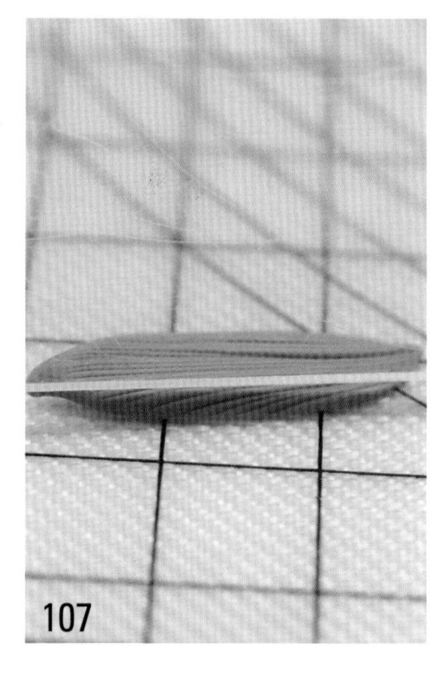

110　同样的方法制作另外一边的头发。

111　贴好头发后用开眼刀调整接口。

112　在头顶上方依次叠加头发。

113　同样向后脑勺盘过去。

114　缠绕过来的头发用开眼刀调整。

115　头顶处再安装一条盘发。

116　制作一些细小的头发安装上去。

117

118

119

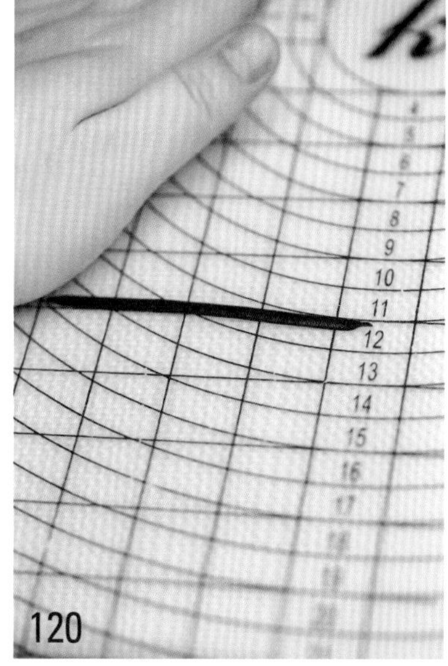

120

117 安装细小的头发。

118 做好的头发展示图。

119 把做好的腿喷上白色，做出袜子的感觉。

120 搓一条紫色糖条，拍扁。

121 粘在脚部做出鞋子。

122 取黄色翻糖，用硅胶模制作一些小蝴蝶结。

123 安装在鞋子上。

121

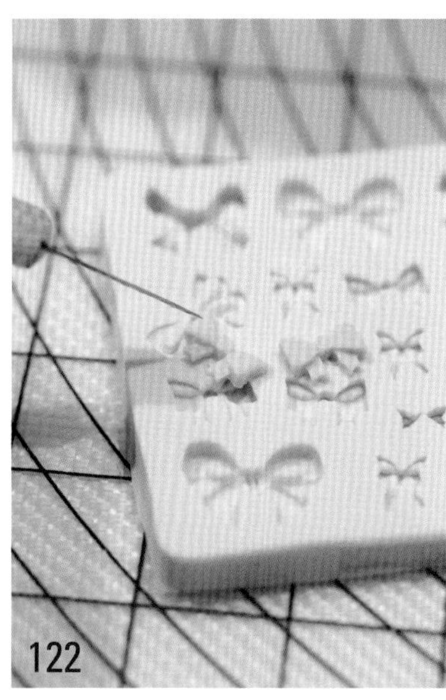
122

123

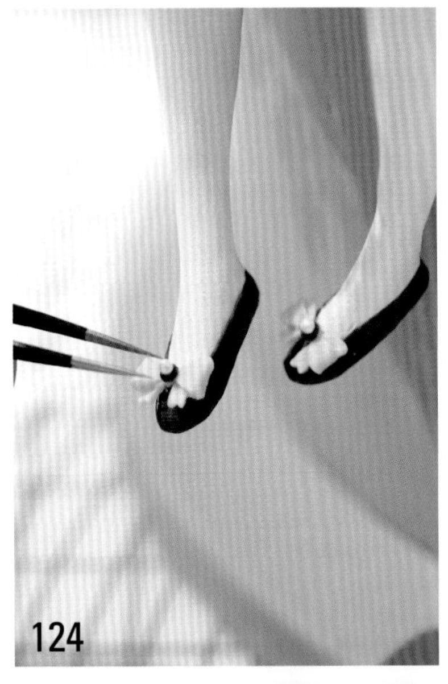

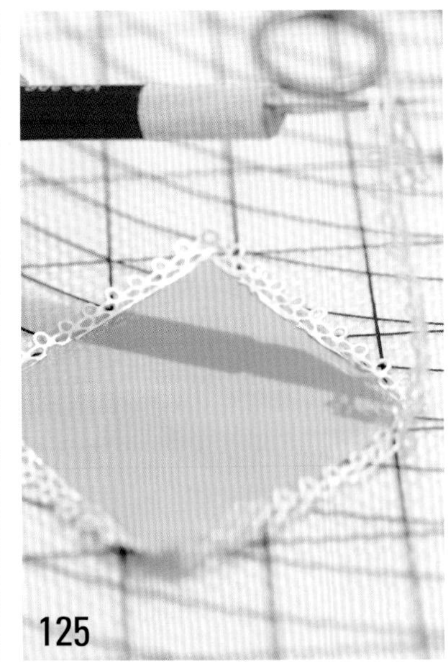

124　蝴蝶结中间贴上一颗糖珠。

125　擀一块淡紫色糖皮，裁切成正方形，四周围上蕾丝边。

126　折叠制作好的糖皮。

127　固定在裙摆上。

128　取肤色翻糖，搓成上粗下细的条，用作手臂。

129　拍扁细端。

130　剪出大拇指。

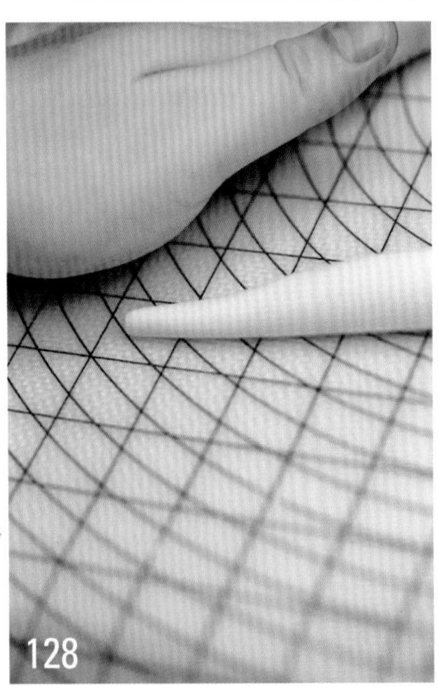

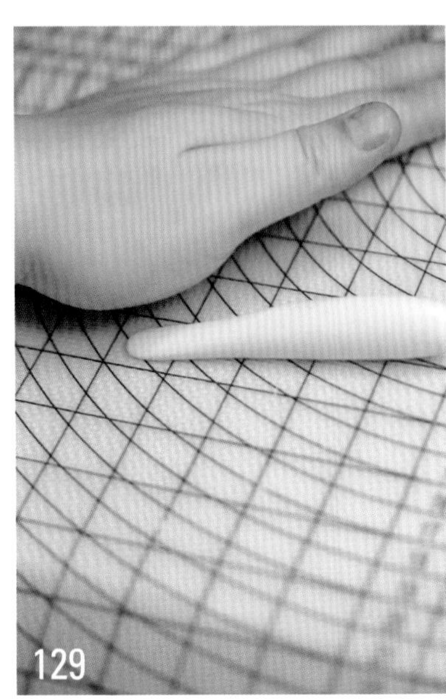

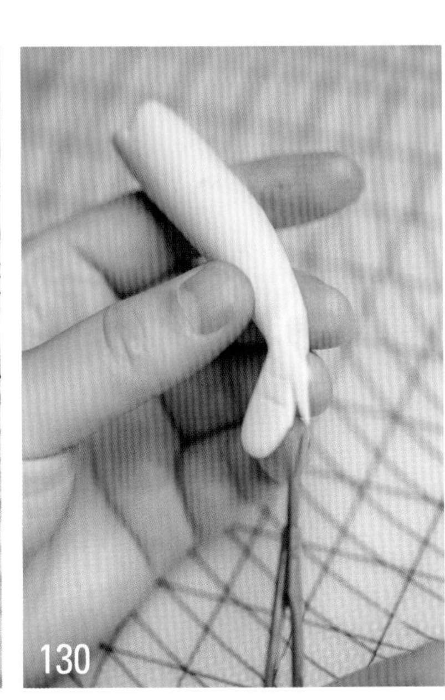

131　剪出其余四根手指。

132　中号主刀做出手掌的肌肉。

133　给每根手指造型。

134　剪掉后方多余的翻糖。

135　安装制作好的手臂。同样的方法做出另一条手臂，安装好。

136　裙子的蕾丝边安装上白色蝴蝶结。

模特

浪迹天涯

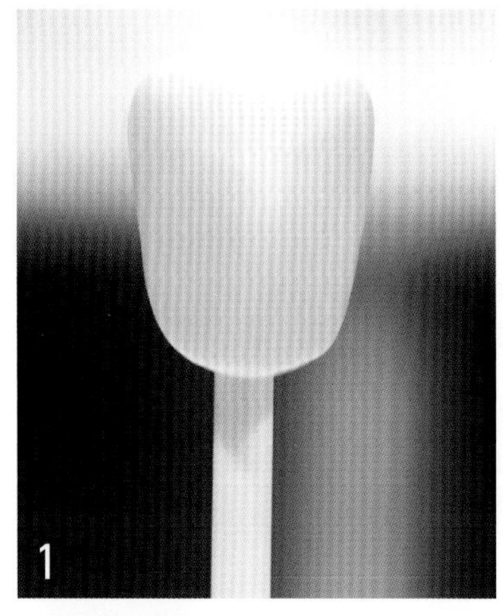

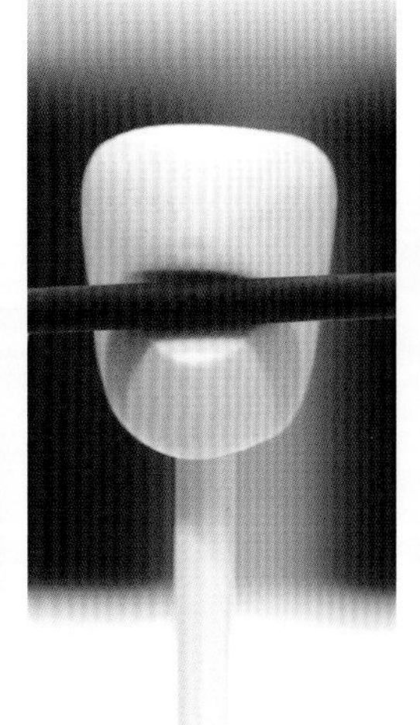

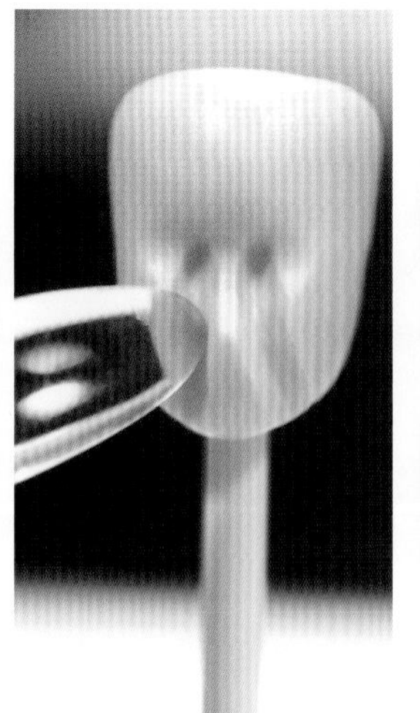

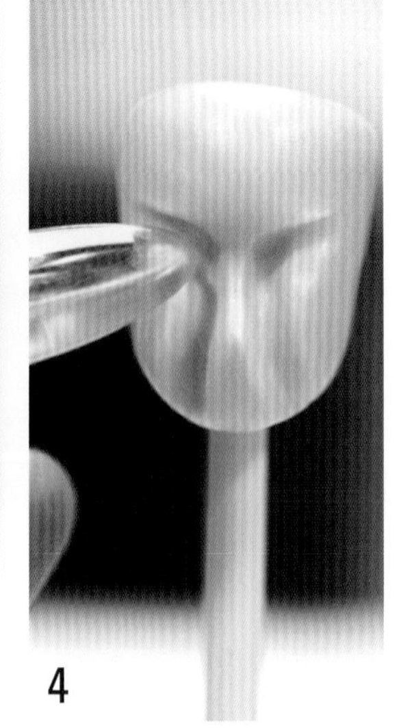

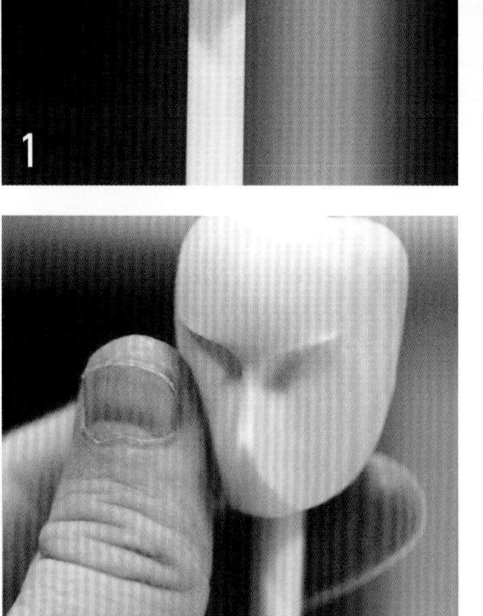

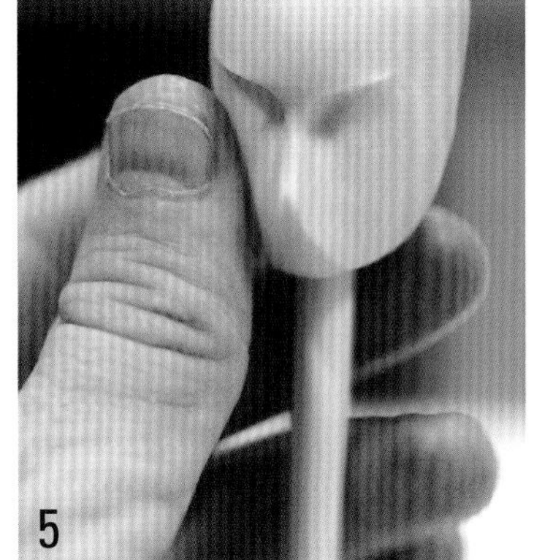

1 取一块肤色翻糖揉至表面光滑，将鼻子部分捏得鼓起来。

2 金属开眼刀压出眉骨的深度。

3 大号主刀压出鼻梁两侧的深度。

4 大号主刀向两侧延伸做出眉骨。

5 手指把脸的两侧压平，修理光滑。

6 中号主刀推出鼻子的长度。

7 嘴巴的部分往下压低一些。

8 小球刀做出鼻孔。

9 大号主刀做出眼包。

10 小球刀定出眼睛的宽度。

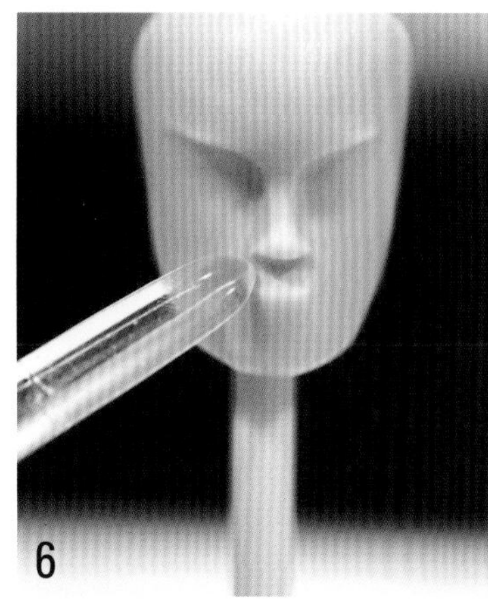

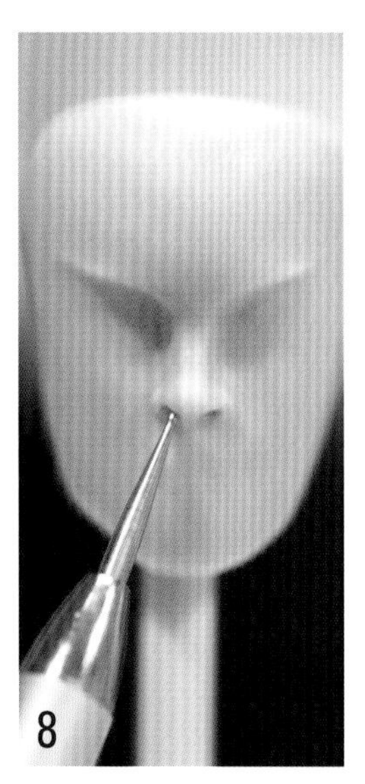

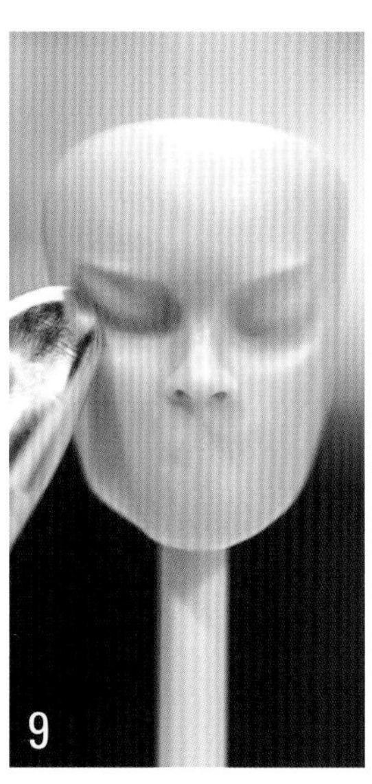

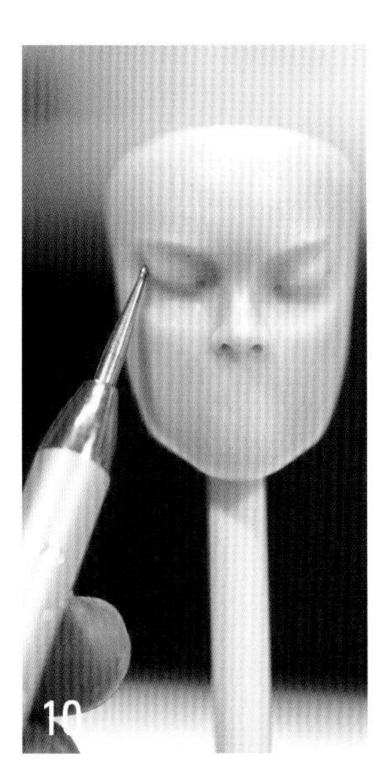

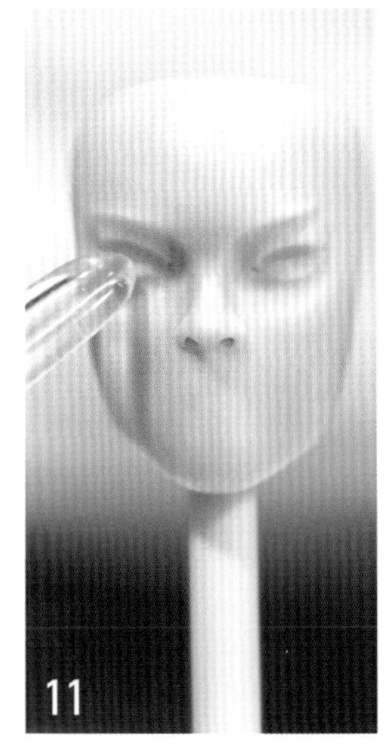

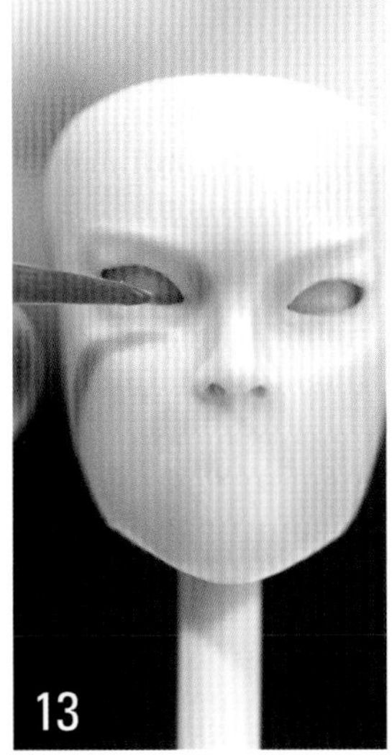

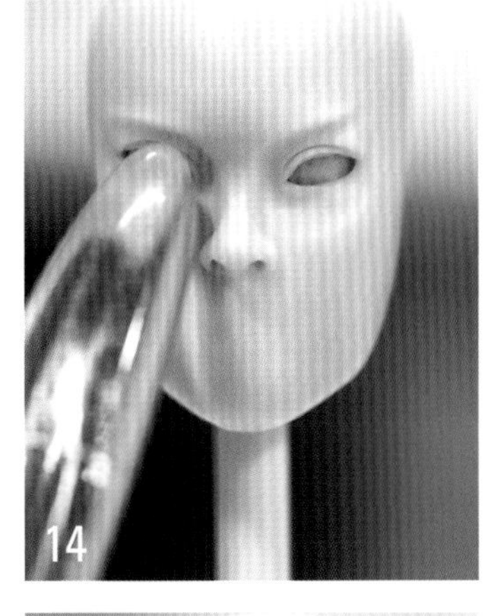

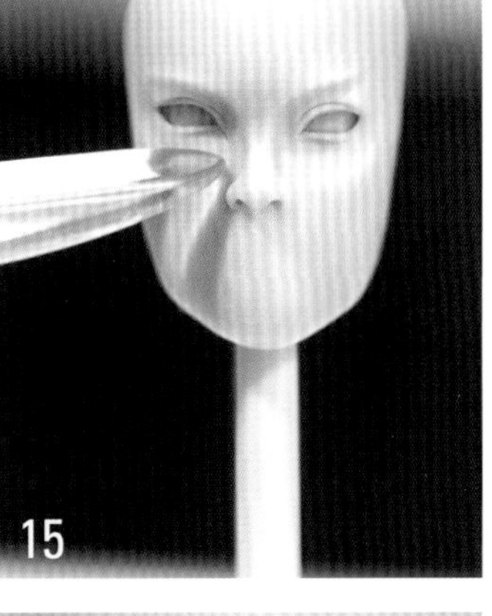

11　中号主刀压出眼眶的大形。

12　开眼刀连接小球刀压出的两个点。

13　金属开眼刀把眼眶内的翻糖往下压。

14　开眼刀做出双眼皮。

15　开眼刀的平面朝上推出下眼皮。

16　中号主刀在眉骨中间轻压一下。

17　大号主刀从眉骨处往下压。

18　开眼刀把眉骨从中间分开。

19　在两边各压两刀。

20　鼻梁两侧轻压两刀。

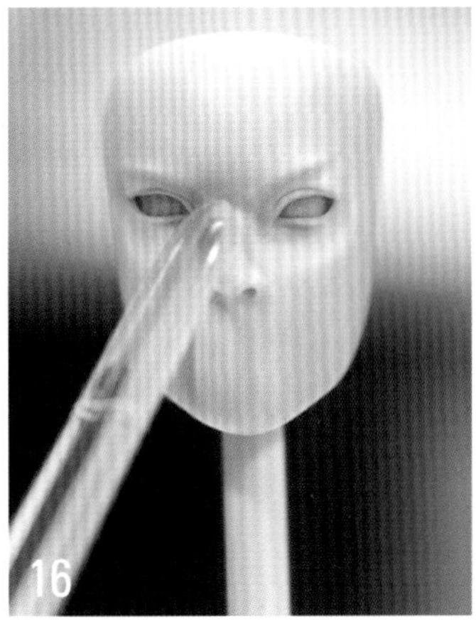

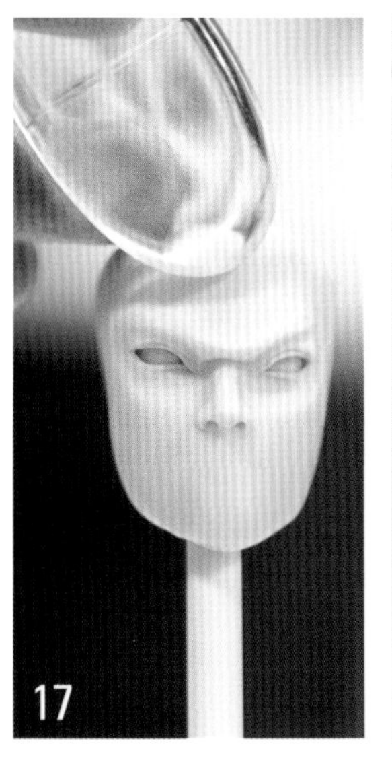

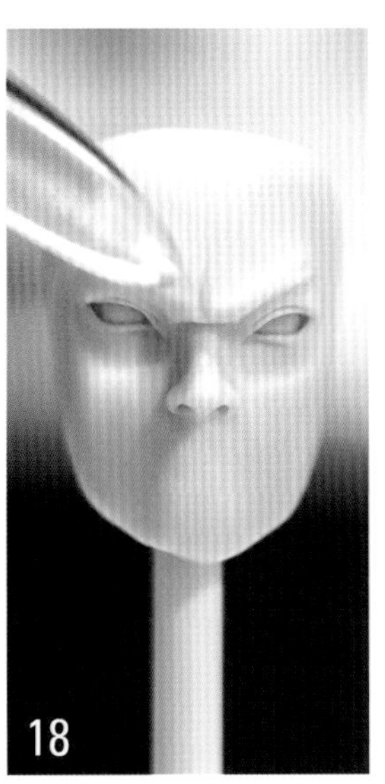

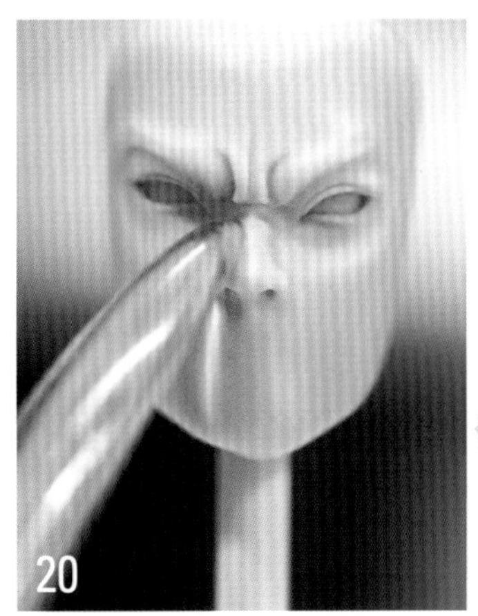

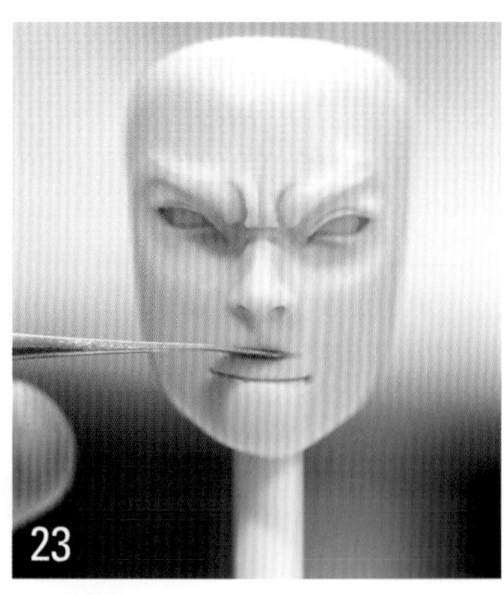

21　定出嘴巴的宽度。

22　金属开眼刀连接两个点的同时分开上下嘴唇。

23　在嘴唇上方再切一条短一点的痕迹。

24　连接上下两条线。

25　中号主刀把切下来的翻糖填充到口腔内部，压低一些。

26　金属开眼刀压低口腔内的翻糖。

27　在嘴巴里填入白色翻糖当牙齿。

28　金属开眼刀把翻糖填平。

29　从白色翻糖的中间切开，分出上下牙齿。

30　分出每一颗牙齿。

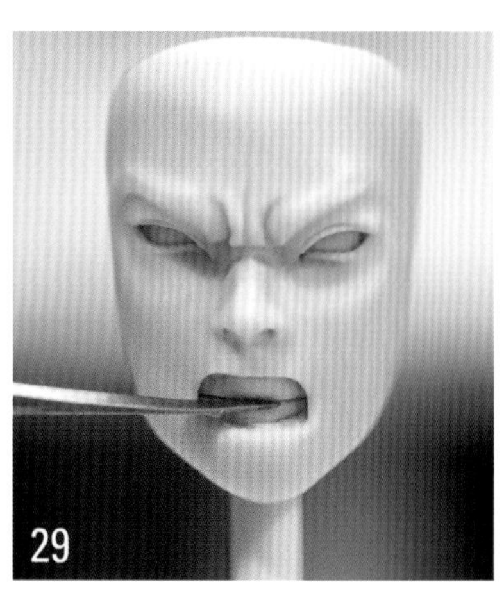

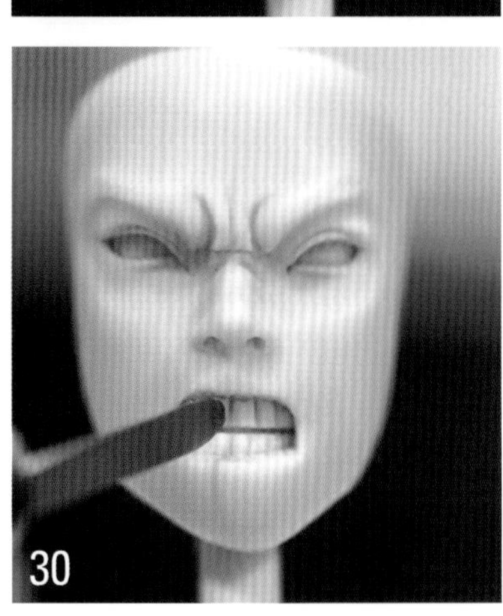

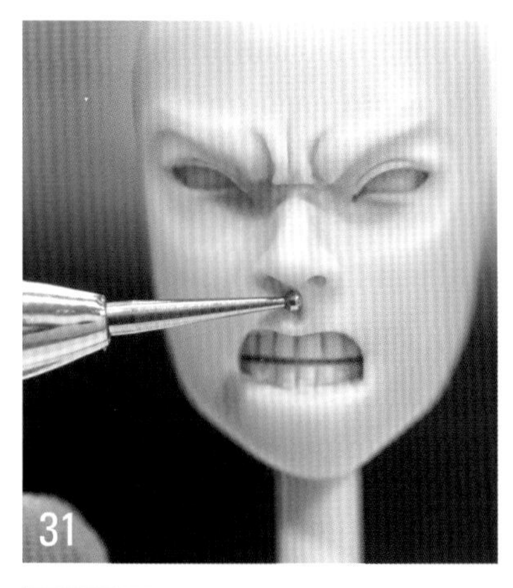

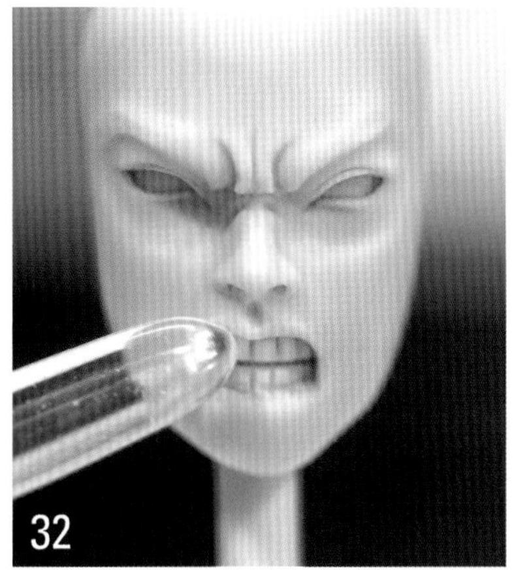

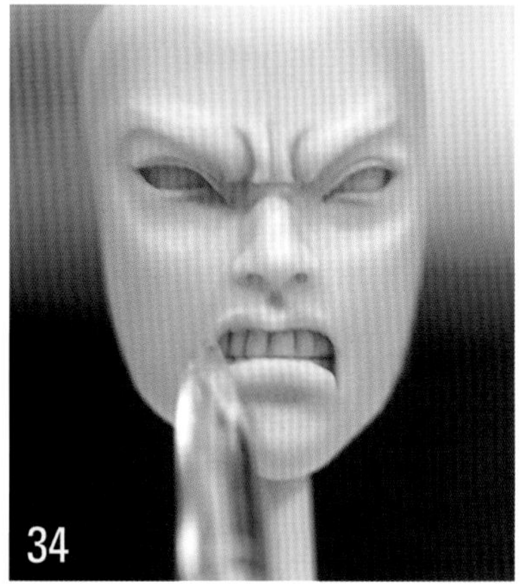

31　小球刀做出人中。

32　中号主刀推出上嘴唇。

33　中号主刀推出下嘴唇。

34　修整一下嘴角两侧。

35　眼眶内填入白色翻糖当眼白。

36　金属开眼刀填平白色翻糖。

37　同样的方法填平另一边。

38　贴上浅蓝色翻糖作为眼珠。

39　金属开眼刀填平眼珠。

40　在手掌上搓出两根黑色细条，用作眼线。

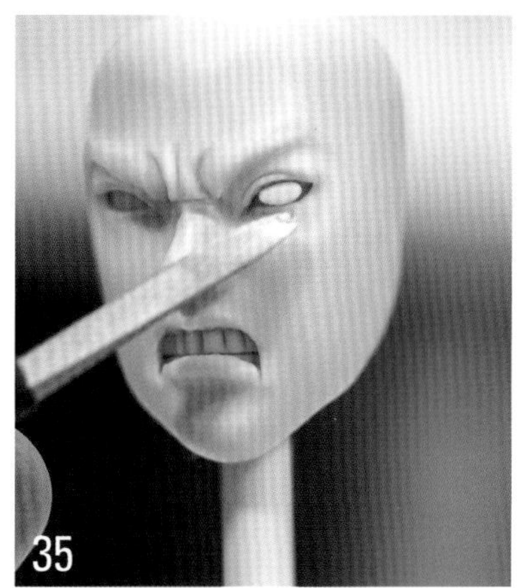

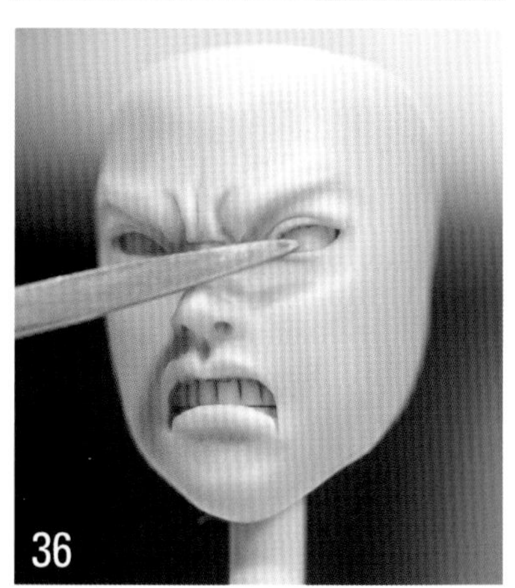

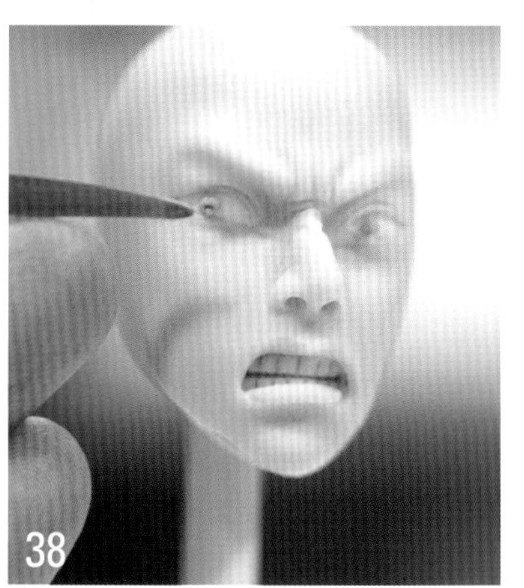

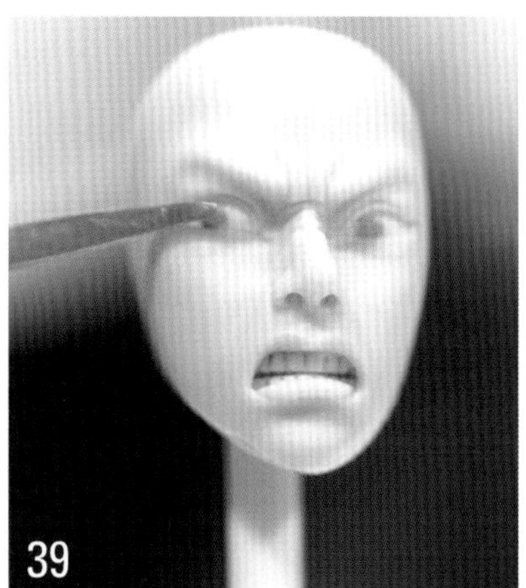

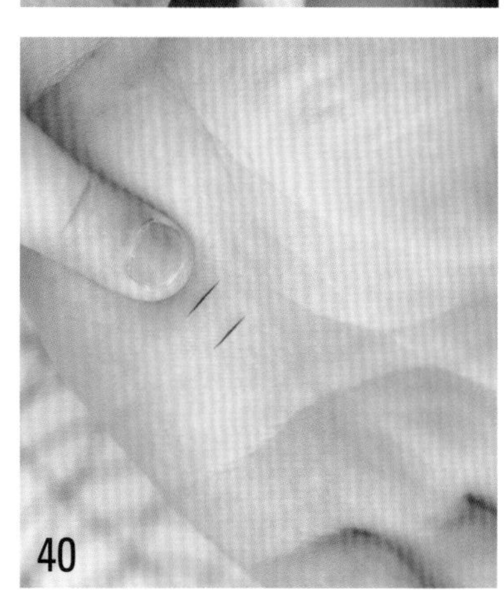

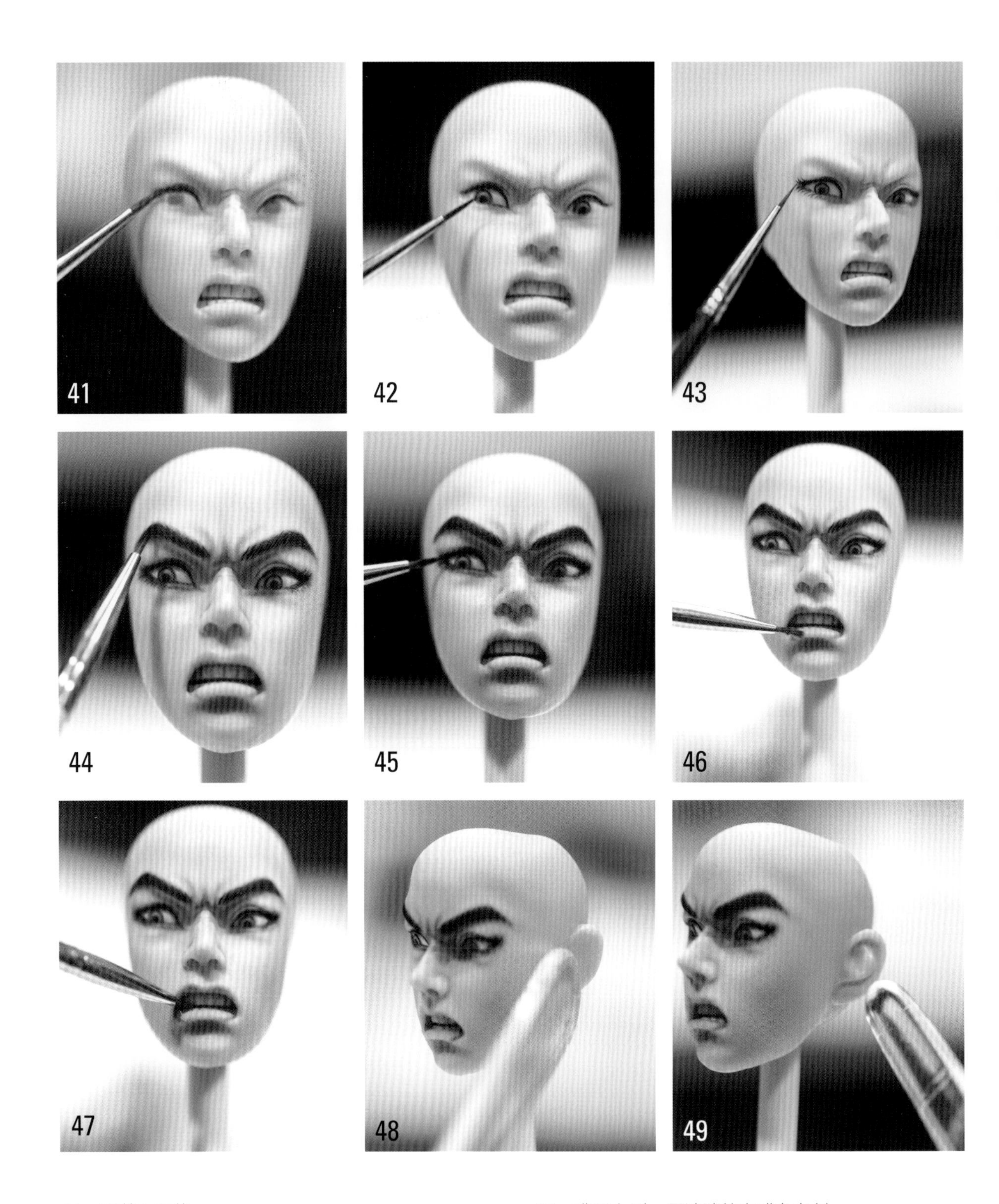

41　安装上眼线。

42　在眼珠的周围画上一圈黑色轮廓线，并画出瞳孔。

43　5个0勾线笔沾黑色色粉画出眼睫毛。

44　画出眉毛。

45　5个0勾线笔沾黑色色粉加深眼尾。

46　嘴唇上刷一层淡淡的咖啡色色粉。

47　牙齿缝隙处刷上阴影。

48　耳朵部位贴上肤色翻糖，并塑出耳朵大形。

49　中号主刀做出外耳轮。

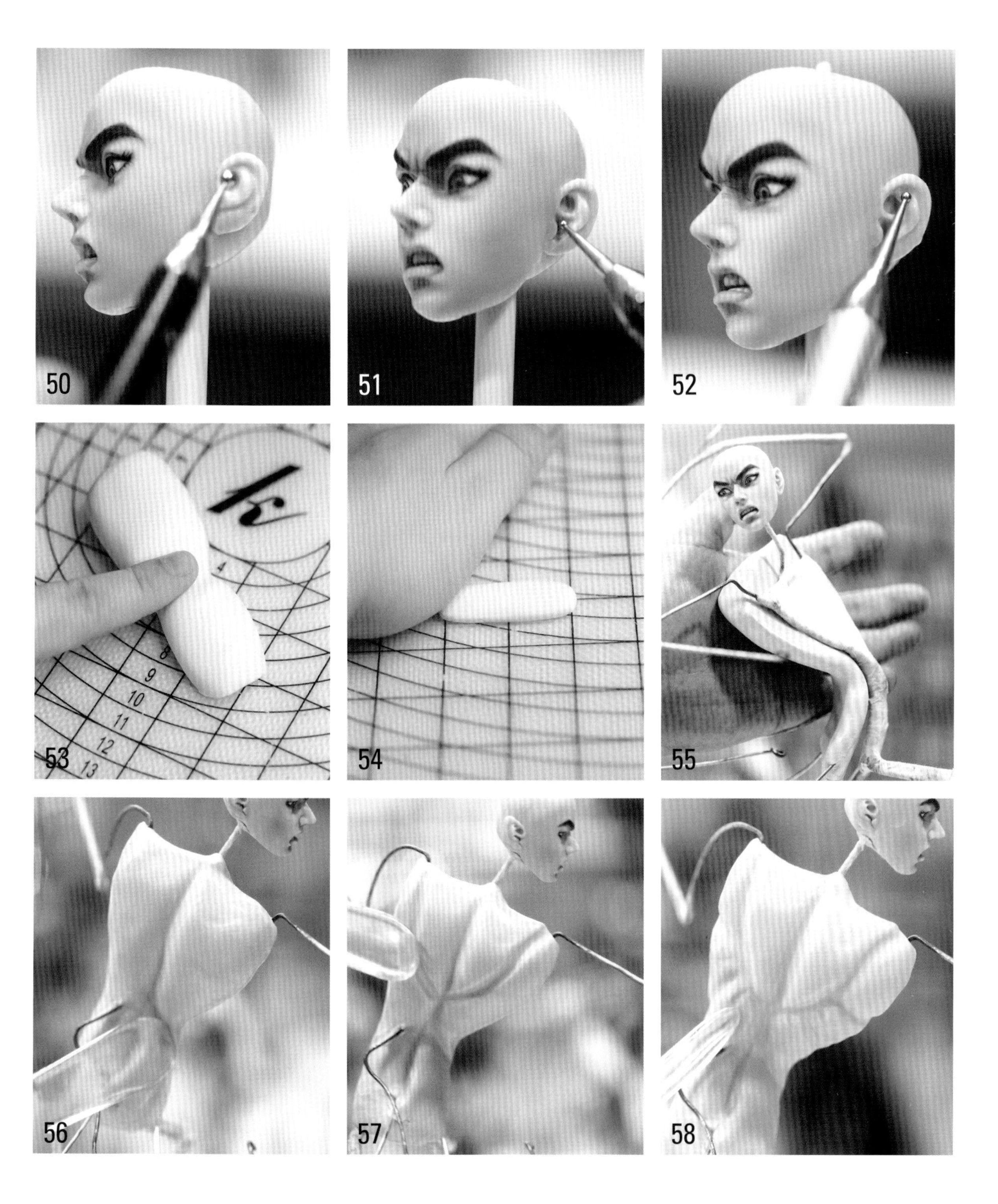

50 小球刀压出上方的耳洞。

51 小球刀做出下方的耳洞。

52 做出耳洞上方小小的凹陷处。

53 取肤色翻糖搓成长条，在腰部下压，用作后背。

54 用手掌将肤色翻糖整体下压（背部肌肉部分可略微留厚一点）。

55 将制作好的后背大形打胶，粘在身体支架上，将翻糖完全包裹在支架上，同时用大号主刀在后背点压出背脊线（包裹时注意控制腰部宽窄和后背最高点的位置）。

56 大号主刀压出腰与臀部的腰肌线。

57 大号主刀点压出肩胛骨部分的肌肉交接线。

58 用开眼刀将背部肌肉群凸起部分下压，让肌肉状态保持自然。

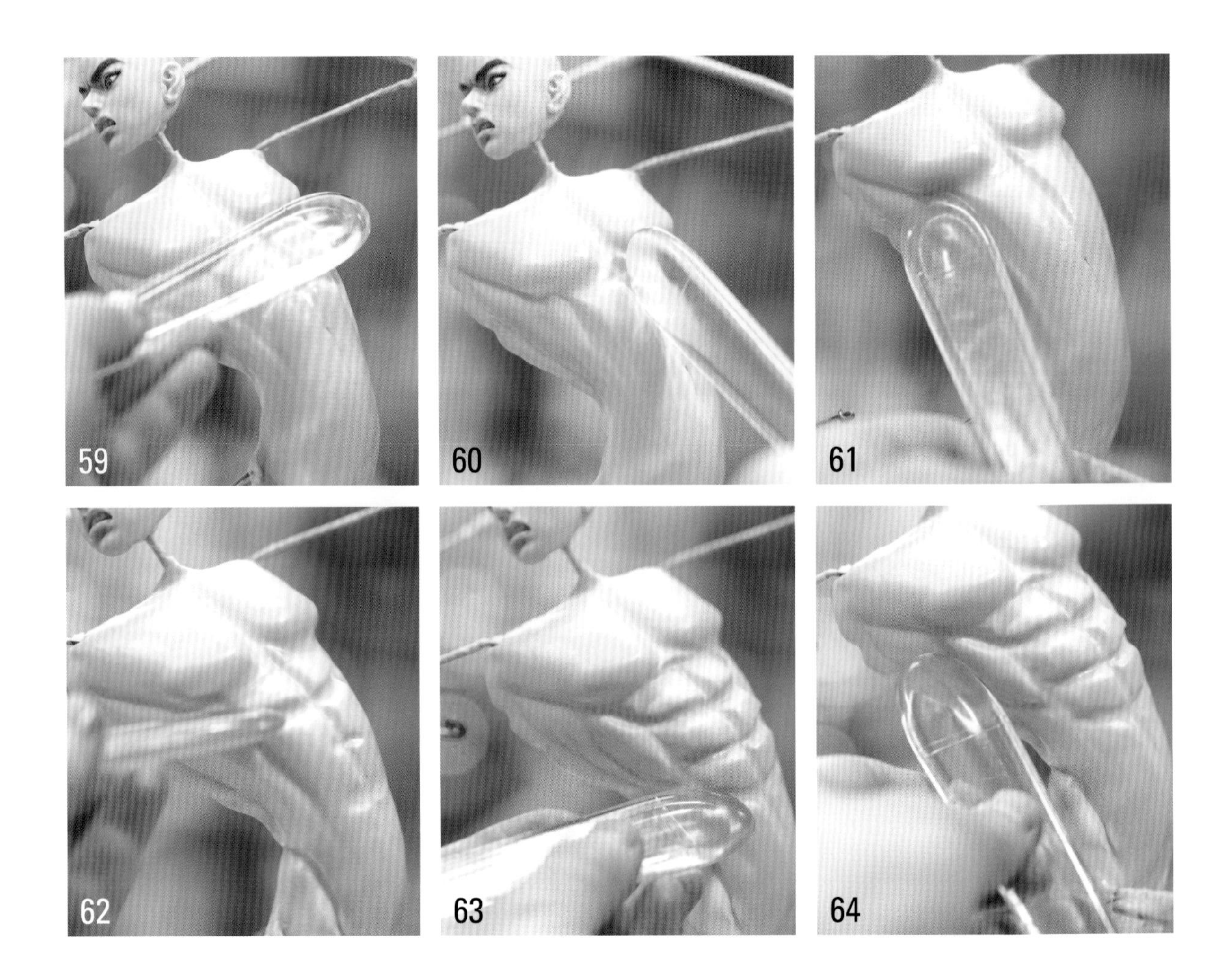

59 同样的方法贴上前胸的翻糖，用大号主刀压出胸部大形，继续用大号主刀斜着平压腹横肌部分，突出胸大肌的高度。

60 把胸部和腹肌部分从中间分开。

61 压出腹肌两侧的线条。

62 压出腹肌上的肌肉。

63 调整腹肌的形状。

64 压出腹肌旁边的一些肌肉群大形。

65 塑出前锯肌（从大到小）。

66 另取一块肤色翻糖贴在臀部（如已经达到要求则不需再添加或适当添加）。

67 取肤色翻糖搓条，在中段部位下压，用作手臂。

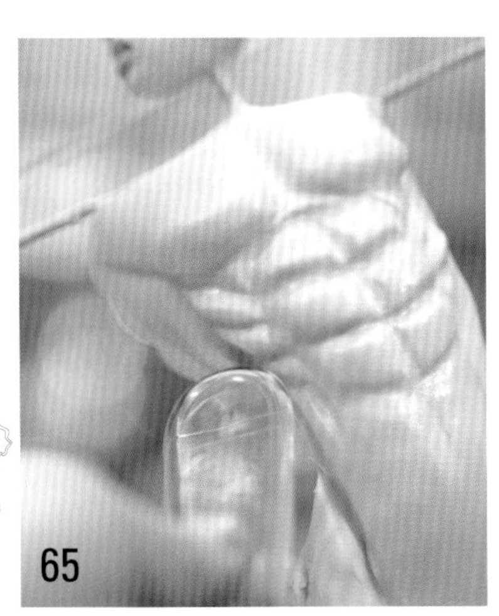

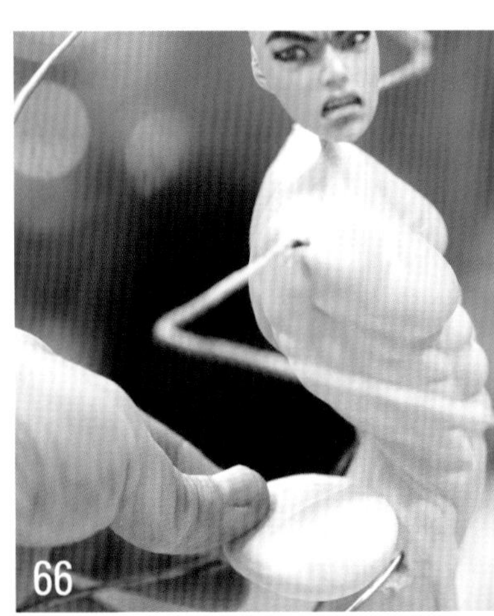

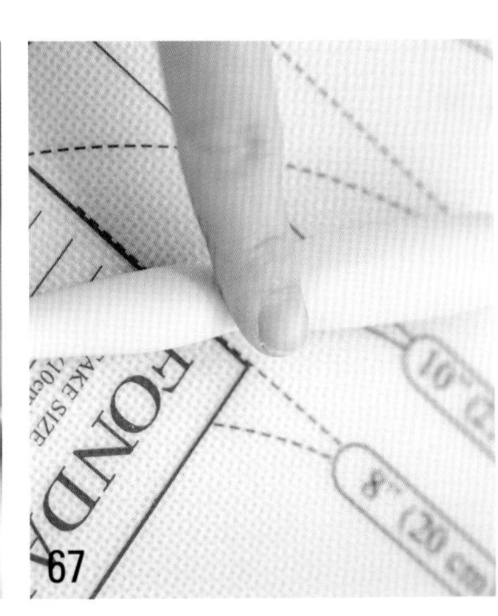

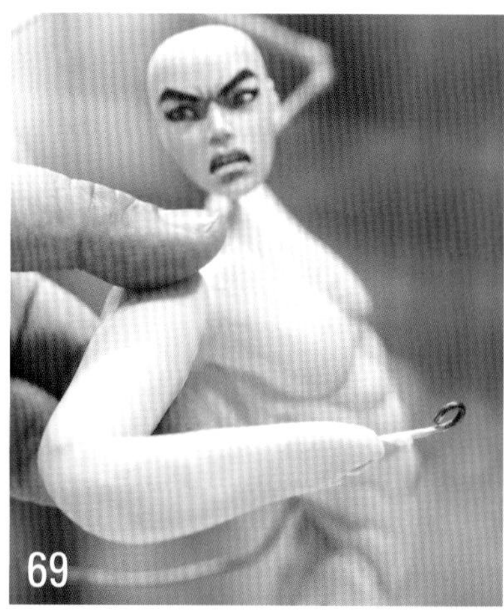

68 美工刀将翻糖条切开。

69 将手臂翻糖打胶后贴在支架上，注意接口向下。

70 将手臂接口抹平后用大号主刀从腋下过渡出手臂和身体的衔接（注意胸大肌的肌肉和肩头保持一定的完整性）。

71 大号主刀压出手臂后面的肌肉。

72 加深肌肉的深度。

73 制作小手臂上的肌肉。

74 肩膀上的肌肉需要明显一些。

75 同样的方法制作安装另外一条手臂。

76 安装好以后抹平接口位置。

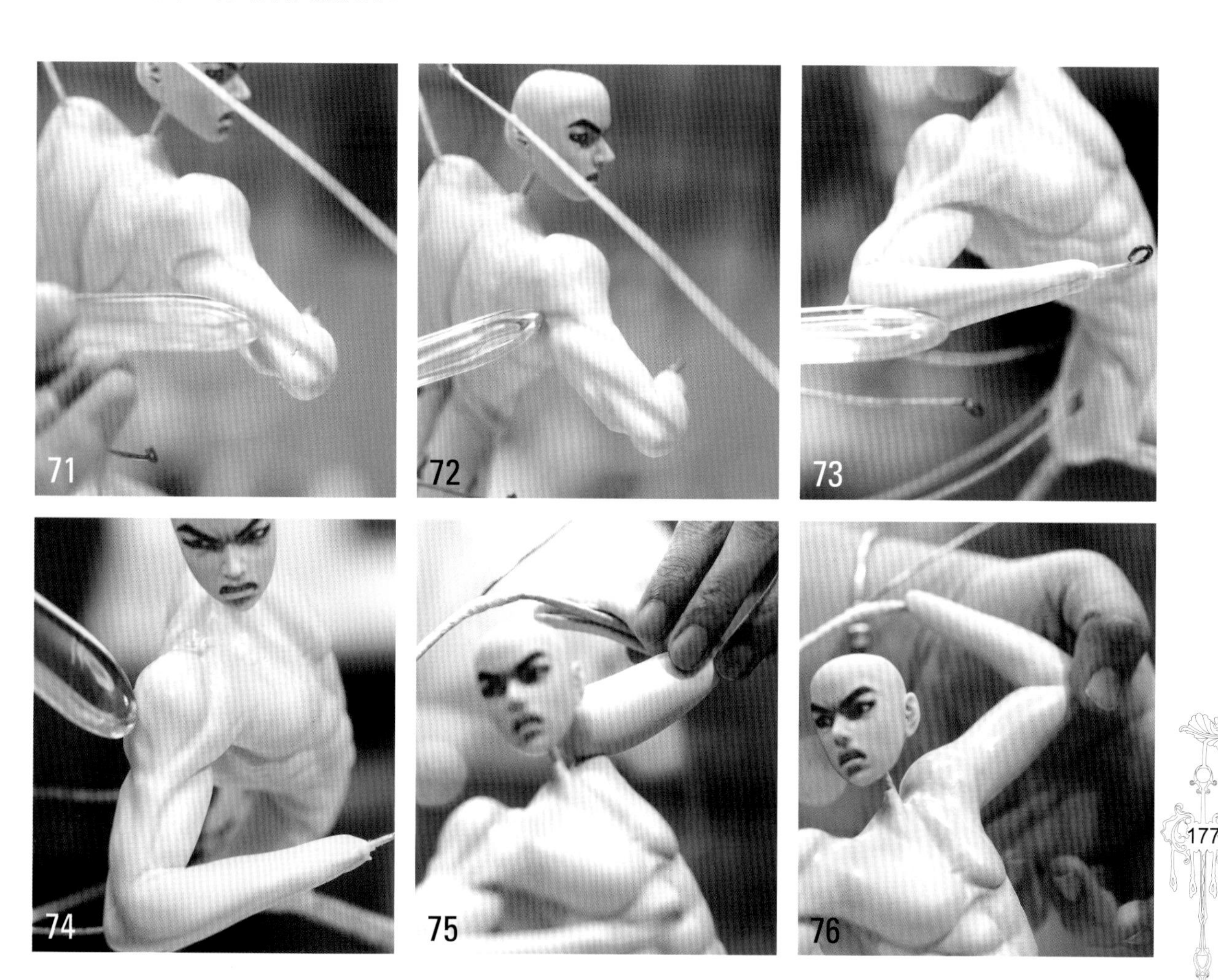

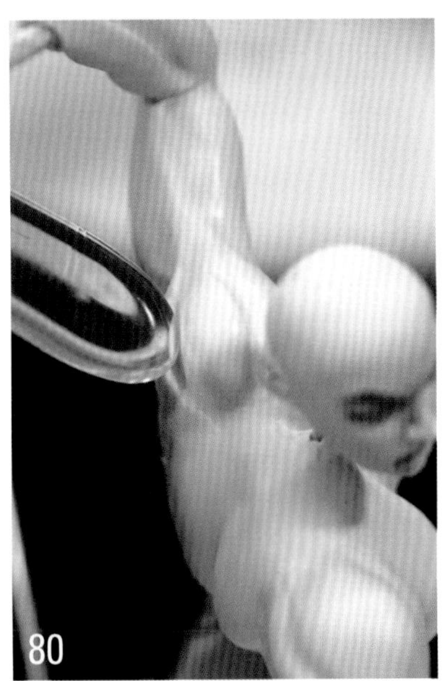

77　中号主刀压出肌肉。

78　同样的方法压出小臂上的肌肉。

79　加深手肘两边的肌肉。

80　加深肩膀上肌肉的立体度。

81　取一块肤色翻糖贴在头部下方的支架上，抹平接口，用作脖子。

82　大号主刀做出脖筋。

83　大球刀压出锁骨中间的凹陷处。

84

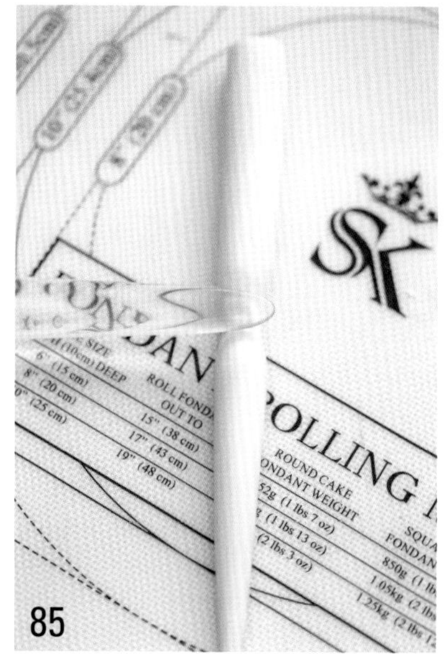

85

86

84　完善锁骨上的凹陷处。

85　取肤色翻糖搓长条，下压中段处，作为腿部（注意大腿和小腿的粗细分配）。

86　用美工刀在腿部翻糖正中间切出口子。

87　打胶，安装在腿部支架上。

88　同样的方法制作、安装另外一条腿。

89　制作脚掌部分（压出脚趾关节）。

90　切出脚趾。

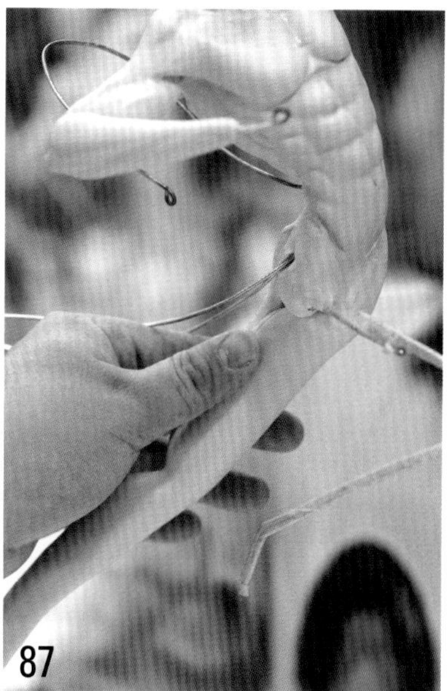
87

88

89

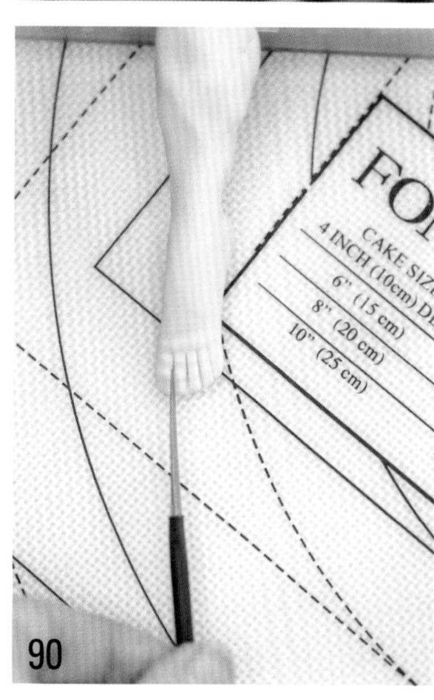

90

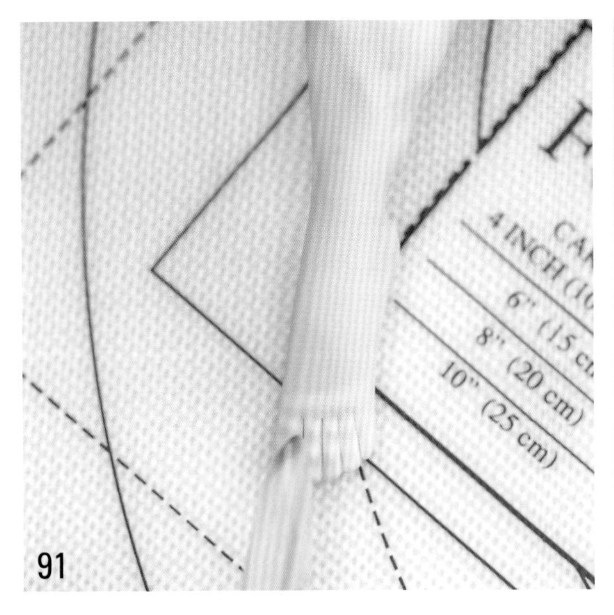

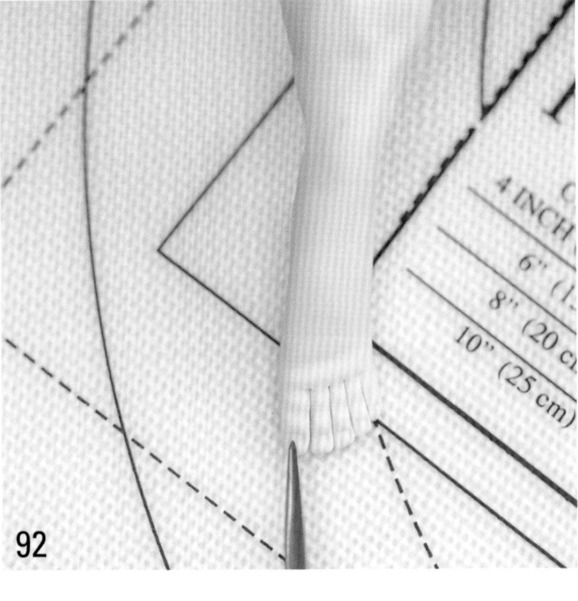

91　两个脚趾间过渡好，将脚趾修圆。

92　金属开眼刀点压出脚指甲。

93　捏出脚后跟。

94　继续修整脚掌，做出足弓。

95　把制作好的脚掌安装在腿上。

96　制作裤腿。原色翻糖加青蓝色色素调匀，擀成糖皮（按照图中颜色调色）。

97　堆叠糖皮，成为衣褶。

98　将糖皮打胶，粘在腰间，将下摆向内侧弯曲，折叠出褶皱。

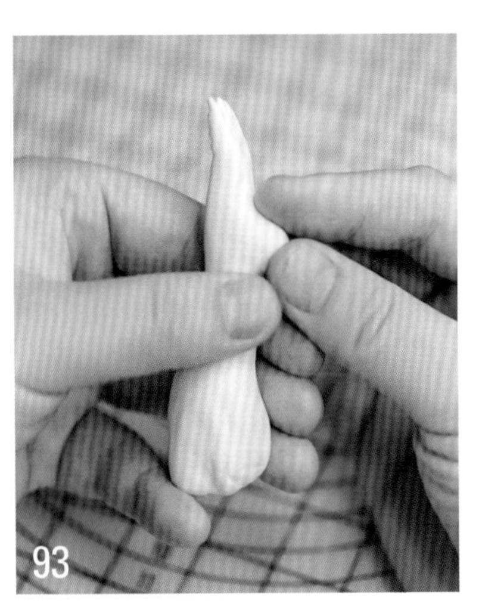

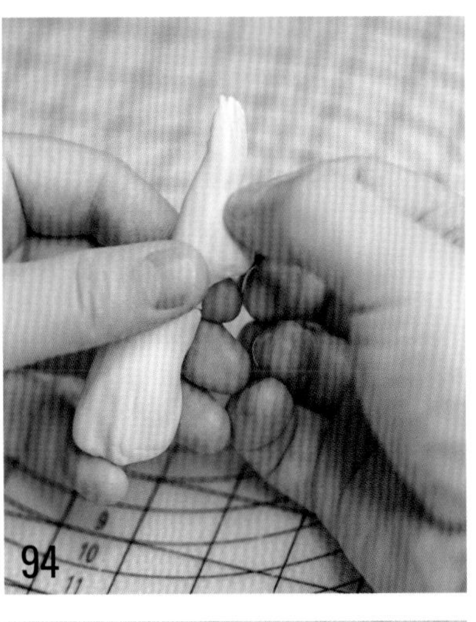

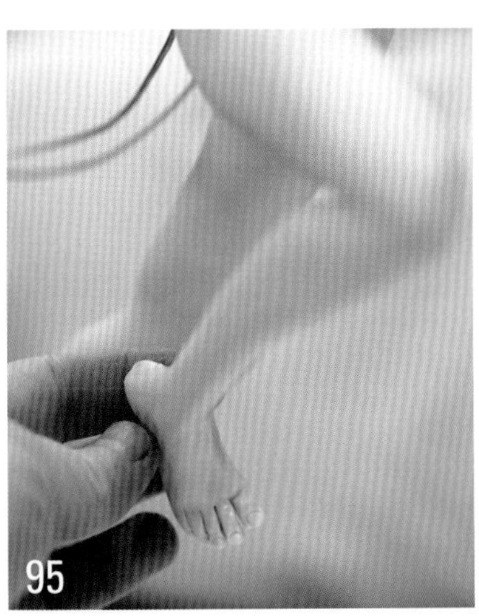

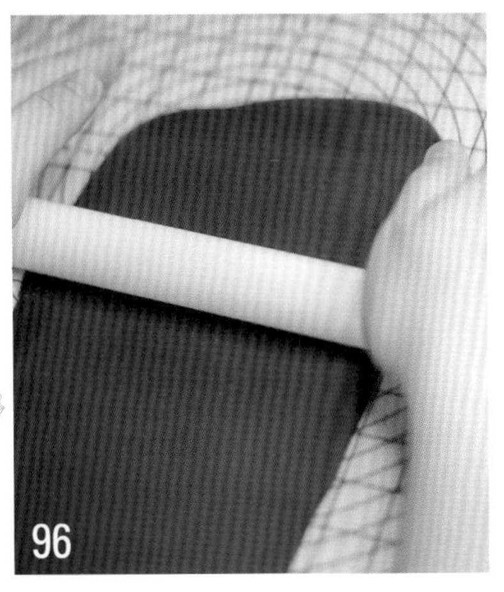

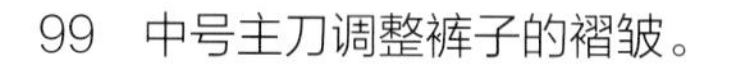

99　中号主刀调整裤子的褶皱。

100　整理另外一条裤腿的褶皱。

101　在脚上包裹一片糖皮后切去多余的部分。

102　取一片糖皮折叠后缠绕在右边小腿上。

103　左边小腿也缠绕好。

104　左腿缠绕好后把接口塞进裤腿里遮挡住。

105　取一块厚一点的糖皮制作左边的鞋子。

106　同样的方法制作右边的鞋子。

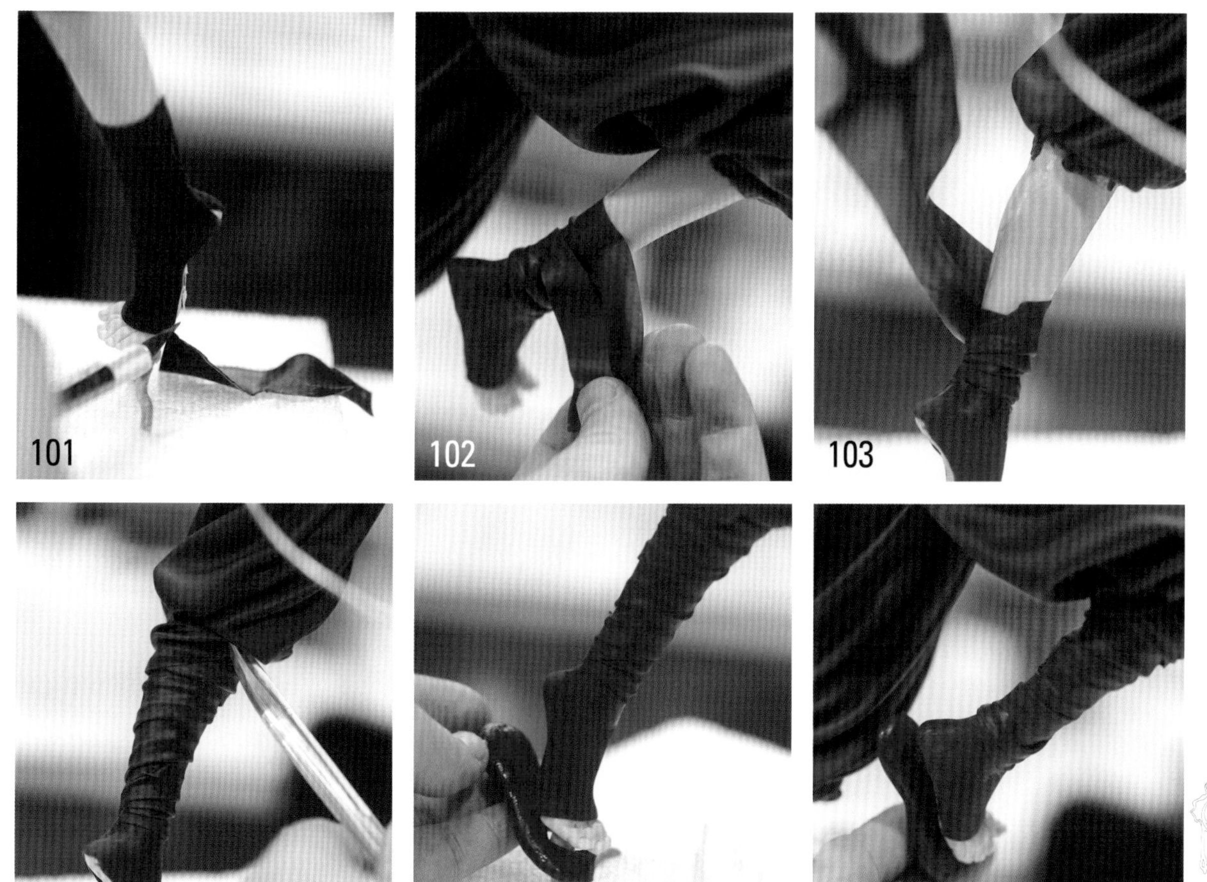

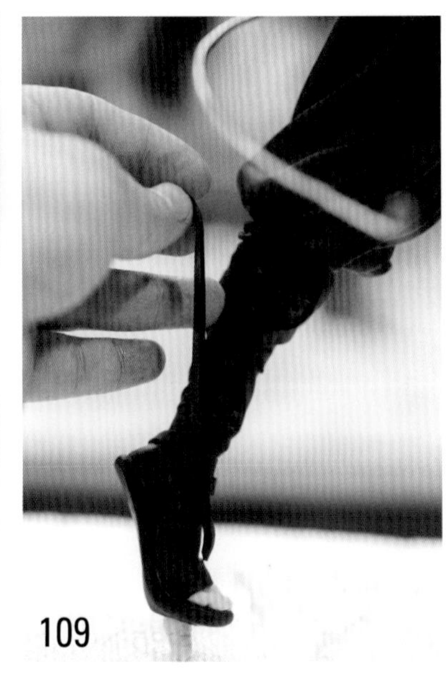

107　在脚趾上方贴一片糖皮当鞋面。

108　切除多余的糖皮。

109　切一条略微厚一点的糖皮缠绕腿部。

110　取一片糖皮折叠后贴在臀部当裙子。

111　取一片同色糖皮包裹在手臂处。

112　同样的方法包裹另一只手臂。

113　切除多余的糖皮后包裹上臂。

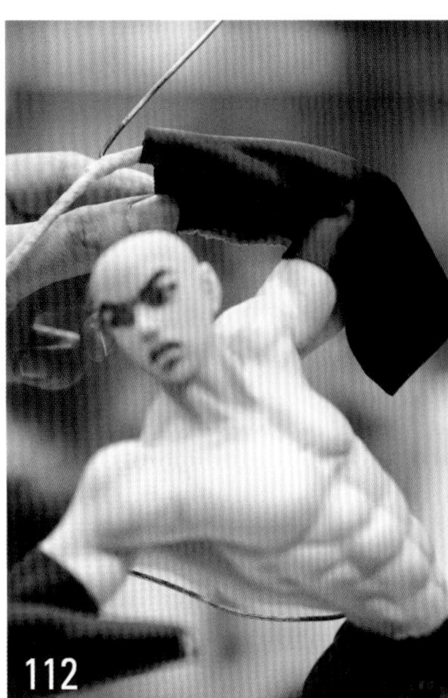

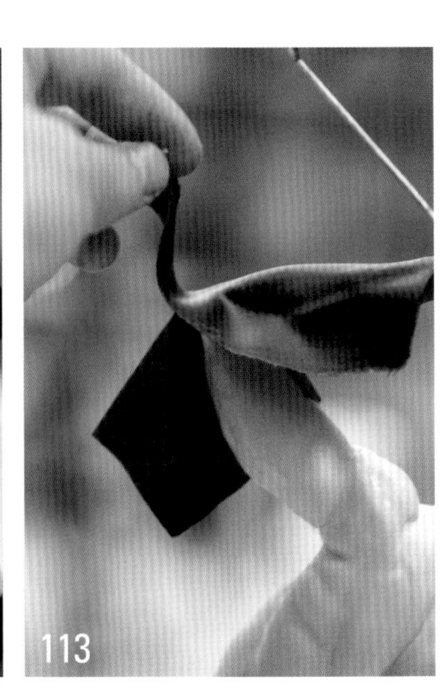

114

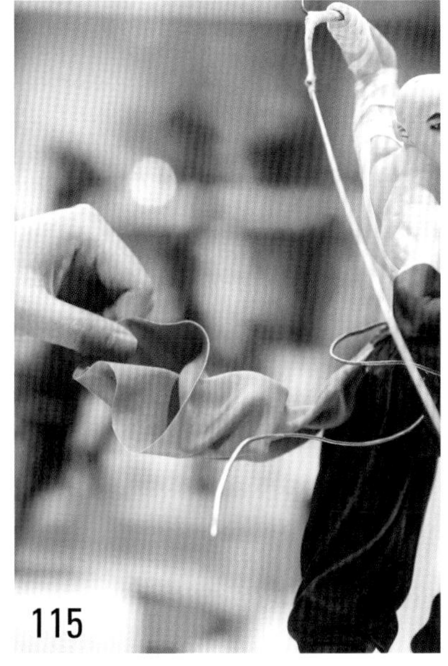

115

116

114　切一条窄一点的白色糖条缠绕在腰部，当作包扎带。

115　擀一片绿色糖皮贴在背部的铁丝上。

116　给后面的衣服调整造型。

117　再贴一片绿色糖皮后调整造型。

118　取青色翻糖搓成一头略尖的条，用作头发。

119　拍扁后压上纹理。

120　将头发底端打胶，粘在头顶（前端两根发尖可倒挂，往后添加头发时注意头发疏密度和长短粗细的搭配）。

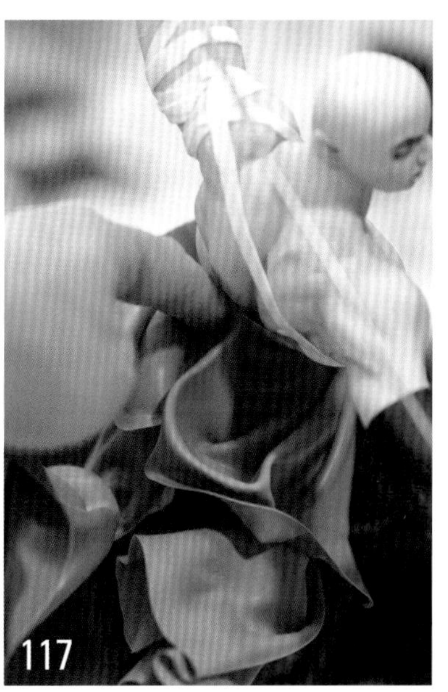

117

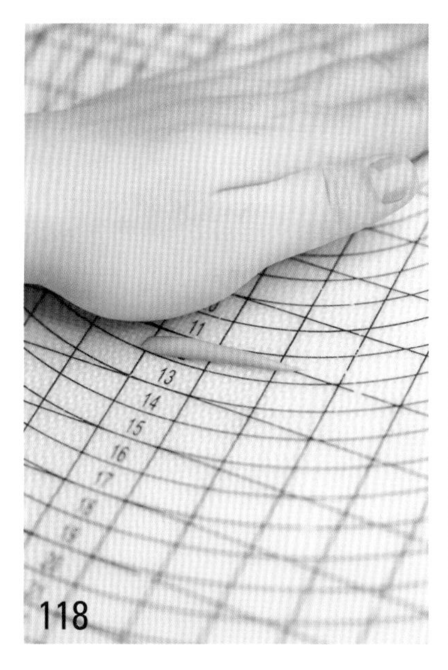

118

119

120

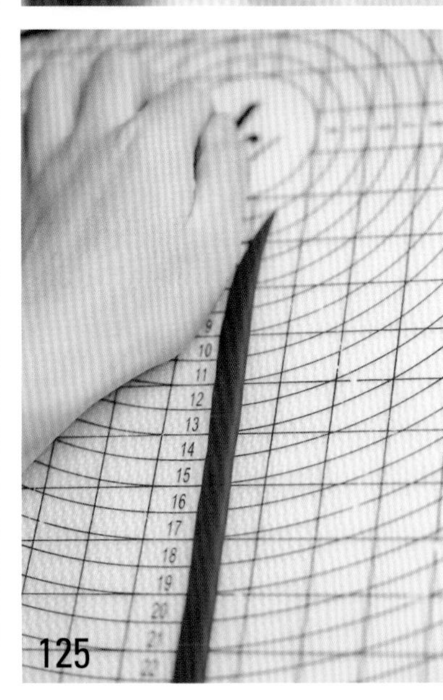

121　依次贴上头发。

122　头发逐渐变短，最外侧的头发是最短的一层。

123　贴好后用开眼刀把头发与头部做一个衔接。

124　鬓角处贴一块翻糖，用开眼刀塑出头发的纹理。

125　取黑色翻糖搓条，一侧压扁，作为配件刀。

126　压切大形，压出刀背纹路。

127　将做好的配件刀打胶粘起来。

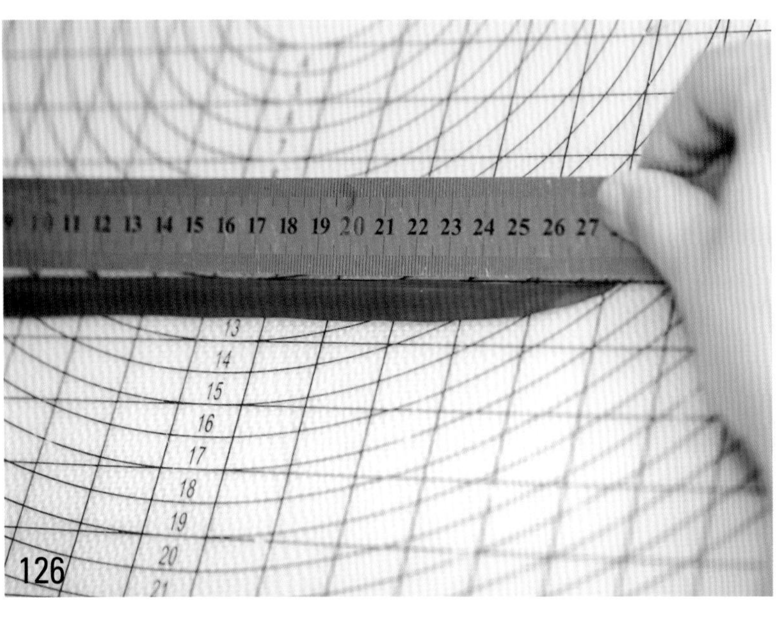

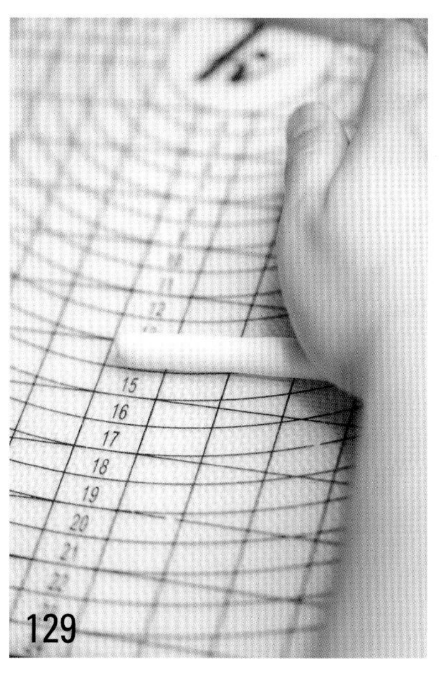

128　取白色翻糖揉匀。

129　搓条，用来制作刀把。

130　取一块青蓝色翻糖搓条后拍扁，用作手套。

131　中号主刀在手腕处压一个凹槽。

132　剪出大拇指。

133　剪出其余四根手指。

134　把手指与手臂分开。

135　只留第一个指节，其余剪掉。

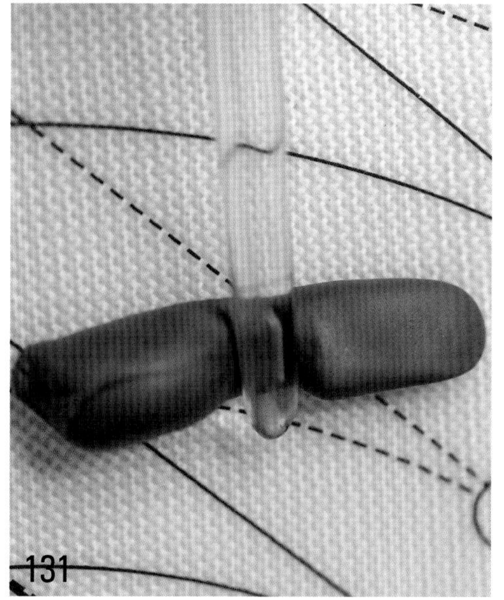

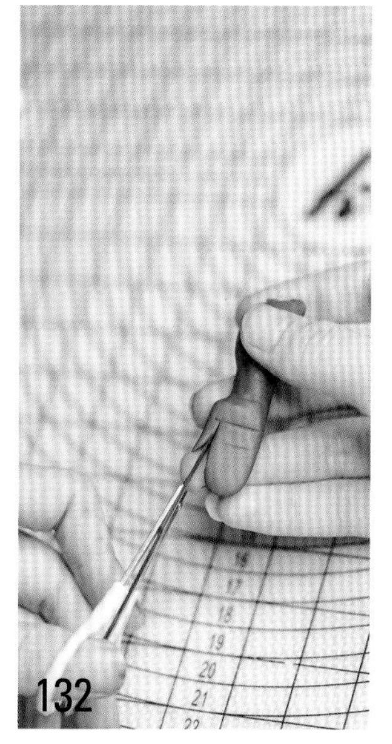

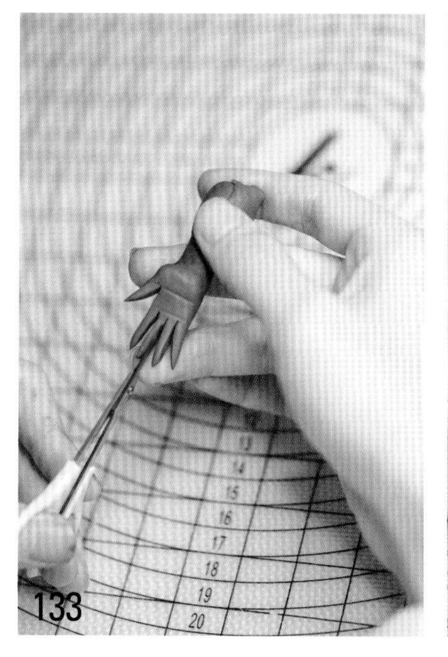

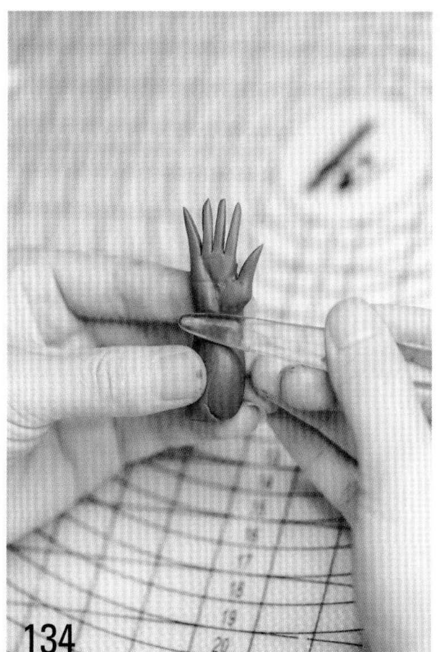

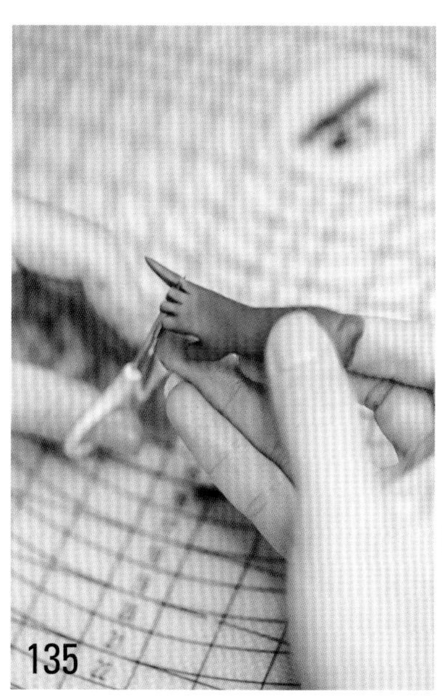

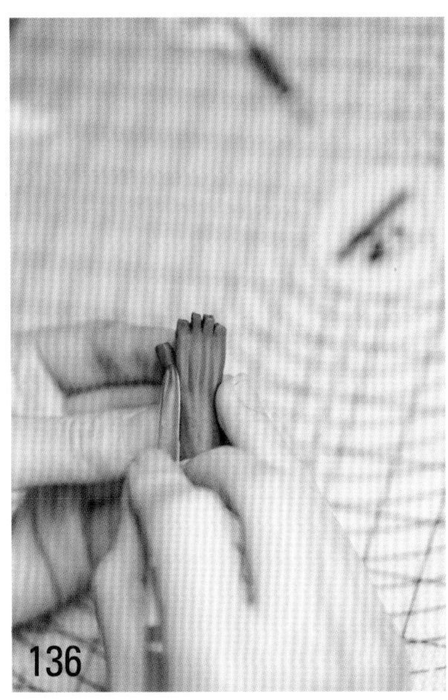

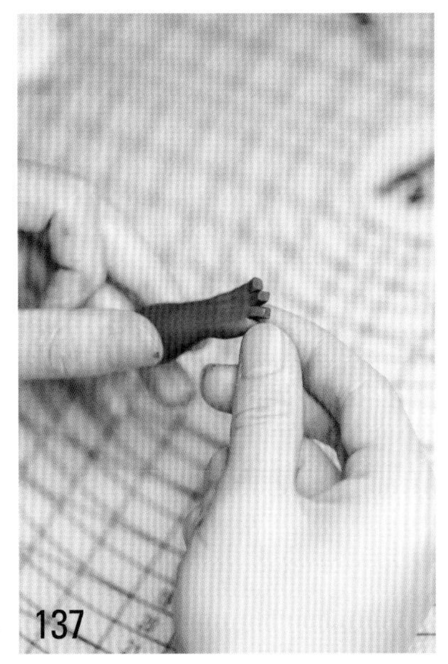

136 修整手套背部经络。

137 调整指形。

138 把制作好的手套安装在手臂上。

139 在手腕处用塑料开眼刀压出褶皱。

140 用肤色翻糖做出手掌，切出需要的指节，安装到手套上。

141 取白色翻糖擀成薄片，切出形状，用作配件盔甲。

142 贴上切好的糖皮盔甲（注意盔甲跟手背包裹的衔接处，如有不合适立刻更换）。

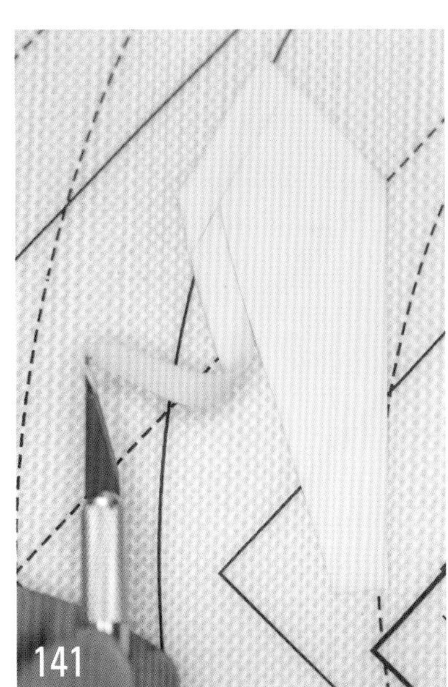

143

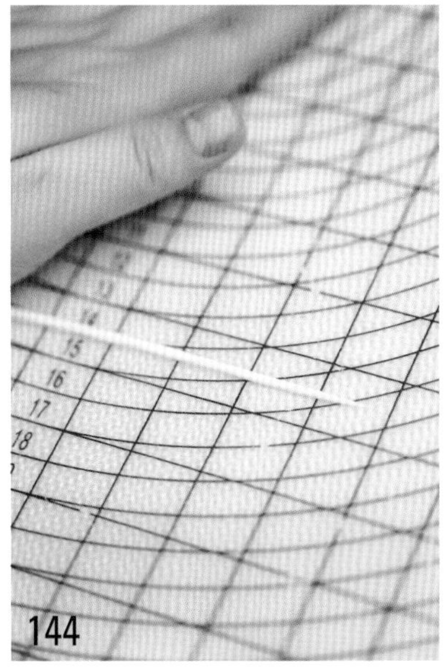
144

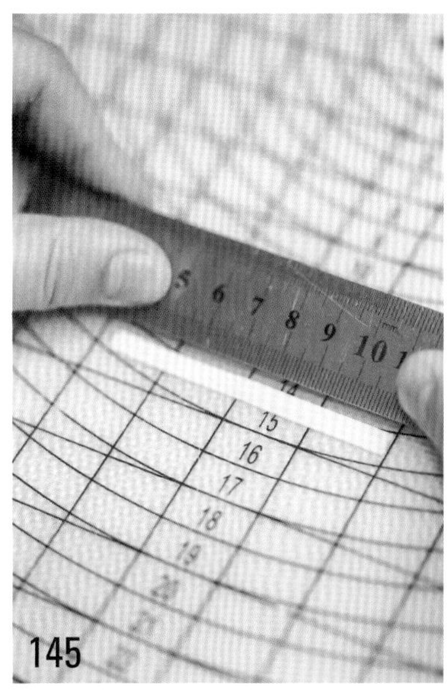
145

143　在铠甲的周围剪出一些缺口（与作品整体画风统一）。

144　取白色翻糖搓条。

145　翻糖压扁，压出纹理。

146　把切好的糖条包裹在铠甲上。

147　取青蓝色翻糖擀成薄片，裁出条，用作刀柄布条。

148　将糖条交叉粘在刀把上（中间空隙大小保持一致且布条粘贴完整）。

149　把制作好的手指和刀组装粘接（因为手指会把刀柄挡住影响操作，需要先将大拇指裁下等下一步完成以后重新组装即可）。

146

147

148

149

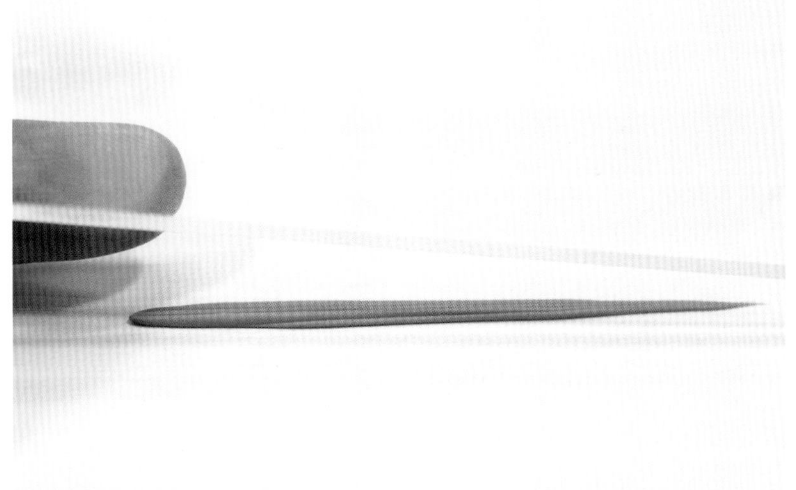

150

151

152

150 制作垂下来的头发。取青色翻糖搓成长条后拍扁，用亚克力板压出纹理。

151 贴在鬓角的位置。

152 依次贴上更短的头发。

153 另外一边也是一样的贴法。

154 切一片白色糖条缠绕在左手小臂上。

155 一直缠绕到手指。

156 把制作好的辫子安装上。

153

154

155

156

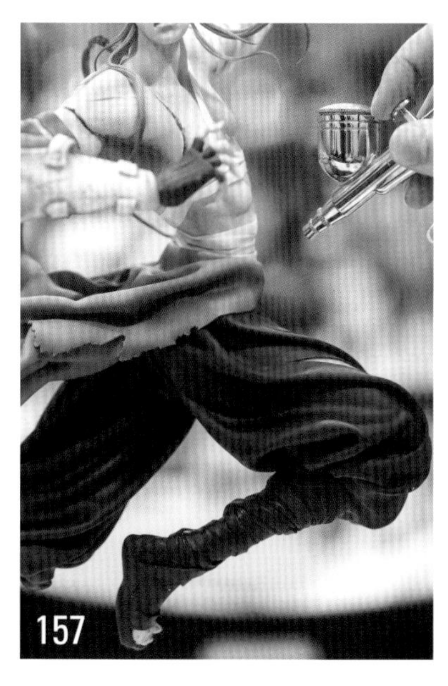

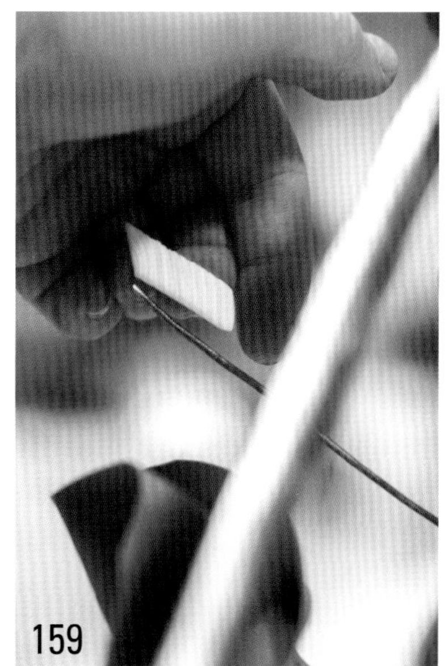

157　给披风喷上阴影。

158　在前胸、手臂刷上红色，用作伤痕。

159　取一片白色糖皮压好纹理后贴在铁丝上，用作箭尾羽。

160　给刀刃刷上银色。

161　给铠甲刷上颜色，使其看起来更加逼真。

162　在头发的尖部用喷枪喷渐变色。

163　头发前面夹缝的部分也喷一些阴影。

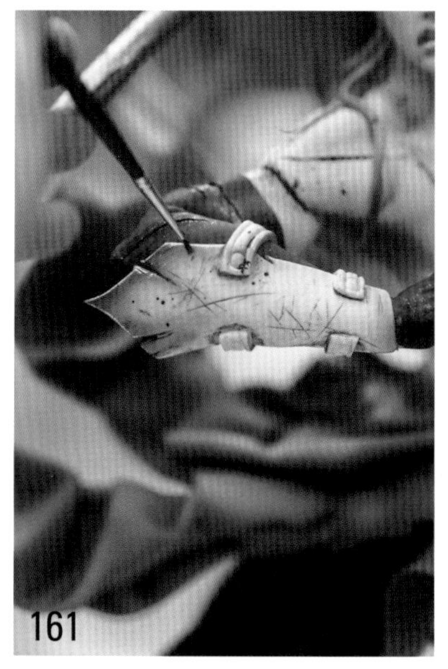

暴怒

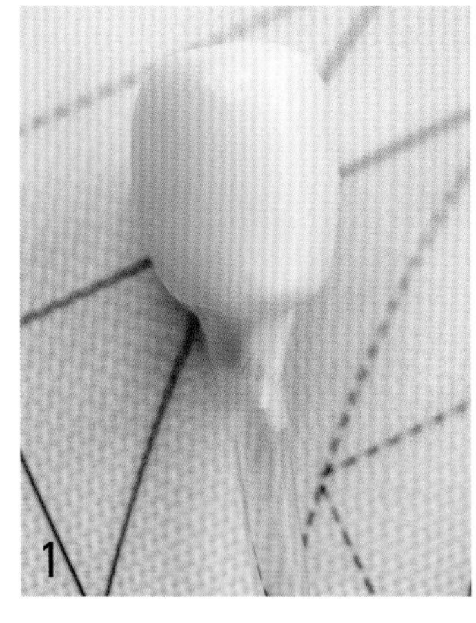

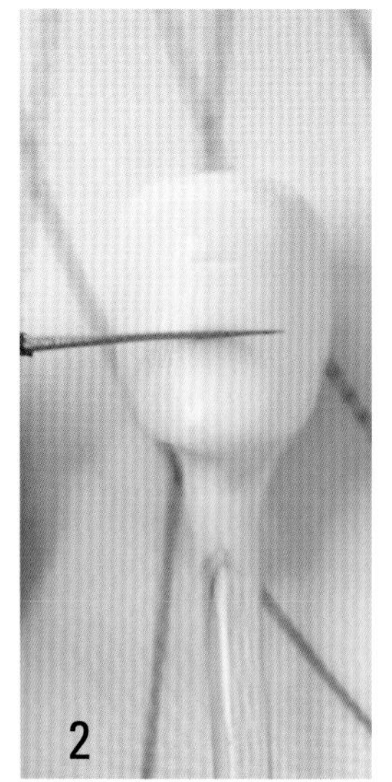

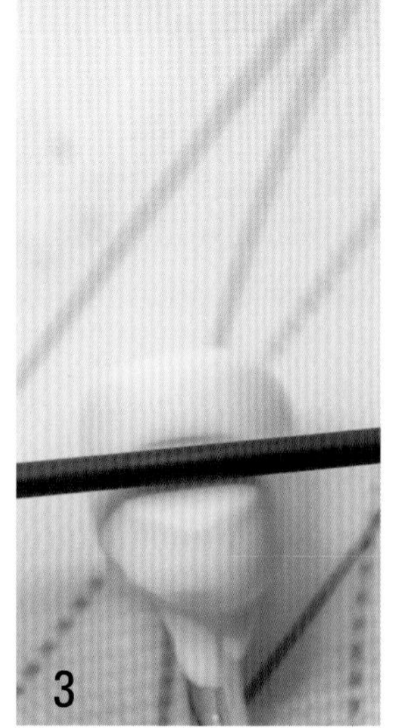

1　取一块肉色翻糖反复折叠至表面光滑后捏出头型，固定在针型棒上。

2　金属开眼刀分出三庭。

3　在中庭的位置压出眉骨的深度。

4　大号主刀定出鼻梁的宽度。

5　大号主刀在眉骨的地方向下压出皱眉的感觉。

6　大号主刀沿着眉骨向两侧加深眉骨的大形。

7　中号主刀向上定出鼻子的长度。

8　大拇指把脸颊两侧收窄一些，使其更立体。

9　开眼刀的弧面向下压出眼眶的深度。

10　小球刀定出眼睛的宽度。

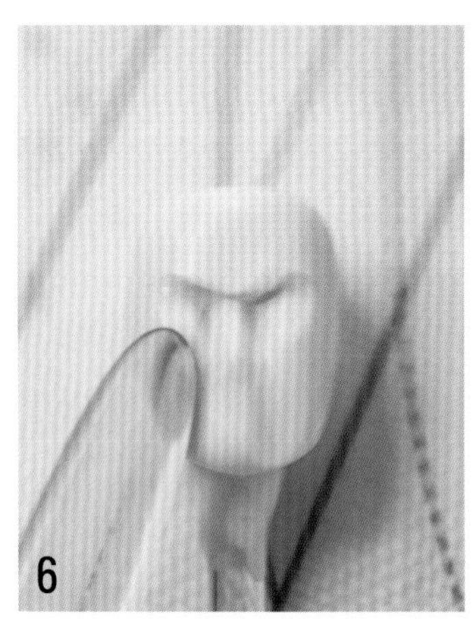

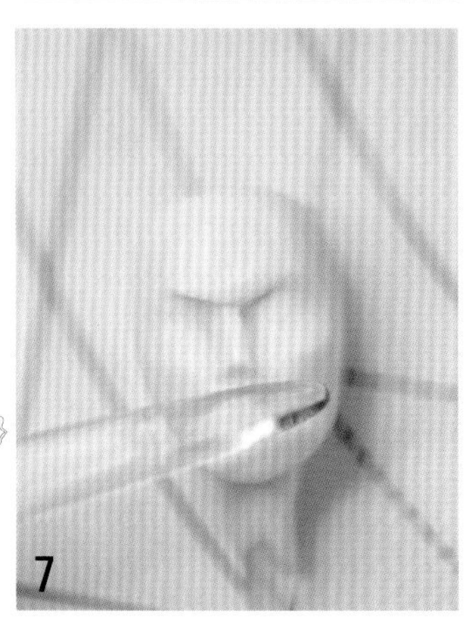

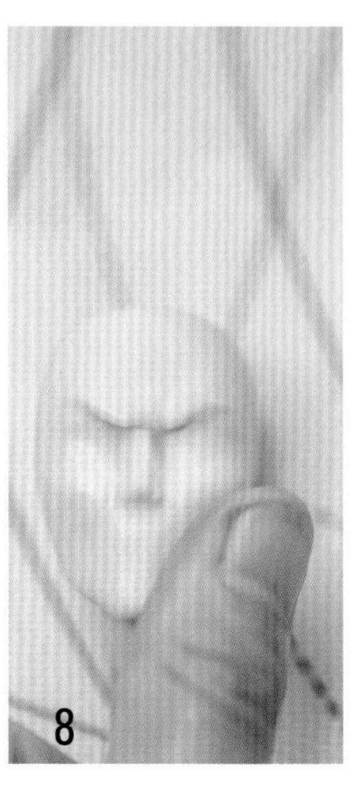

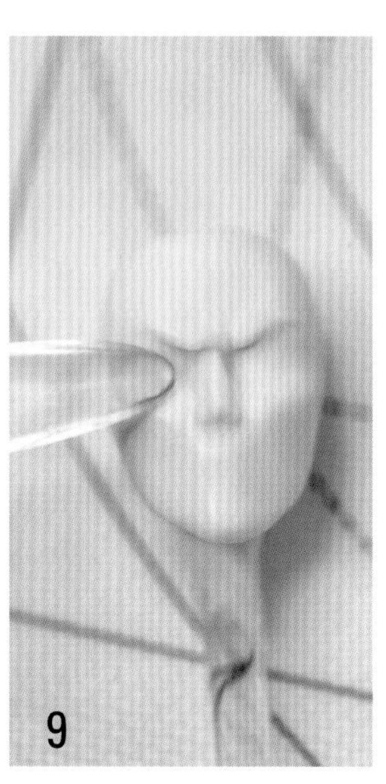

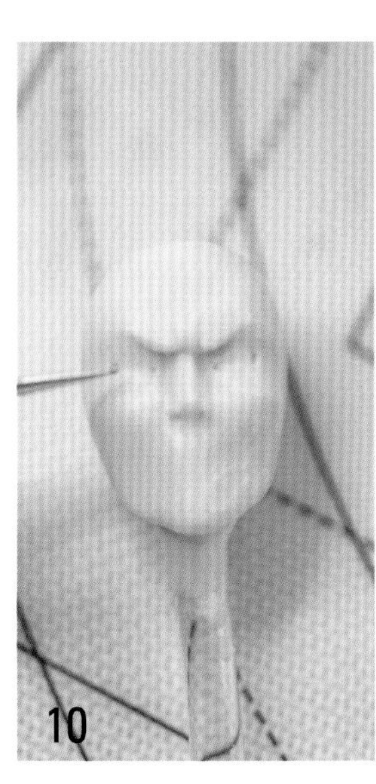

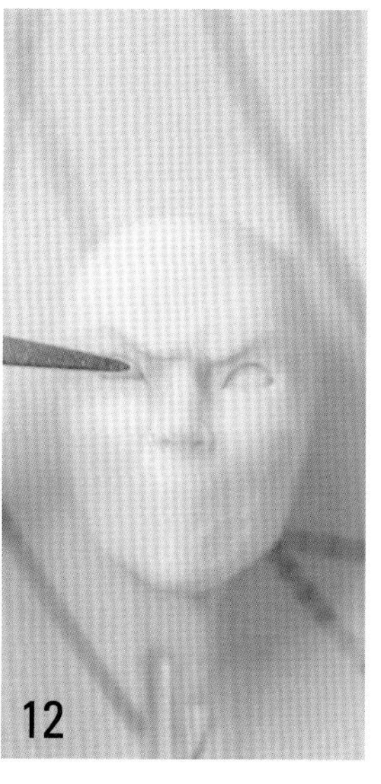

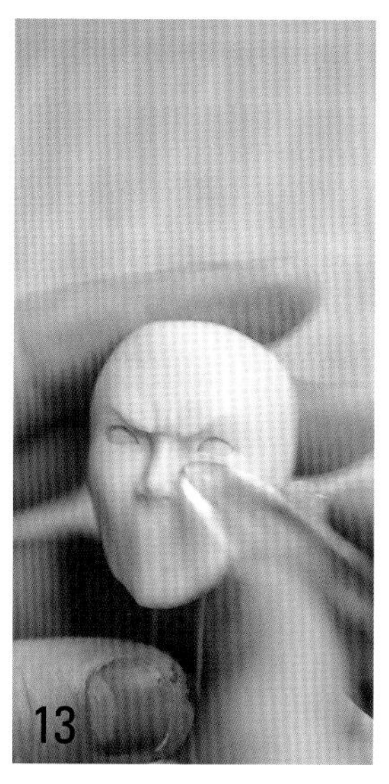

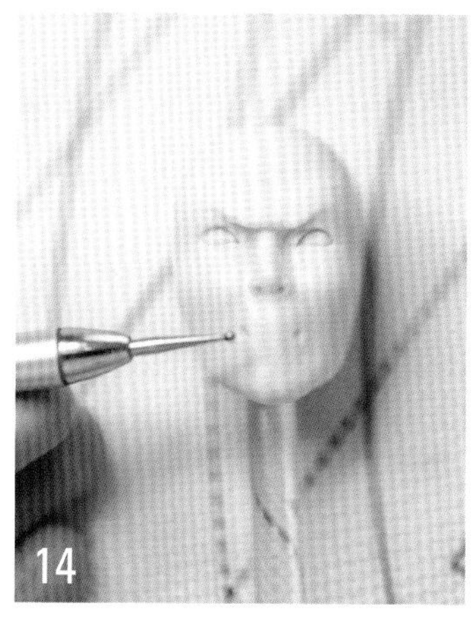

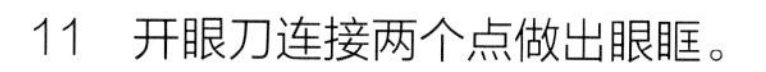

11 开眼刀连接两个点做出眼眶。

12 金属开眼刀把眼眶内的翻糖压低一些。

13 开眼刀的平面朝上推出下眼皮。

14 小球刀定出嘴巴的位置与大小。

15 开眼刀做出嘴巴的大形。

16 大球刀压出嘴巴的深度。

17 大号主刀推出上嘴唇。

18 然后在下巴上方推出下嘴唇。

19 眼眶内填入白色翻糖当眼白。

20 在眼白上贴上眼珠。

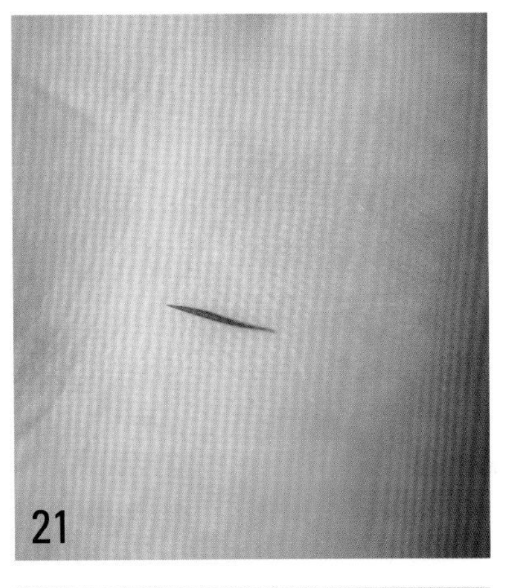

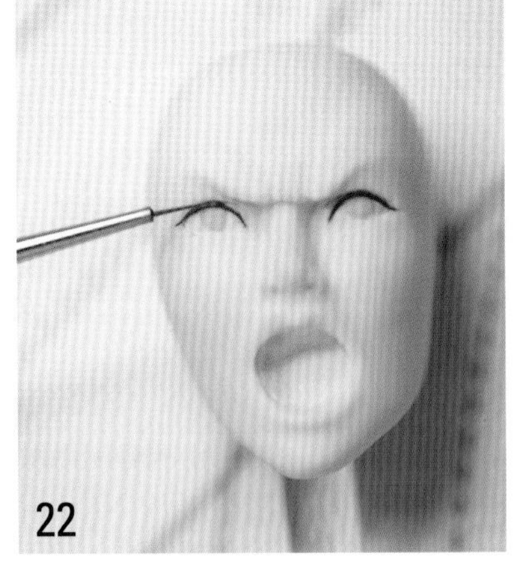

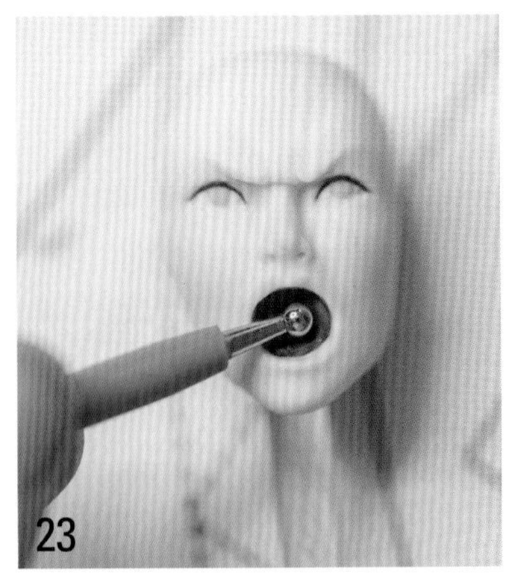

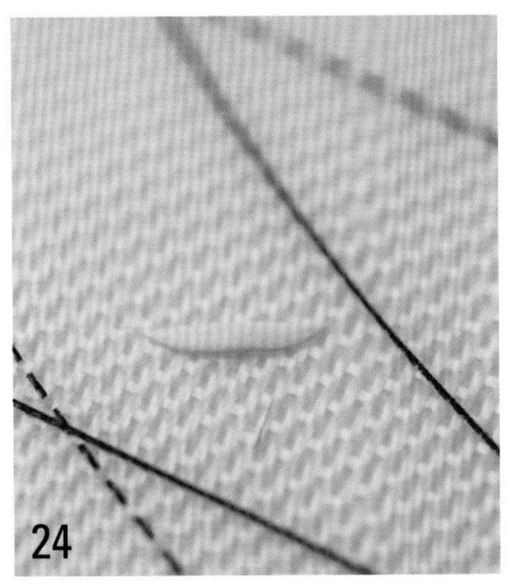

21 制作眼线。黑色翻糖搓出两根细条。

22 粘贴在眼眶与眼白中间的夹缝上。

23 嘴巴里填入深色翻糖。

24 制作牙齿。取一块白色翻糖搓成如图所示形状后拍扁。

25 然后压出牙齿的形状。

26 安装下牙。

27 同样的方法安装好上牙。

28 制作下腭。搓一条暗红色的水滴状翻糖。

29 拍扁。

30 金属开眼刀在中间的位置轻压一下。

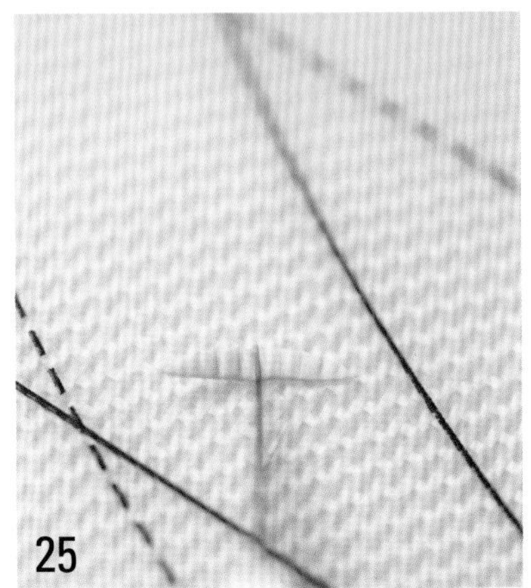

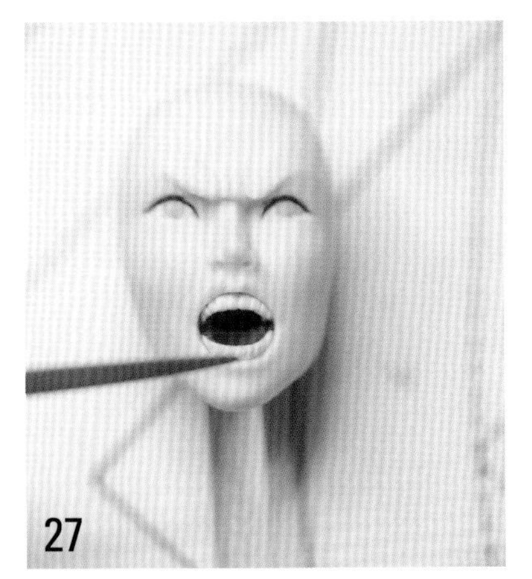

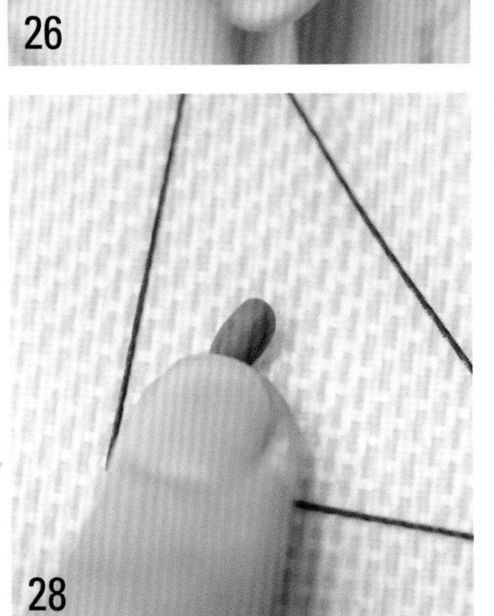

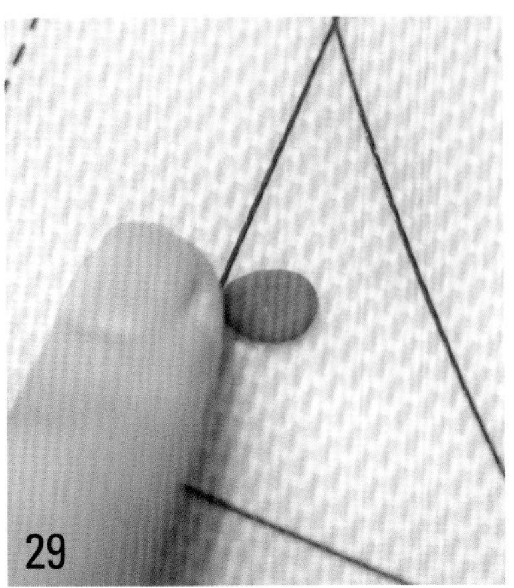

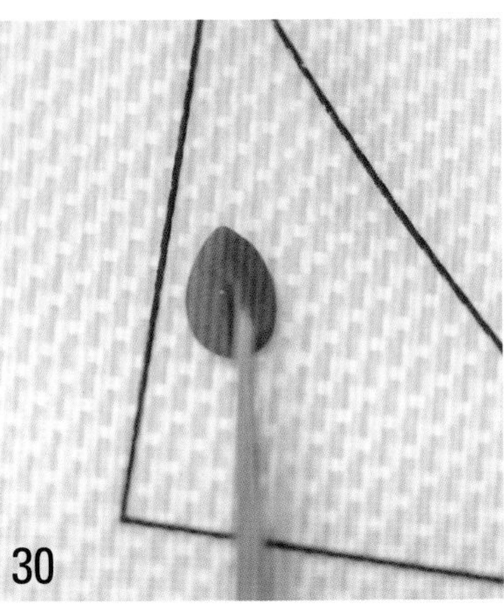

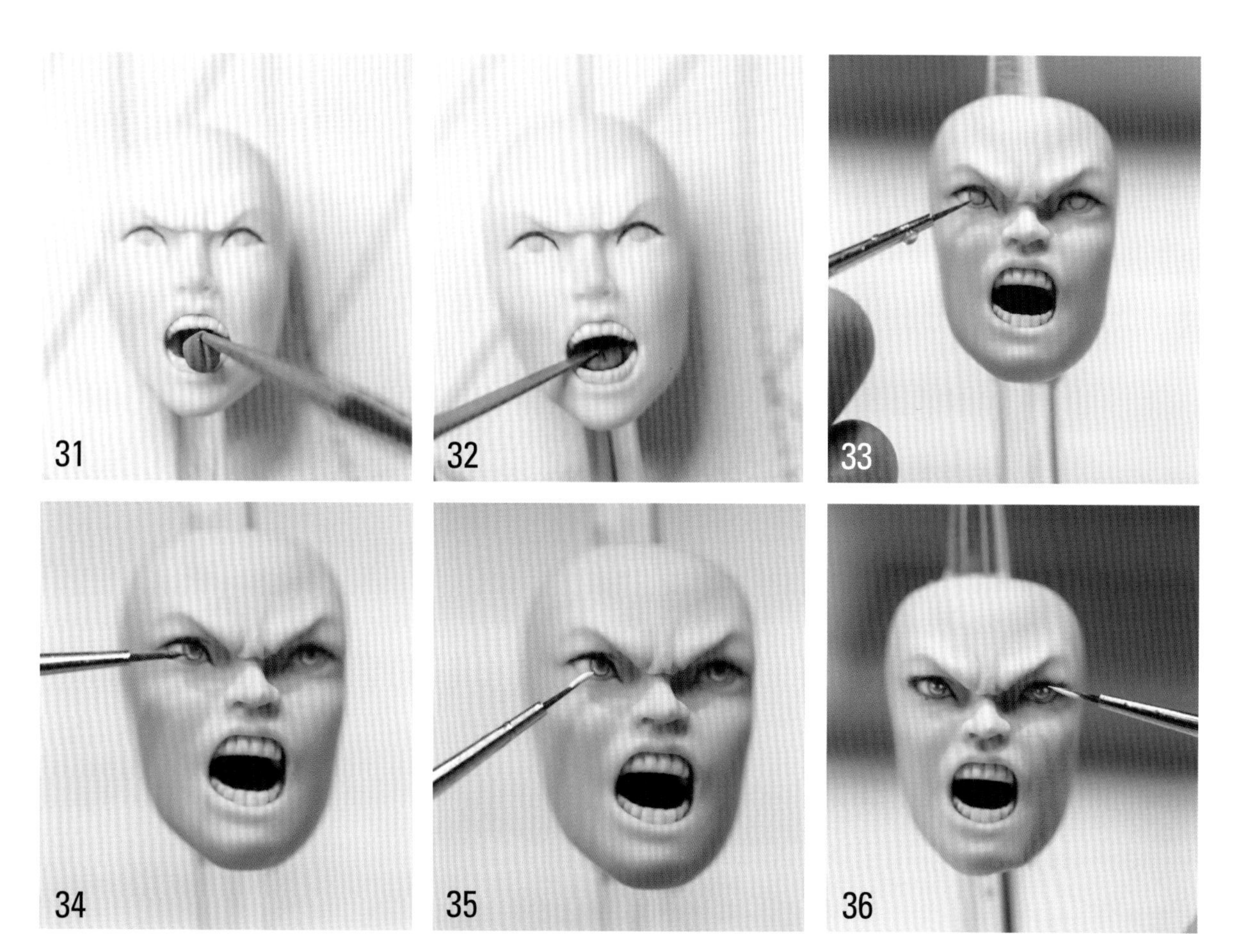

31 在口腔内粘好下腭。

32 粘好的下腭展示。

33 5个0勾线笔画出眼球的轮廓线。

34 继续用勾线笔沾少许暗蓝色色素画出瞳孔。

35 5个0勾线笔画出眼睛玻璃体高光。

36 同样的方法勾画另一只眼睛。

37 5个0勾线笔勾画出眼角的睫毛（男性睫毛不宜过长）。

38 继续勾画出左眼的睫毛。

39 3个0勾线笔沾少量奶咖色色粉，在眉骨部分均匀地扫色，做出眉毛大形。

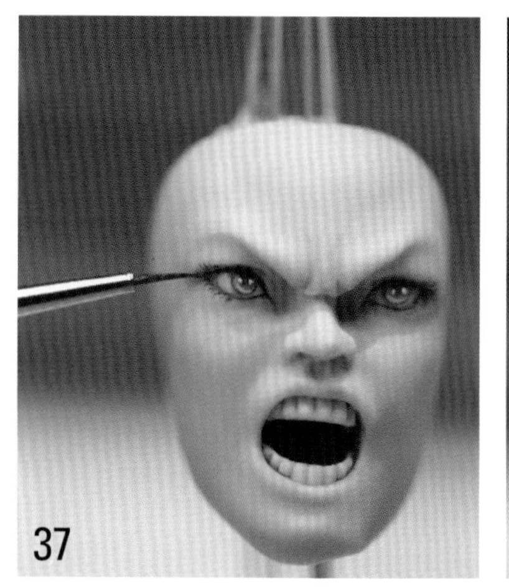

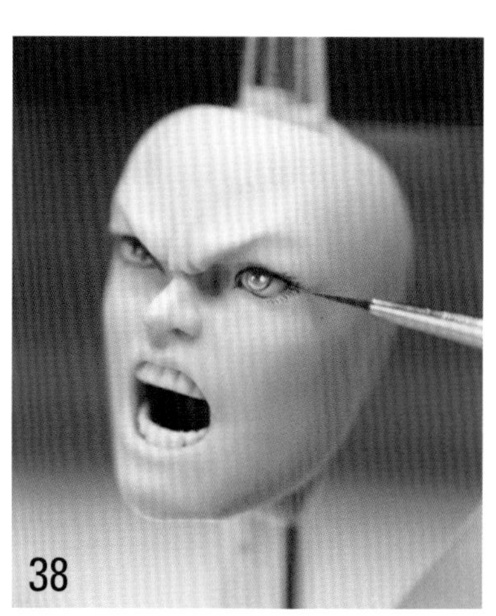

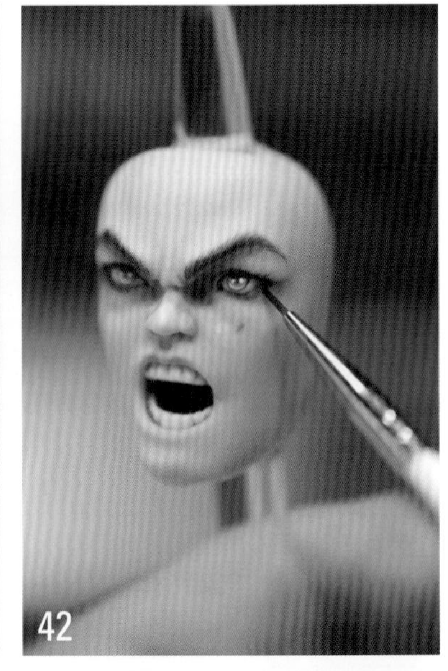

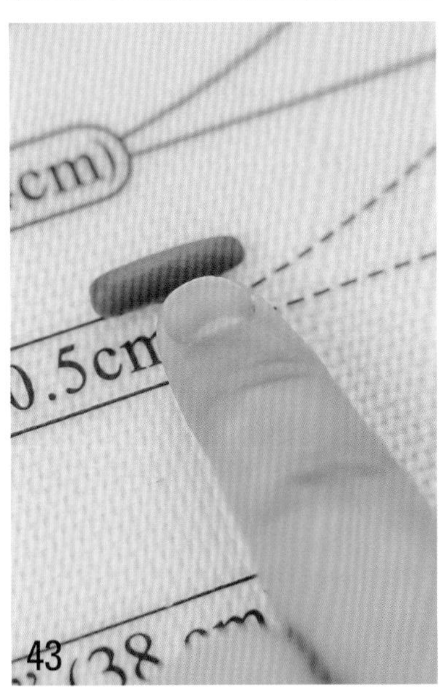

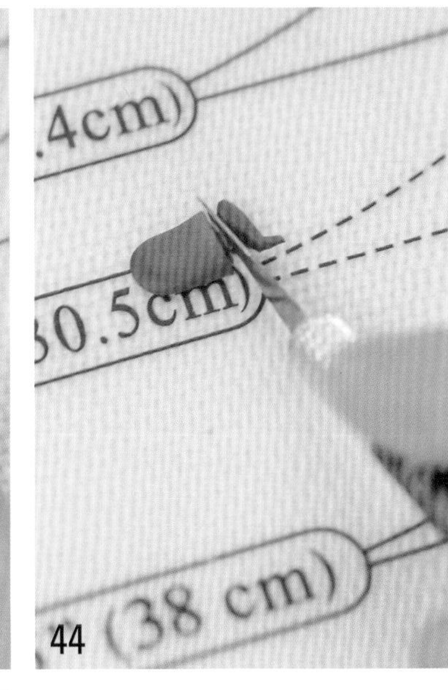

40　5 个 0 勾线笔画出眉毛（眉毛色素不宜用黑色，用黑色和咖啡色调兑后色感会更好）。

41　画出另外一只眉毛（控制好眉毛的疏密度和长短）。

42　色粉笔带少量黑色兑咖啡色色粉轻扫下眼睑做出眼部阴影。

43　制作舌头。取暗红色翻糖搓成条。

44　拍扁一端，切除多余的翻糖。

45　将做好的舌头打胶装在口腔内部。

46　化好妆的头像和支架组装好，调整外观造型。

47 取小块肉色翻糖搓柳叶形，打胶后填塞在头下部空缺部分，将头像和支架完全固定。

48 制作人物背面。肉色翻糖搓成上粗下细的条。

49 手掌把翻糖拍扁一些。

50 把翻糖两侧收窄一点。

51 将做好的翻糖打胶后伏贴地包裹在支架上（注意预留出比支架大的部分）。

52 将翻糖四周多出来的部分按压包裹在支架上（注意控制肩宽、腰宽）。

53 把后背部分均匀打上白油抹平。

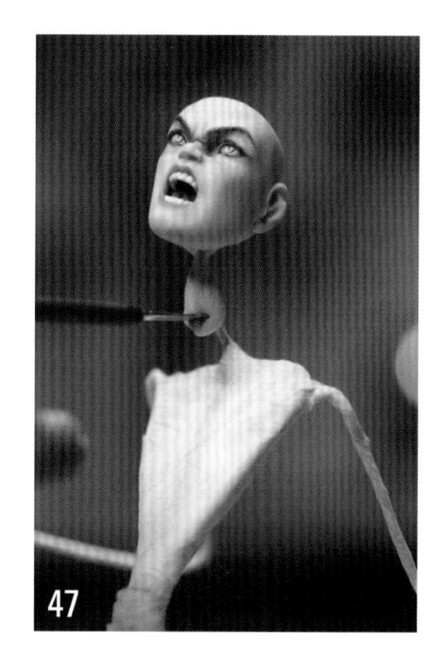
47

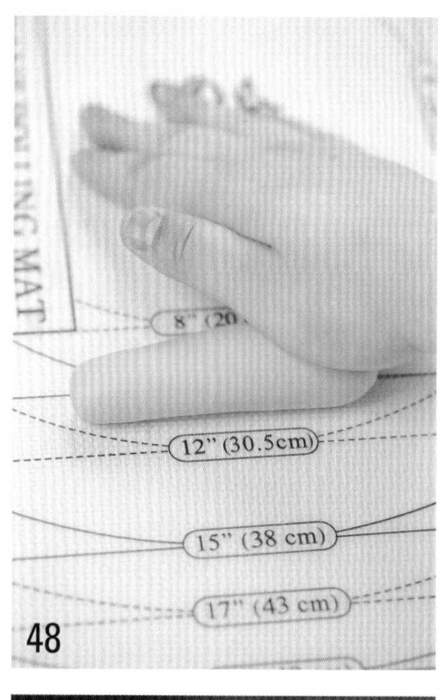

48

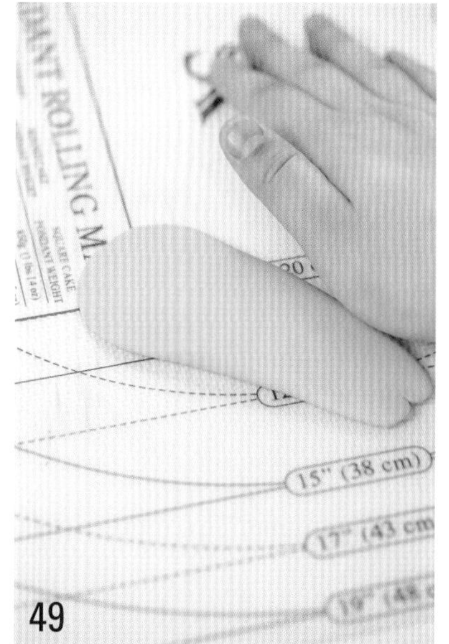

49

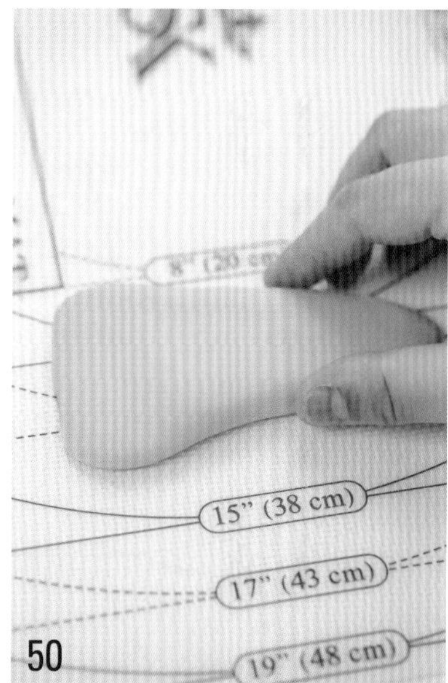

50

51

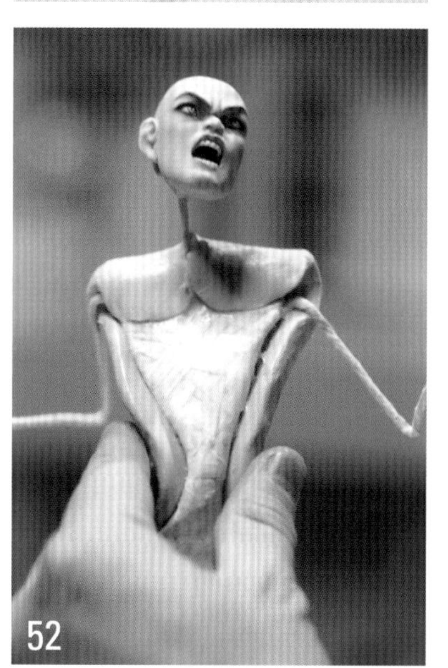
52

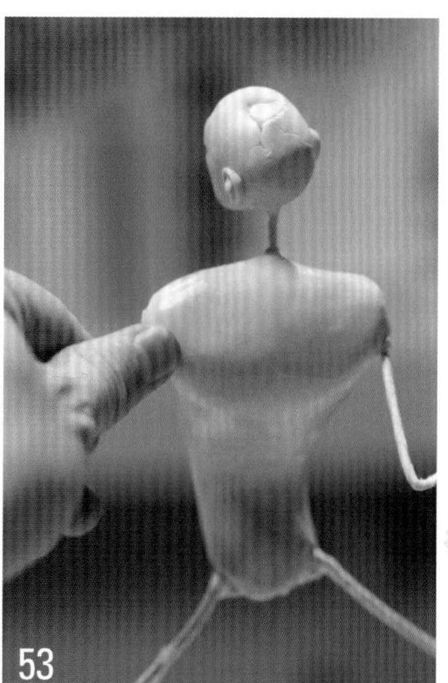
53

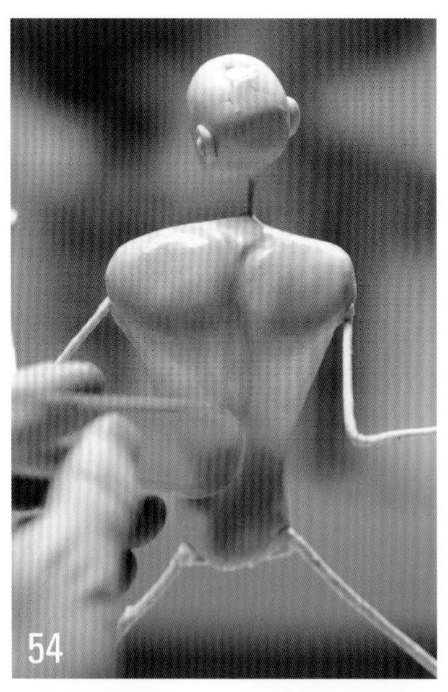

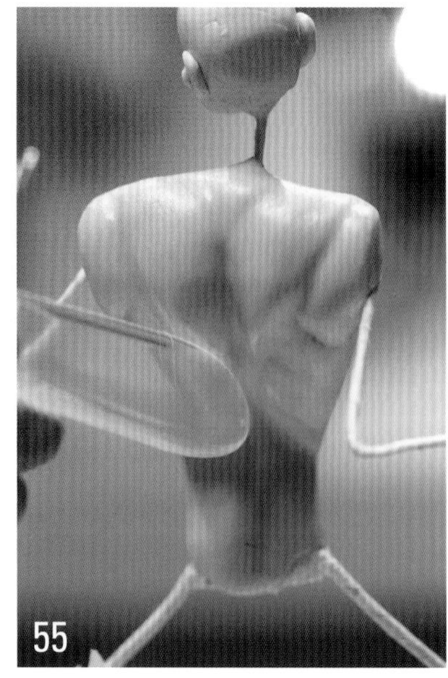

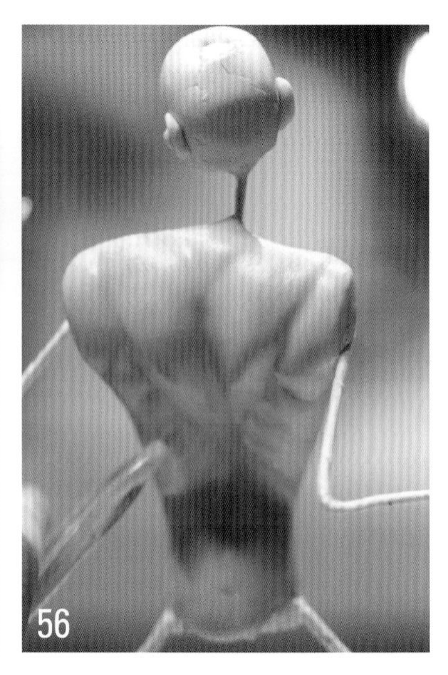

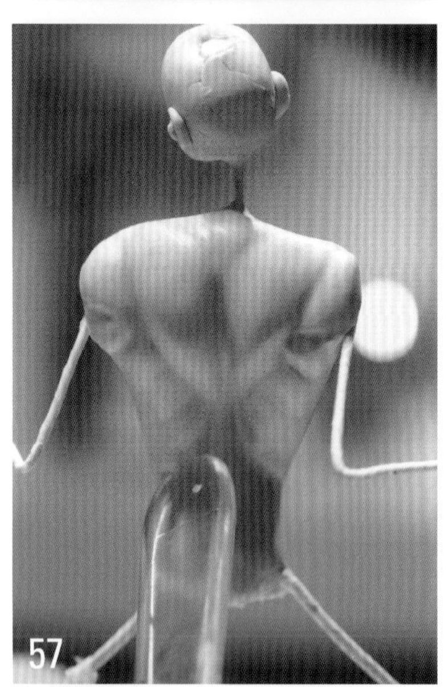

54　大号主刀点压出脊柱部分，将背部平分为两半。

55　大号主刀继续点压出背部肌肉（可借鉴硅胶素体或人体解剖学）。

56　继续加深肌肉轮廓。

57　修整肌肉线条，将每块肌肉棱角部分抹平，凸显出每一块肌肉的形状。

58　将斜方肌位置下压，让肌肉和支架连接更牢固。

59　制作人物正面。取肉色翻糖搓成上粗下细的条。

60　把整体翻糖拍扁，但要预留胸部位置的厚度。

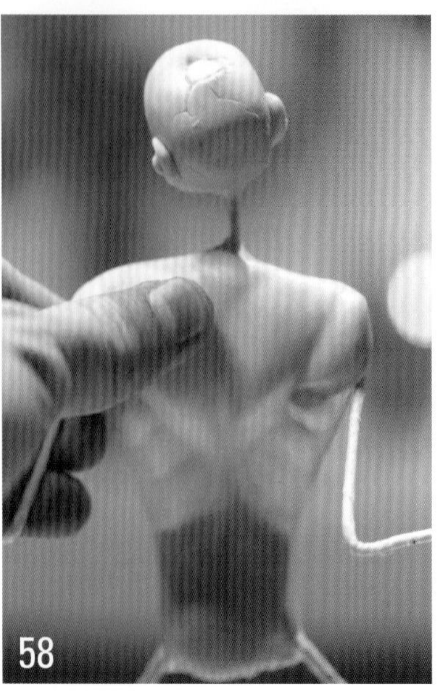

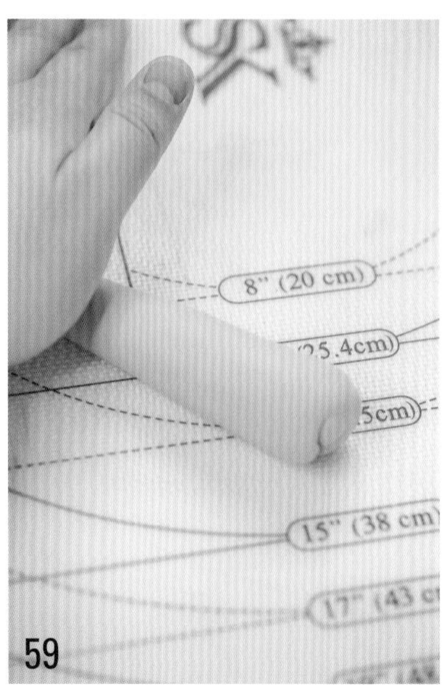

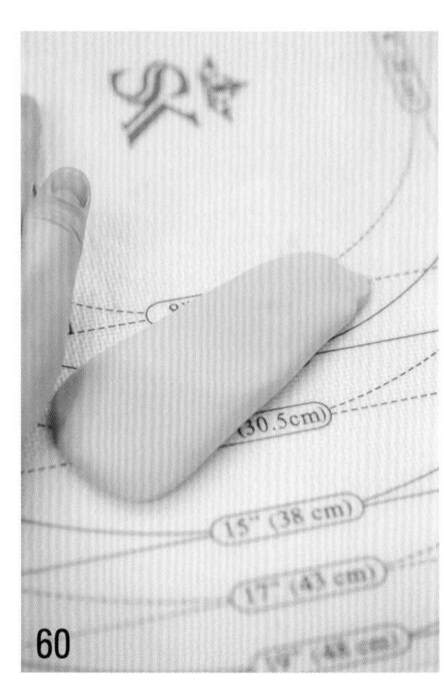

61　把两侧收窄一些。

62　做好的翻糖大形打胶后粘在支架上。

63　大号主刀在胸大肌正下方将腹部肌肉下压突出腹肌。

64　大号主刀从胸肌下方点压出腹直肌和前锯肌的分界线。

65　大号主刀点压出腹横肌（注意肌肉大小分配及呈现的形状）。用大号主刀的小头点压做出前锯肌。

66　同样的方法做出身体另一侧的肌肉结构。

67　将前锯肌之间过渡连接好。

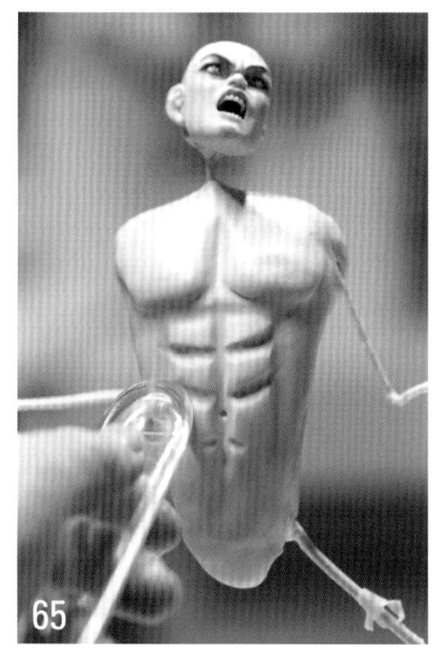

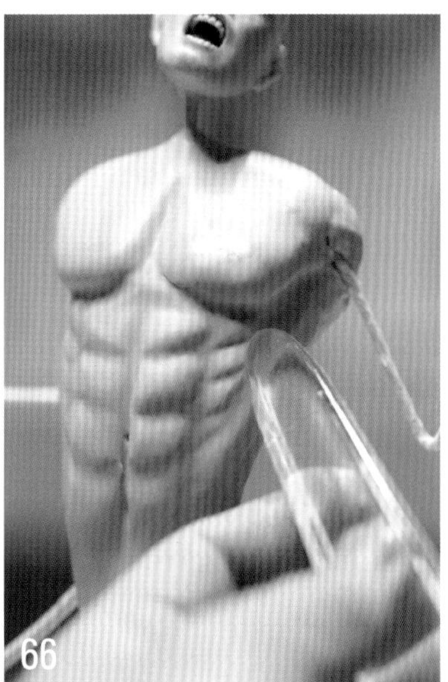

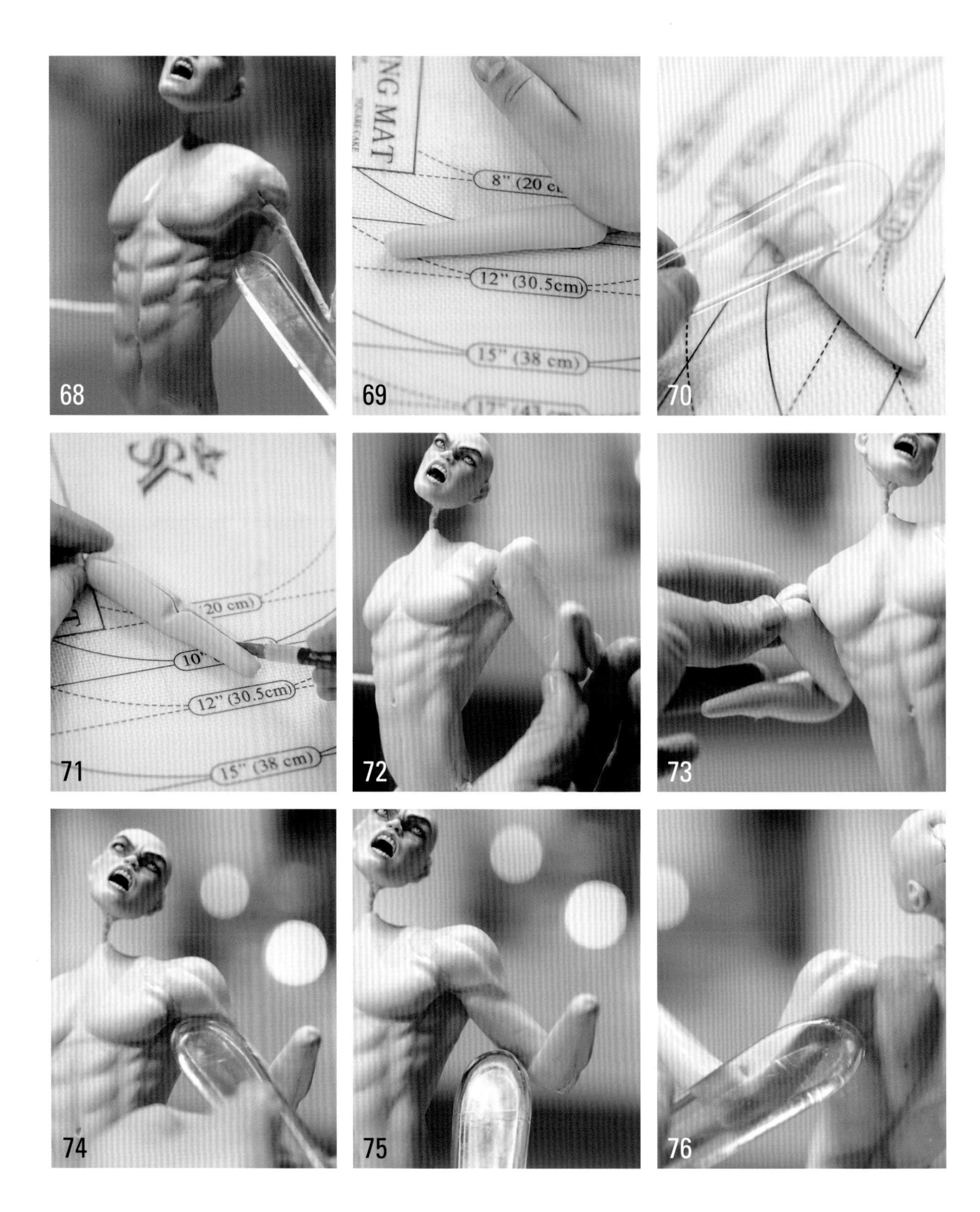

68 中号主刀把肌肉修圆滑一些。

69 制作胳膊。肉色翻糖搓成上粗下细的条。

70 大号主刀在翻糖 1/2 处点压滚动，做出手臂内侧凹陷部分。

71 美工刀把翻糖纵向剖开。

72 把做好的手臂打胶后组装到身体支架上。

73 再制作出另一条手臂并组装好。

74 将接口抹平，大号主刀将身体和手臂的连接处过渡自然，并做出肩头肌肉结构。

75 大号主刀做出肱二头肌。

76 大号主刀点压肩头后侧，将肩头肌肉制作出来。

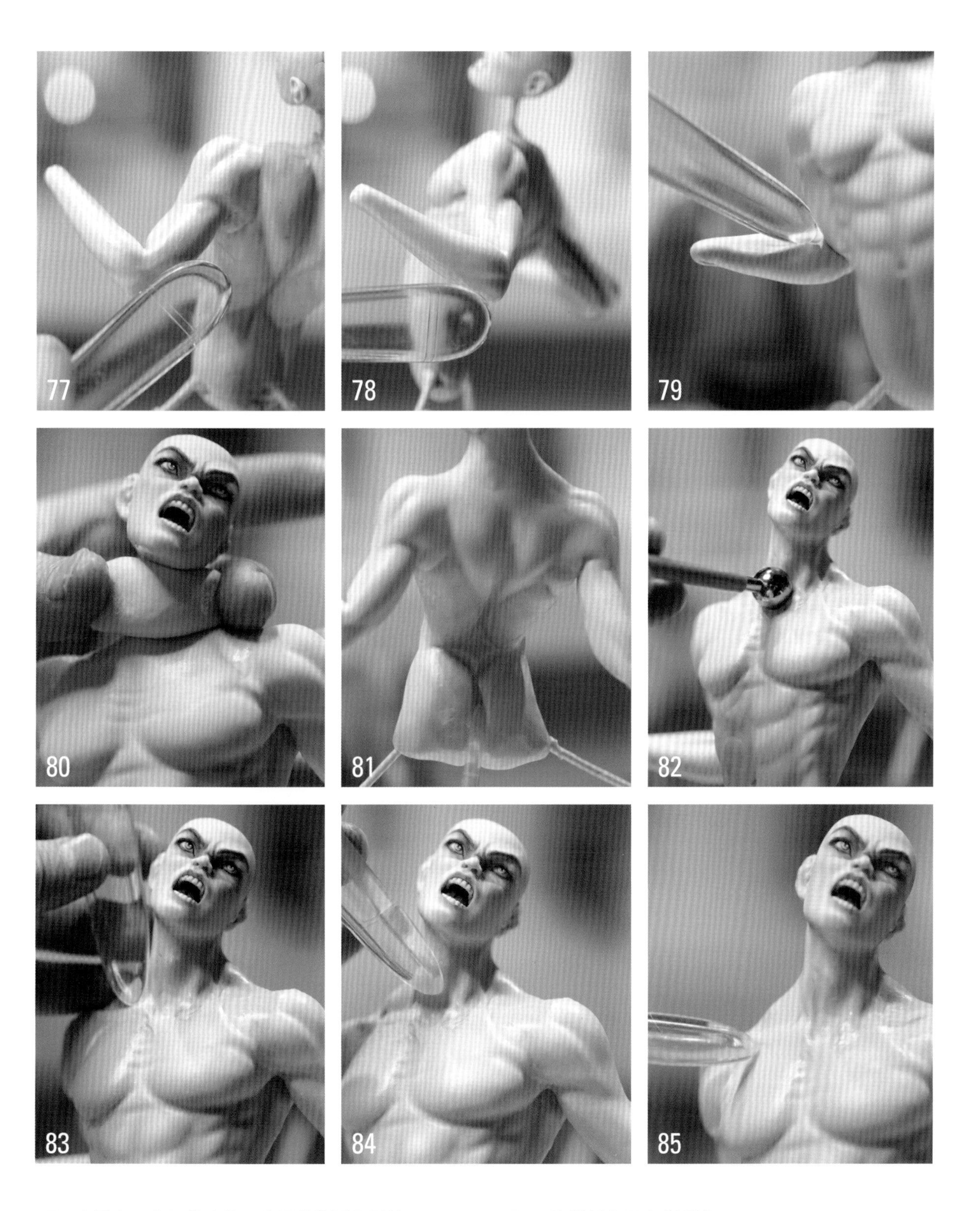

77 大号主刀点压做出肱三头肌的位置和形状。

78 用中号主刀塑出手肘。

79 大号主刀塑出手臂肱桡肌。

80 制作脖子。取肤色翻糖搓条按压，安装好并抹平接口。

81 将臀部点压出分界线。

82 大球刀点压出锁骨上窝。

83 大号主刀斜方向点压做出脖颈和斜方肌。

84 加深脖颈凹陷，突出颈部的立体感。

85 大号主刀顶推出锁骨，增强锁骨的立体感。

86

87

88

86　远距离观察一下作品全貌，方便调整细节。

87　制作鞋子。取巧克力色翻糖搓成水滴形。

88　将水滴形翻糖粘在做好的鞋底上。

89　针型棒点压滚动鞋子正中间将鞋头突显出来。

90　取一小块咖啡色翻糖拍扁。

91　粘在鞋子正上方并抹平接口，做出鞋舌。

92　将做好的鞋子用身体支架从上往下穿过。

93　制作腿。取天蓝色翻糖搓成上粗下细的长条。

94　从翻糖正中间剖出口子并将口子扩宽。

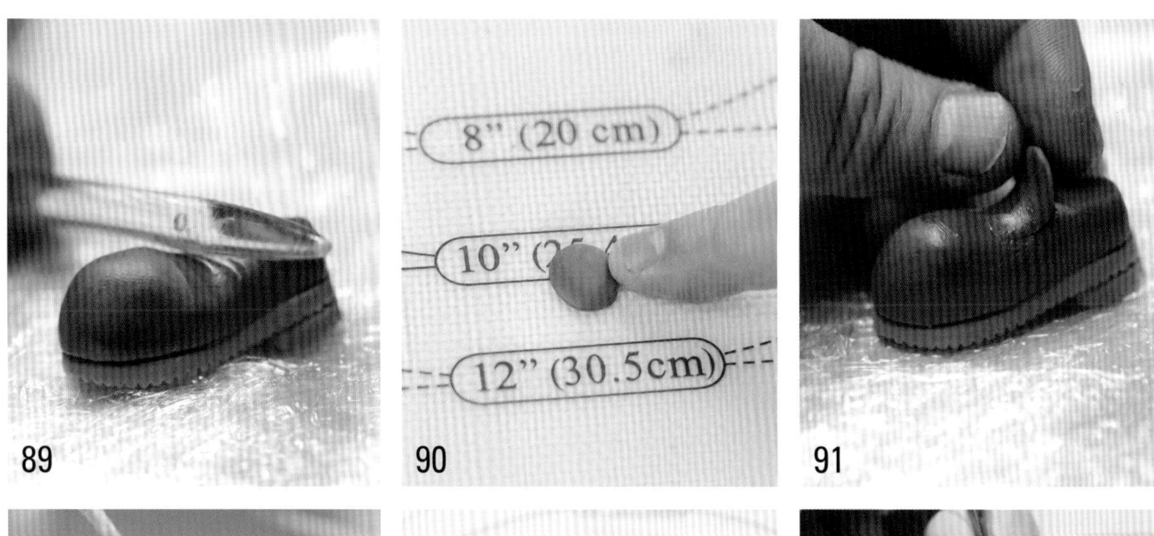

89　90　91

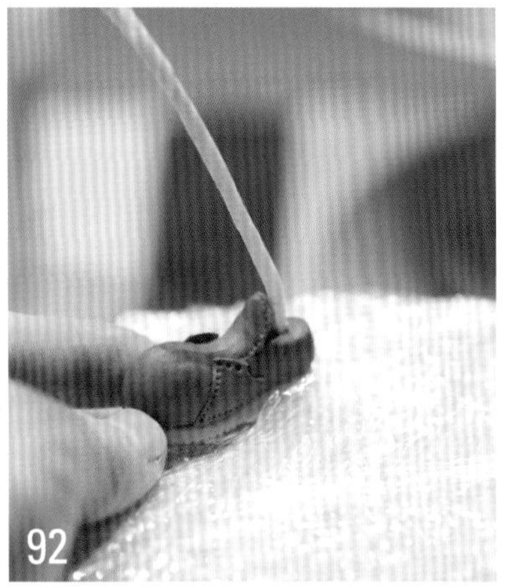

92

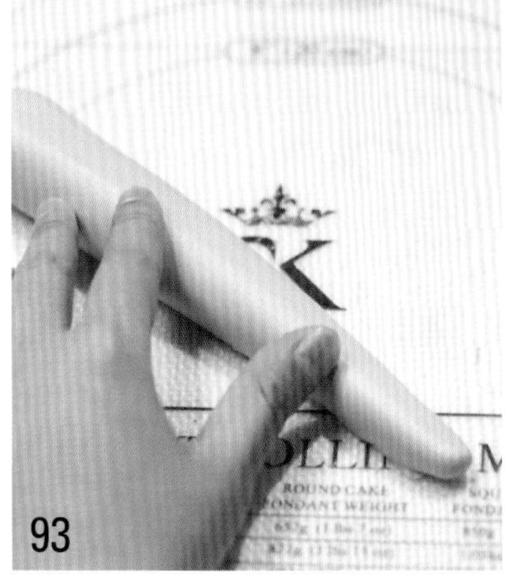

93

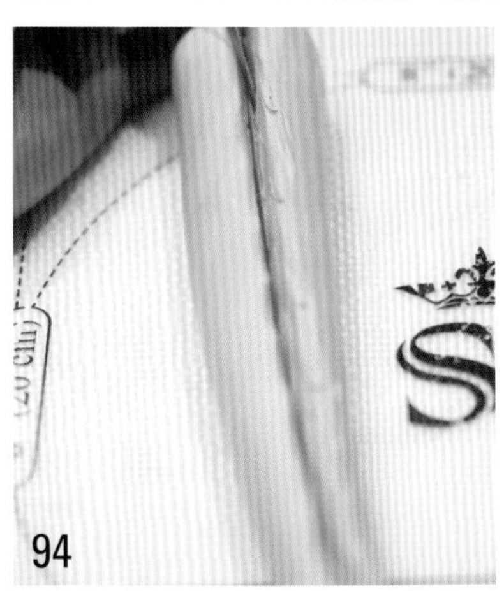

94

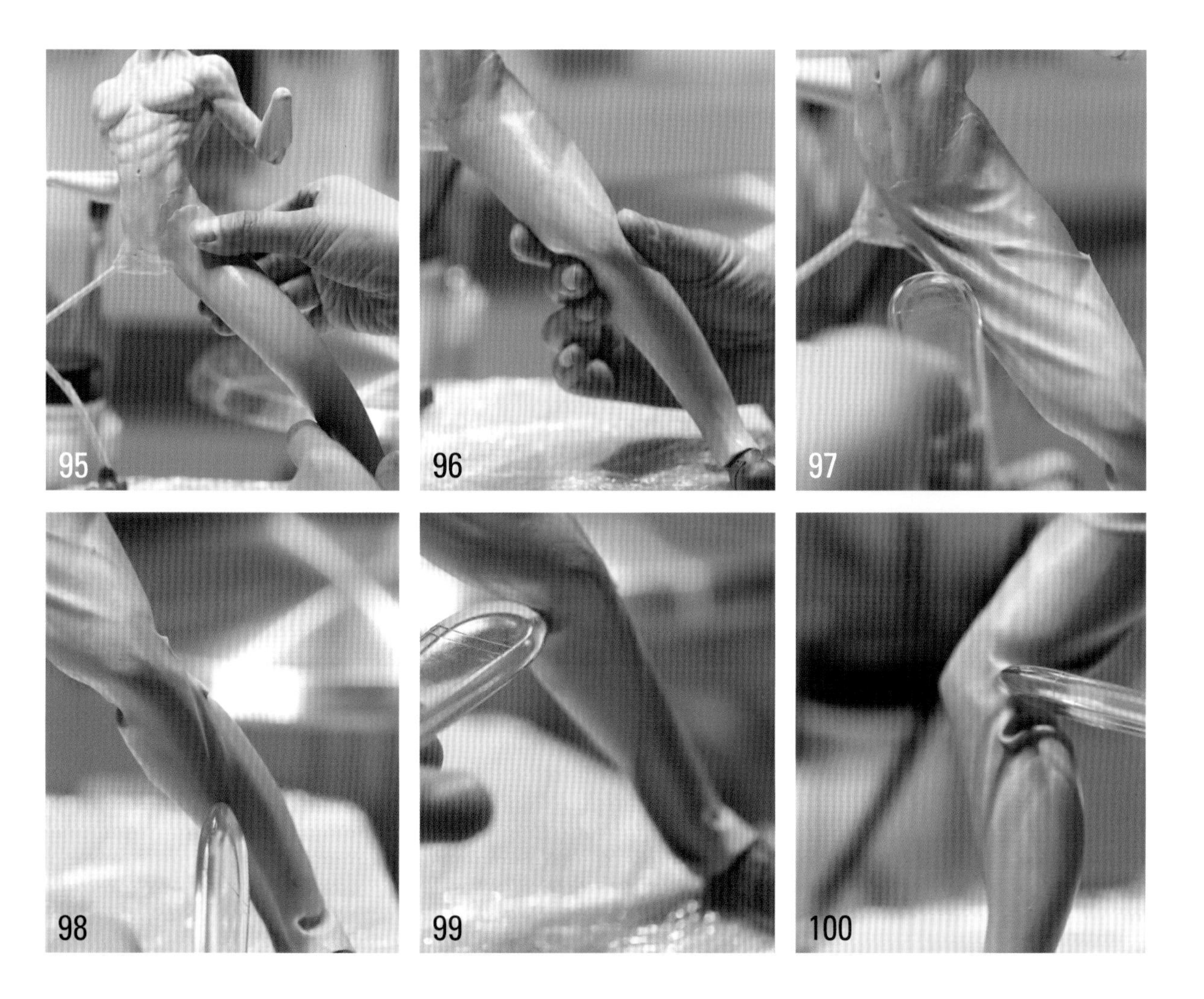

95 把做好的腿部打胶后组装到铁丝支架上。

96 用手将接口捏合并做出小腿部分的大形。

97 中号主刀从裆部往下点压出裤腿褶皱（注意褶皱起点必须全部统一）。

98 中号主刀继续做出小腿部分裤腿褶皱。

99 过渡出大小腿间的裤褶。

100 大号主刀做出膝盖后侧的裤褶。

101 将小腿部分褶皱过渡出来（注意保留小腿肌肉凸起部分）。

102 同样的方法做出另外一条腿并打胶。

103 将腿粘上并准备塑型。

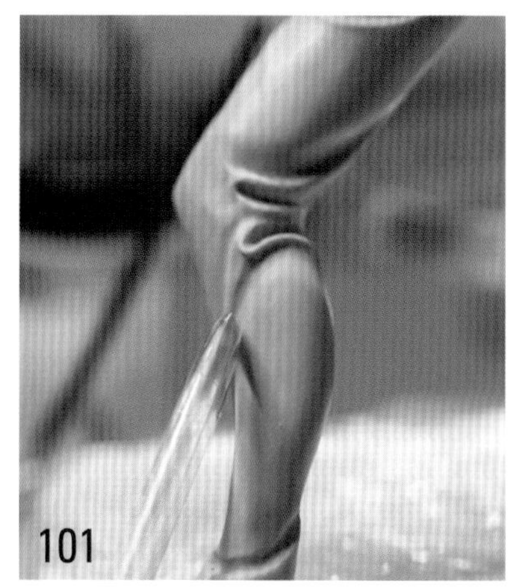

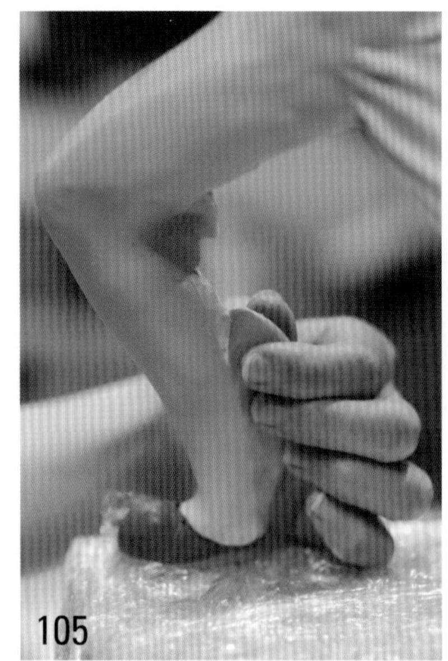

104　手指捏出小腿结构。

105　捏出小腿侧边大形并将多余的翻糖收到小腿后方。

106　将多余的翻糖去除。

107　中号主刀点压出裤腿自然下垂的边角。

108　同样的角度点压出其余裤腿褶皱（注意褶皱起点都是从裆部开始的）。

109　处理膝盖下方部位裤腿的褶皱。

110　做出裤腿因动作挤压出的形态结构。

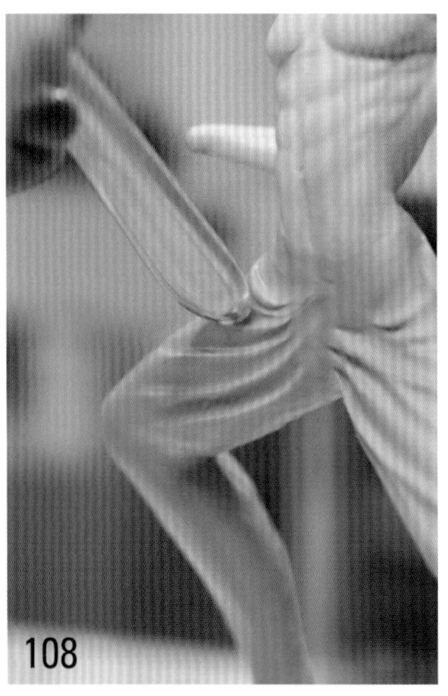

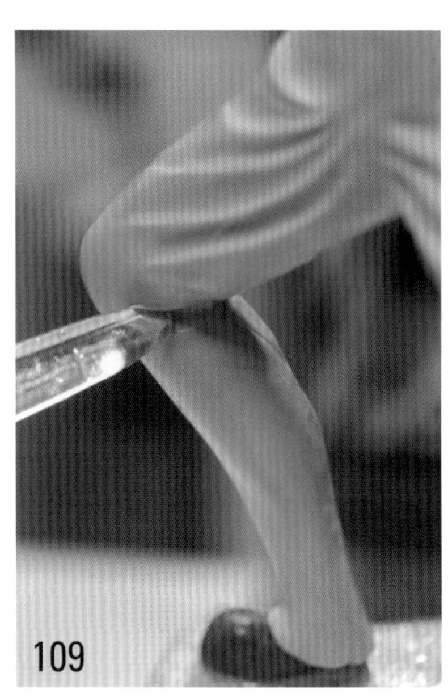

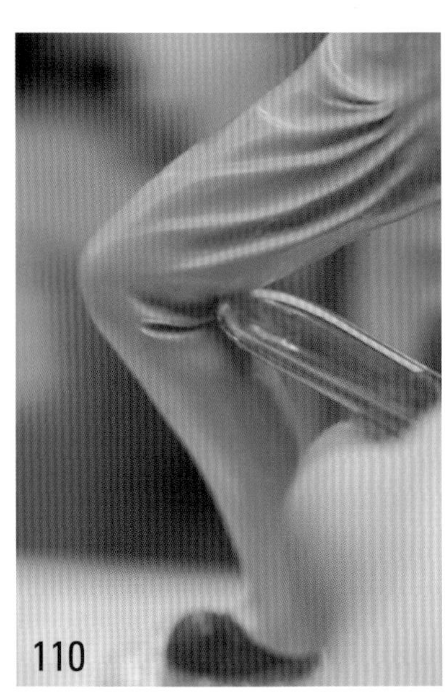

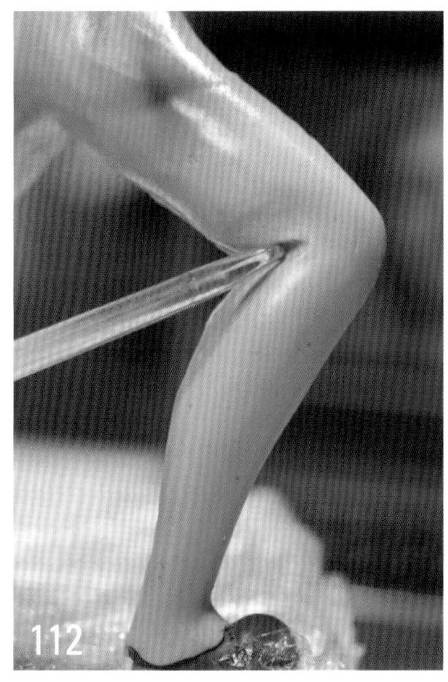

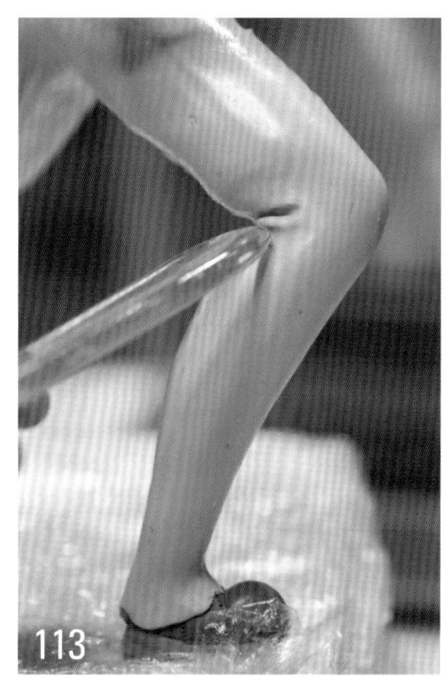

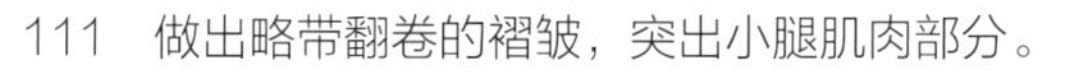

111　做出略带翻卷的褶皱，突出小腿肌肉部分。

112　处理出过渡的褶皱。

113　中号主刀用同样的方法顶推挤压做出裤腿褶皱。

114　从小腿向下延伸出褶皱。

115　注意控制褶皱的起点。

116　将褶皱从小腿后侧围绕小腿往下旋转延伸。

117　鞋子和裤脚交界部分做出裤腿翻卷堆叠的褶皱，覆盖在鞋子上方并遮挡住接口。

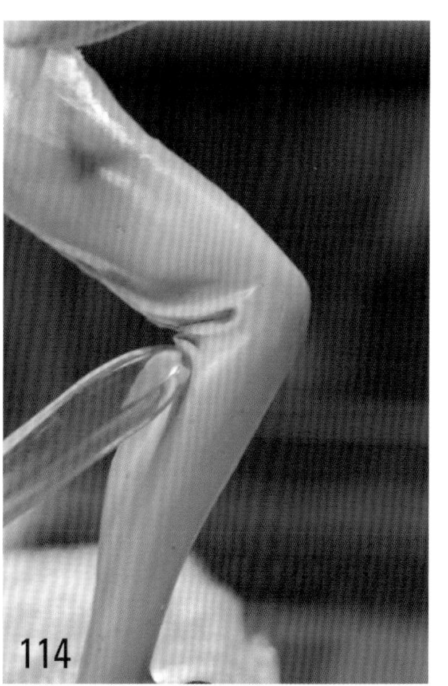

118

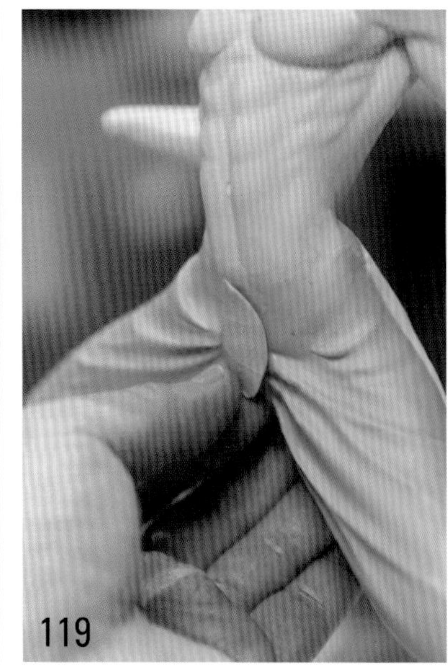
119

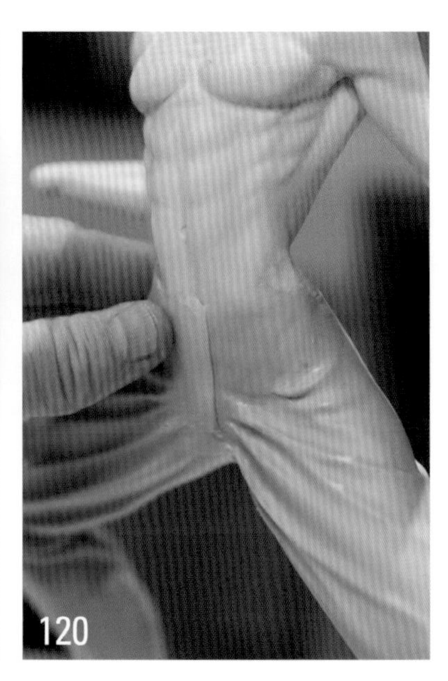
120

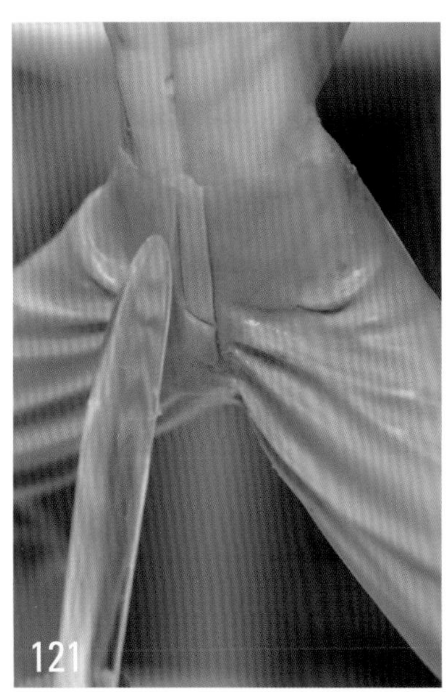
121

118 塑造另外一条腿的褶皱（注意两边裤腿褶皱不能一模一样，要自然）。

119 取小块翻糖裁半月形，做出裤门襟。

120 将裤门襟和裤子连接好，抹平接口。

121 开眼刀划出裤门襟的细节造型。

122 再取小片翻糖裁切，粘在大腿外侧制作裤子口袋。

123 将向外一侧口子留出，其余部分打胶，和裤子连接好抹平。

124 同样的方法做出另外一个裤子口袋。

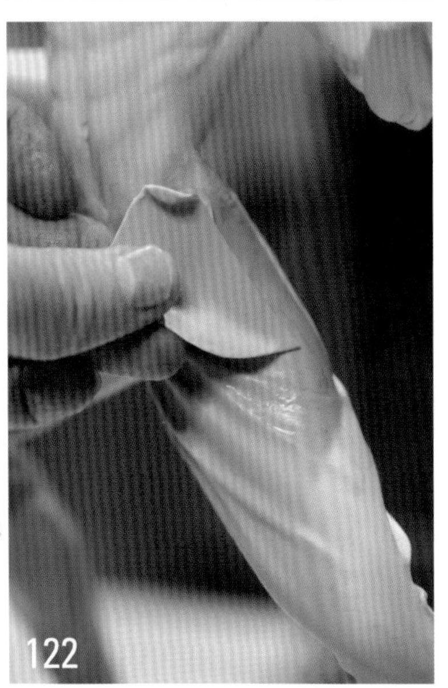
122

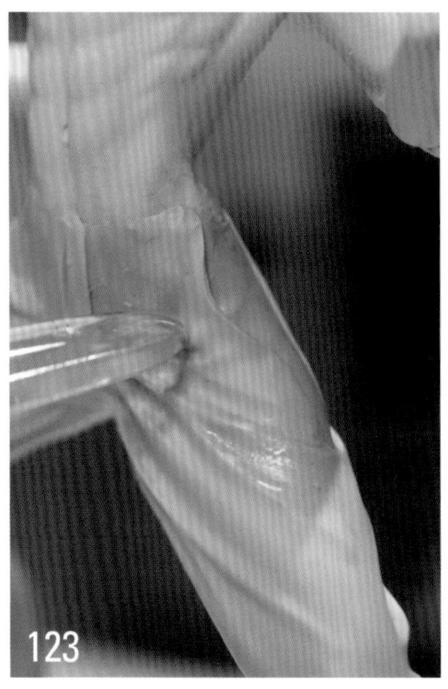
123

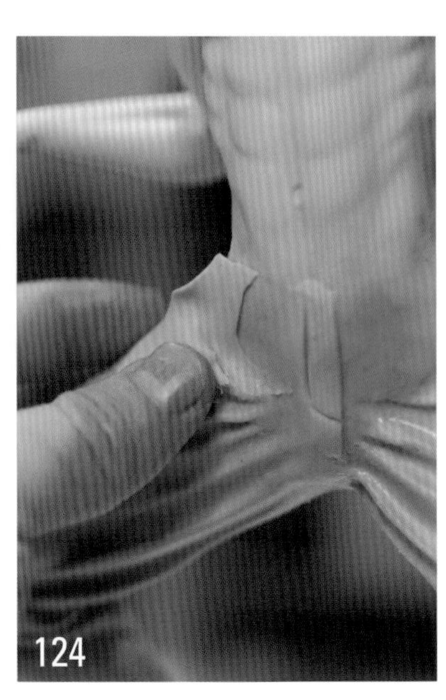
124

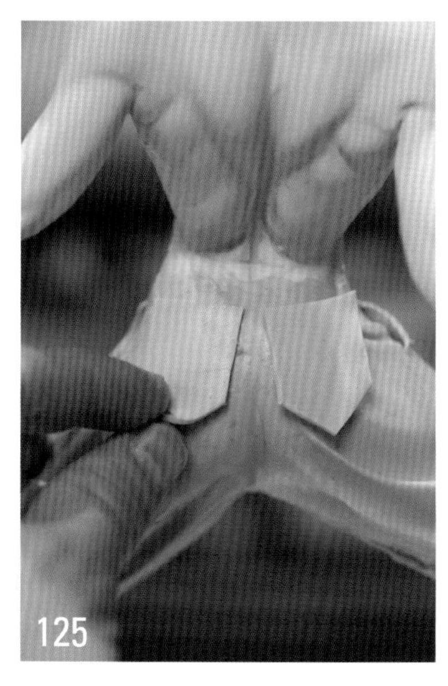

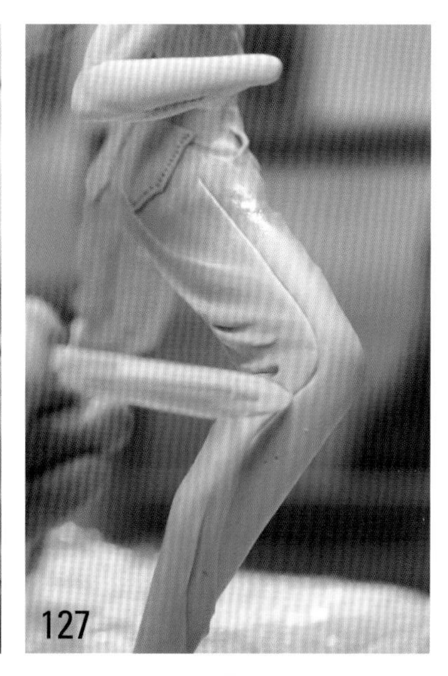

125　再做出裤子后面的口袋并粘好。

126　小球刀围绕口袋边缘点压一圈，做出针线连接的造型。

127　在大腿外侧划出裤腿中分线。

128　制作头发。取黄色翻糖搓成细条后拍得扁一些。

129　钢尺压出纹理。

130　把头发两侧向后收窄。

131　将头发尖端向上，底端打胶粘好（因为造型原因，所以时刻都要用手扶住）。

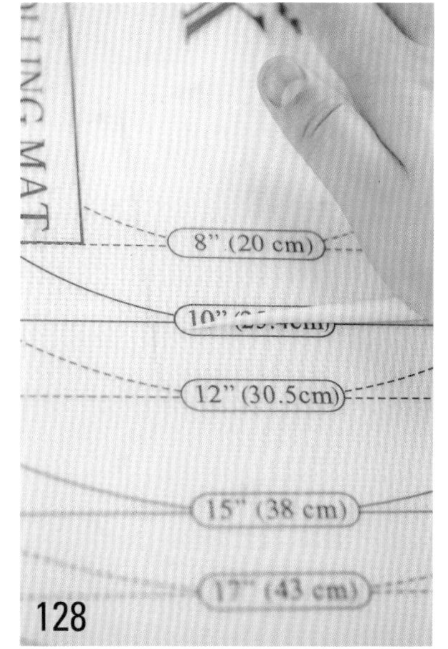

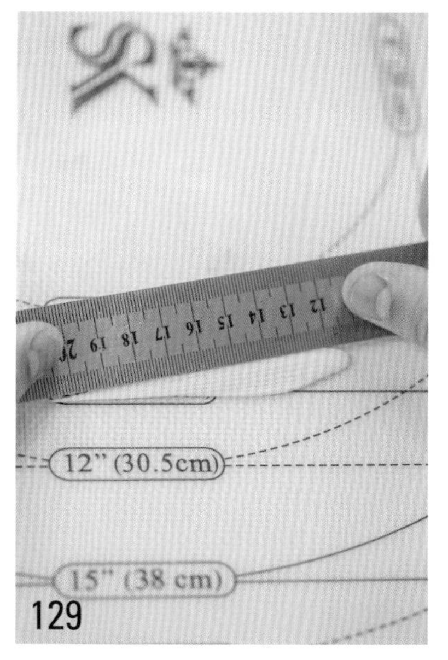

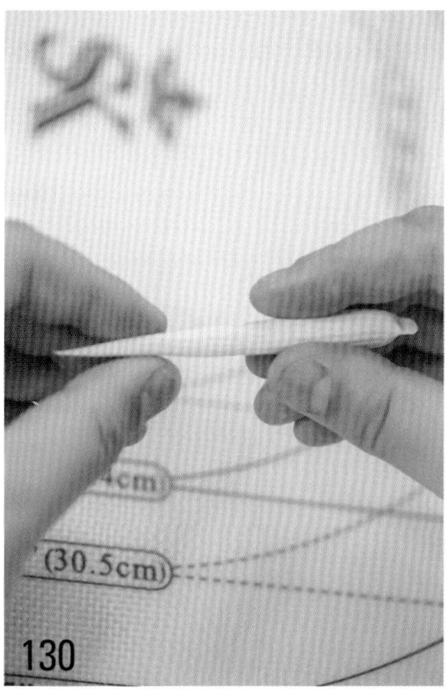

132　依次在头顶前半圈装出头发。

133　头发底端要大一点，方便粘牢。

134　从侧面观察头发造型，方便选择添加位置。

135　继续添加头部后侧的头发，注意层次高低。

136　取较短小的头发粘在头顶后侧。

137　头顶后侧头发一直延伸到脖子上端结束。

138　添加耳朵上方鬓角的头发。

139 额头点缀出少量反方向头发，这样更生动。

140 取一小块翻糖做出左边鬓角并粘好。

141 开眼刀塑出鬓角发丝。

142 取翻糖做出右鬓角。

143 调整额头反方向头发的角度。

144 制作手。取肉色翻糖搓成上粗下细的条。

145 然后把细端拍扁。

139

140

141

142

143

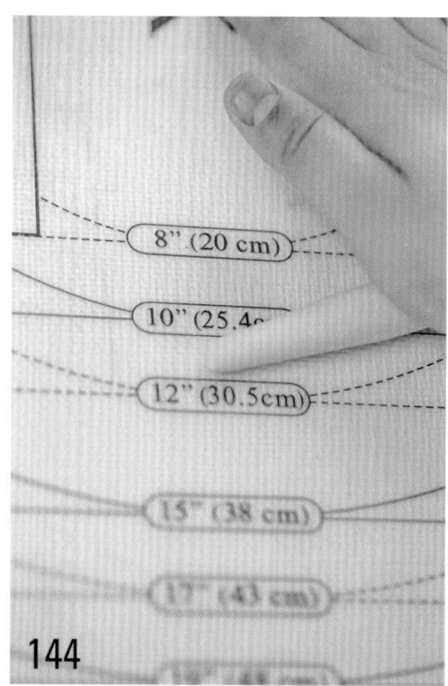

144

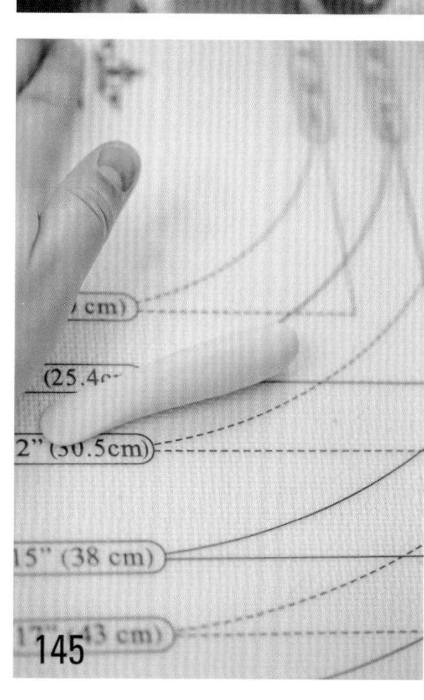

145

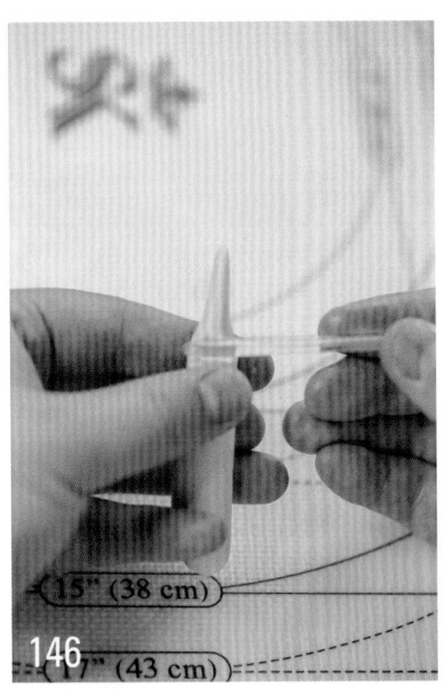

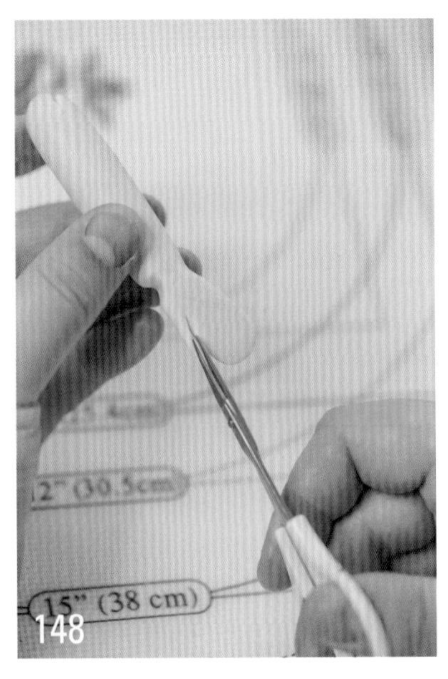

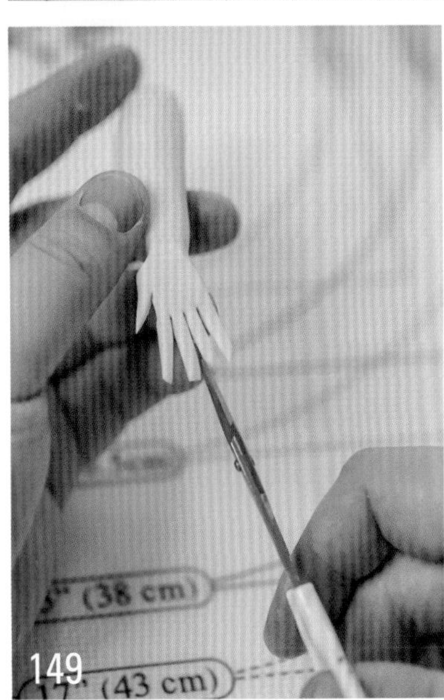

146　中号主刀压出手腕的深度。

147　金属开眼刀分出手掌与手指的分界。

148　剪出大拇指。

149　剪出其余四根手指。

150　把每根手指搓圆滑一些。

151　金属开眼刀压出指节。

152　中号主刀压出手掌的肌肉。

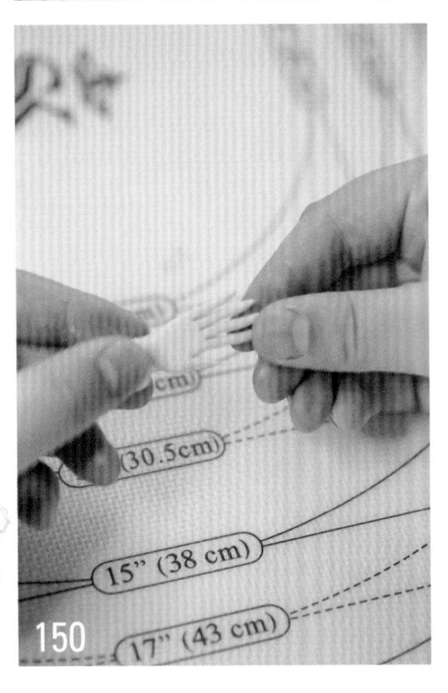

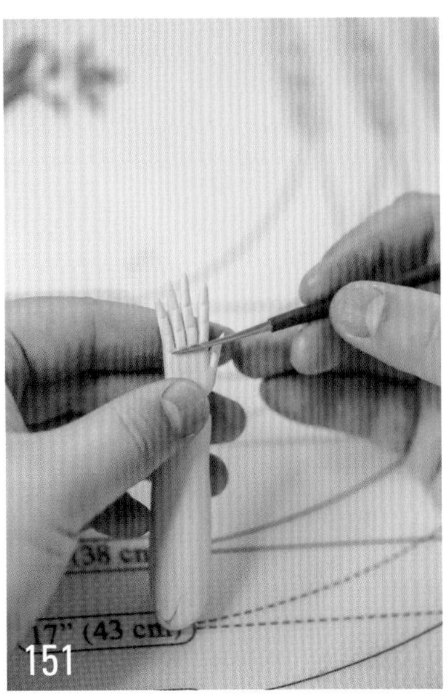

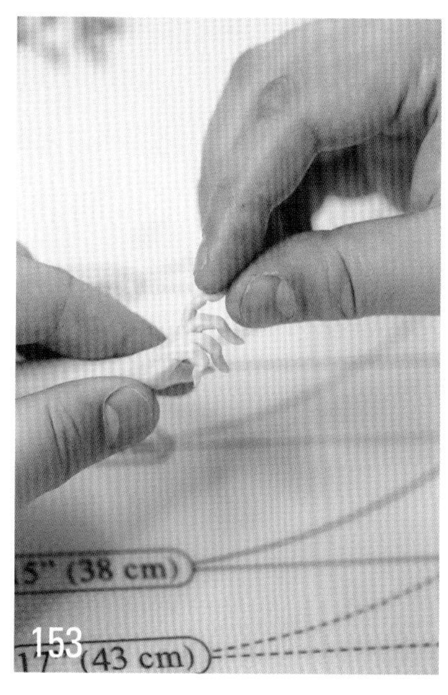

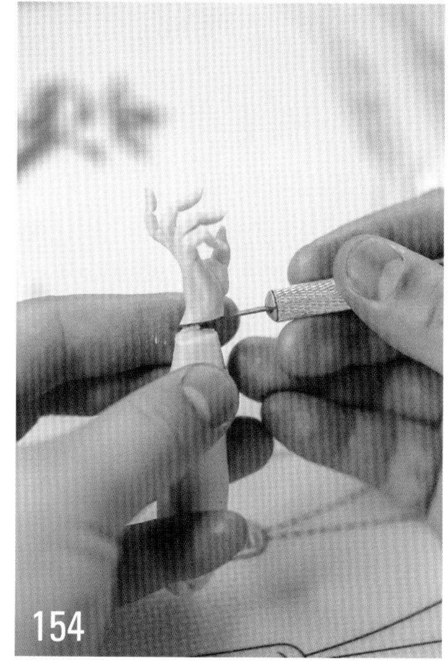

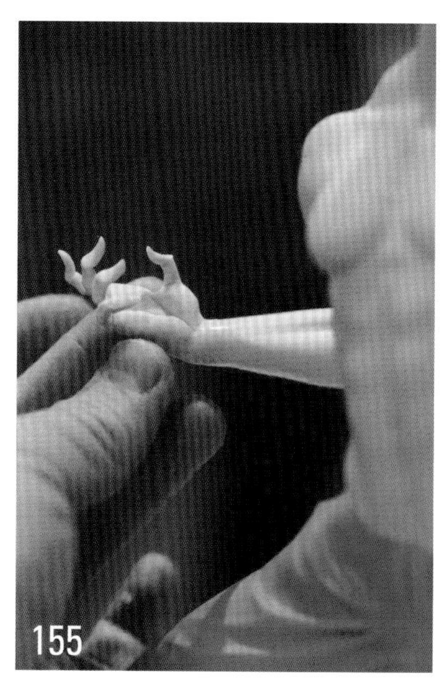

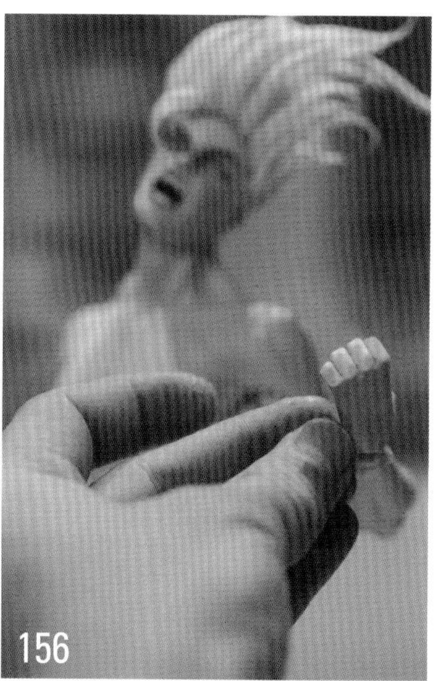

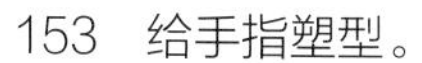

153 给手指塑型。

154 美工刀切除多余的翻糖。

155 将制作好的手掌组装到小臂上。

156 同样的方法制作出另一只手掌安装好。

157 制作皮带。取咖啡色翻糖擀成片后裁成长条。

158 粘在裤腰上。

159 将皮带多出来的一头做出自然下垂状，粘好。

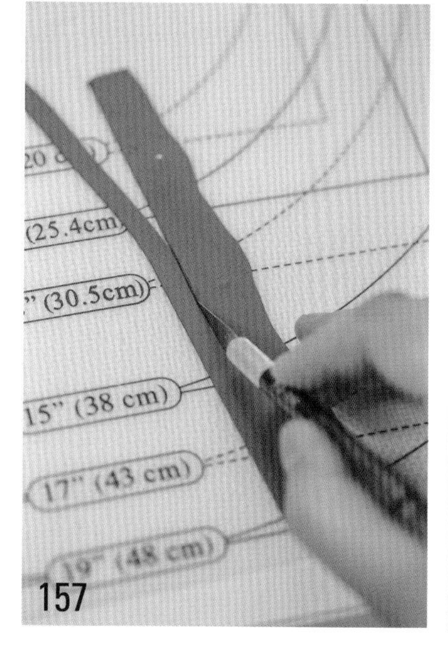

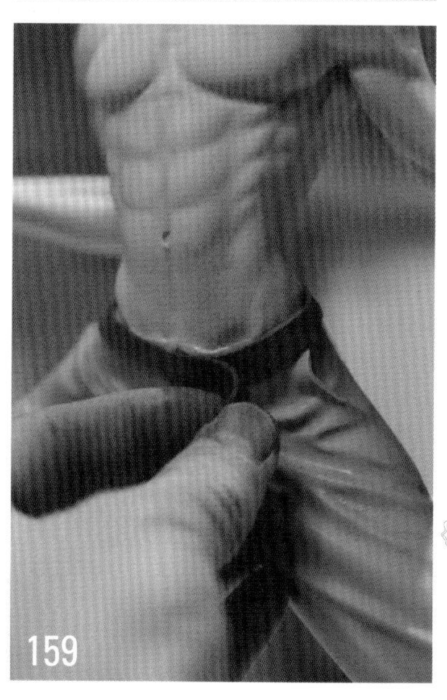

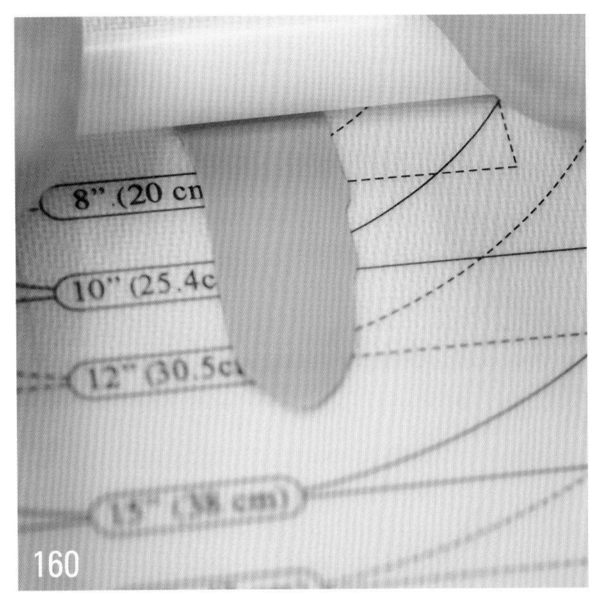

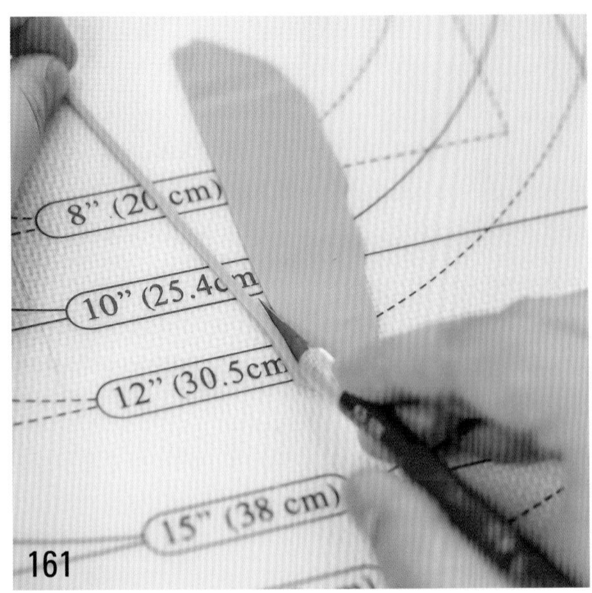

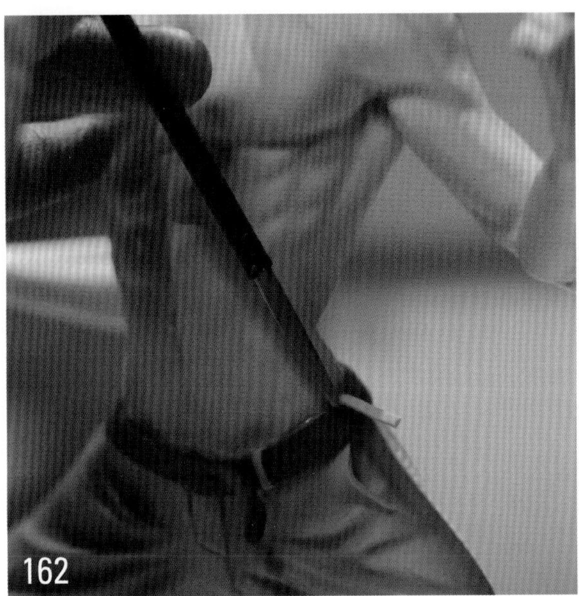

160　制作腰袢，取裤子同色翻糖擀成片。

161　裁成窄条。

162　围绕皮带粘好。

163　小球刀在皮带表面打出孔。

164　用黑色翻糖制作出皮带扣。

165　再制作出皮带针，做出从孔里穿出来的样子。

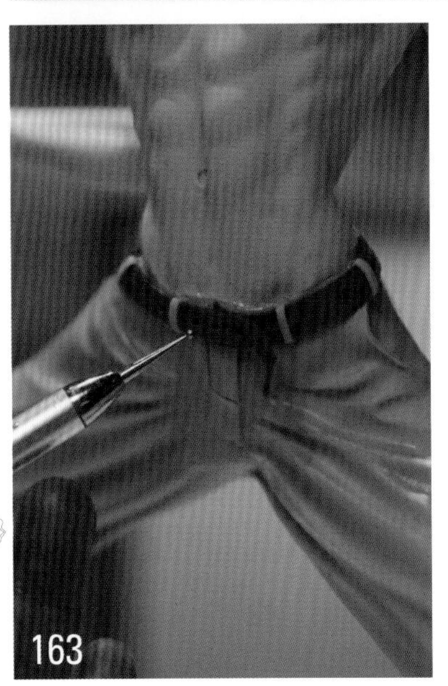

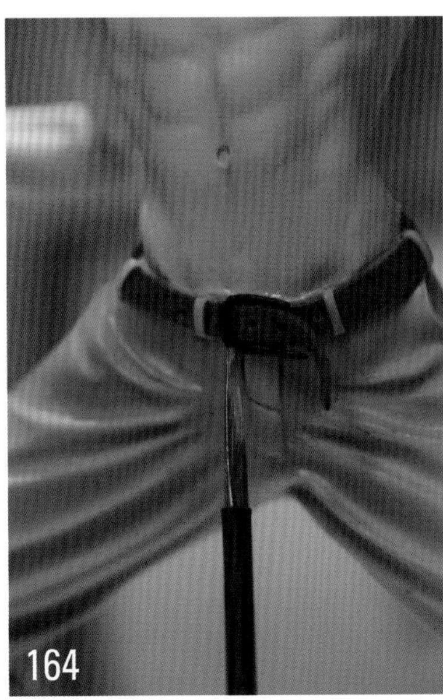

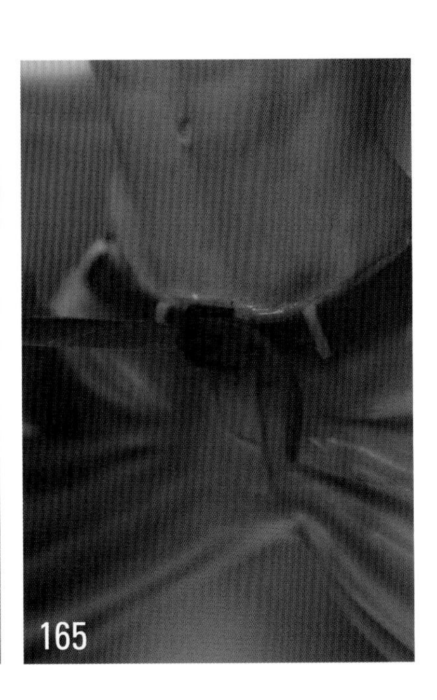

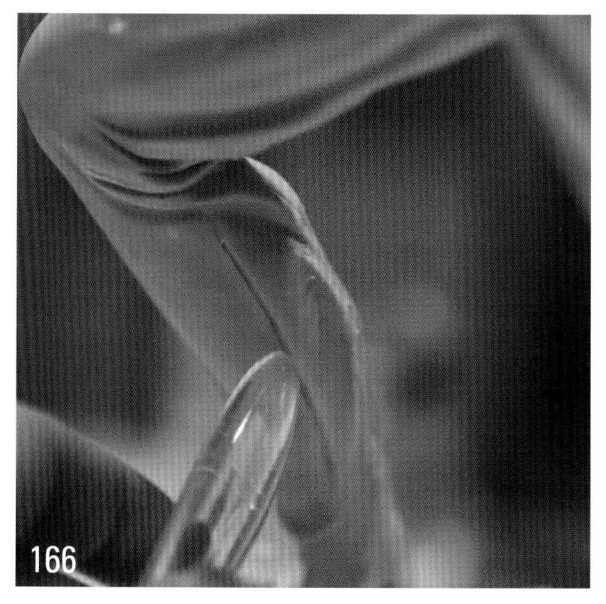

166

167

166　继续将裤腿其余部分的中缝做出来。

167　裁切刀将裤脚打碎，制作裤腿毛边。

168　在裤腿膝盖上端部分裁出一个口子并填入肤色翻糖。

169　将裤子破口部分裁切打碎，做出自然破口的感觉。

170　取肤色翻糖搓小球做出乳头并粘好。

171　在前胸用勾线笔画出文身图案。

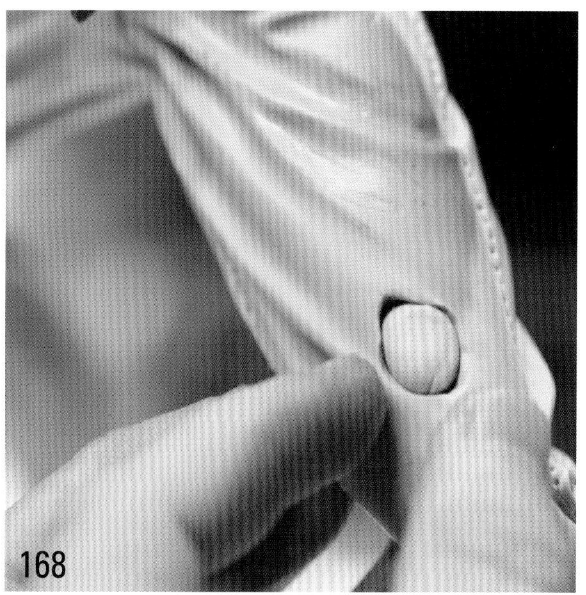

168

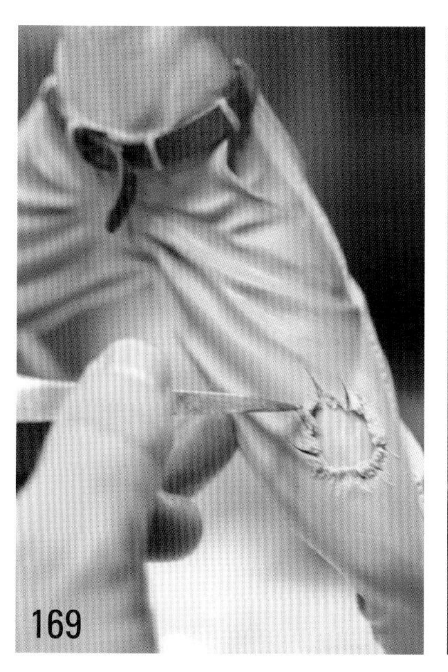

169

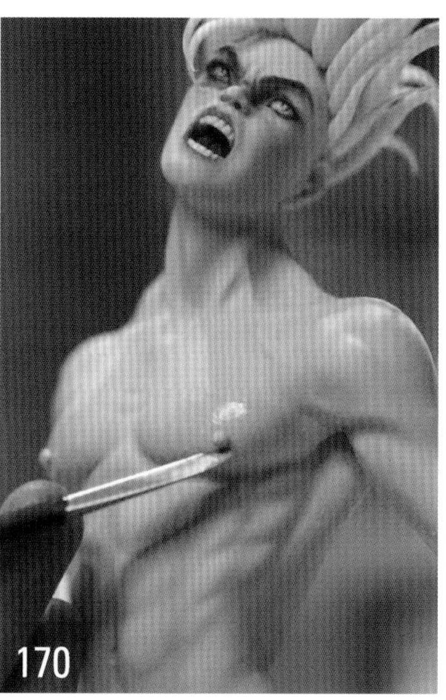

170

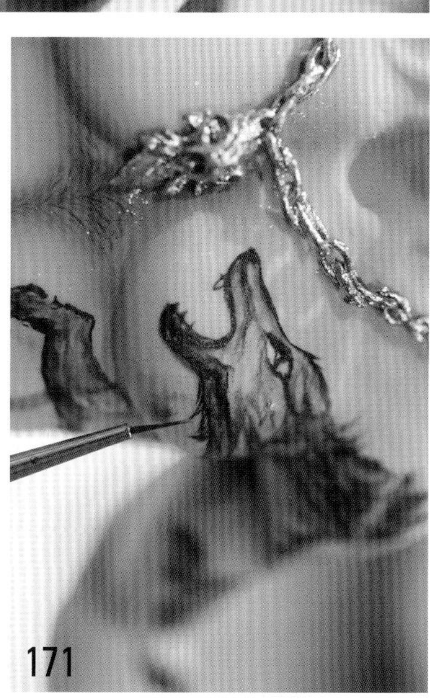

171

后　记

翻转吧，甜蜜的负担！

各位朋友，大家好，我是周毅，生于四川，现在苏州，目前从事一份与甜蜜有关的工作，很荣幸有机会和大家一起分享关于天分、热情、思考与匠心的经历。和大家交流的并非成功学，因为我自认“革命尚未成功，同志还需努力”，只是一路走来，在自己热爱的领域有一点点个人建树，想把成长中的经历和大家交流，使后来者能够少走弯路，事半功倍。

很多人知道我，是因为我有一个响亮的名号：糖王。凭着多年的刻苦练习，翻糖在我的手上，幻化出了一个个鲜活的作品，绽放着生命力，见过的人都啧啧称奇。但这个过程并不是一蹴而就的，达到今天这个水准，我比常人付出了多倍的努力。现在回想起来，热爱艺术的萌芽，早在幼年时期就已初露端倪。

一、少不更事羽未丰

在走进食品雕刻的世界，成为世界糖王之前，我还是一个有些自卑的平凡少年，和今天的开朗完全不同。在少年时期，我无论怎么努力都记不住书本上的知识，成绩一直处于“学渣”状态，甚至被人嘲笑说“周毅你天生就不是学习的料……”周围人的无视和嘲笑让内心敏感的我很受伤，仿佛乌云压顶，看不到前程，看不到希望，甚至自卑到很少与人说话。

在这种压抑的日子中，转眼就到了18岁，填高考志愿时，姥姥对我说，瘦死的厨子八百斤，不如去学个一技之长吧……就这样，我报考了四川烹饪高等专科学院（现在改名为四川旅游学院）学习中餐工艺。当时，无论是我还是家人，谁也没想到，一门心思学门手艺来吃饭的念头，会给我的人生带来如此翻天覆地的变化，使我走上了完全没有想到的人生轨迹。

二、笨鸟先飞亦超群

进入大学之前，我是一个“十指不沾阳春水”的门外汉，上大学后，开始费力地熟悉各种食材，练习使用各种刀具。食材在手上好像变成了泥鳅，笨拙的我还没拿稳就滑落了，甚至菜刀直接切到了手上，起初还会简单包扎一下，后期就习以为常，不予理会。因为高中时代浑浑噩噩的日子过够了，我决定破釜沉舟，开始一段新的生活，所以心里憋着一股劲儿，想要成为一个有用的人，发挥出自己的价值来。

时至今日，为了练好雕刻和烹饪技艺，我用于练习的水果和南瓜数以吨计。11点、12点、1点、2点……漫漫长夜，陪伴我的，只有旁边的小台灯。随着练习的材料堆积成小山，我的烹饪和雕功也越来越好。至于文化课，也同样采用笨鸟先飞的方法，一遍记不住就十遍，十遍记不住就一百遍……就这样，在入学第一年末，我竟然拿到了4000元的奖学金！！！

从差生到拿奖学金，领奖的那一刻人都是飘的，怎么领的奖，怎么走下来的，记忆竟然一片空白，那一次才深刻领悟到了什么叫扬眉吐气。自此我便明白了，打铁还需自身硬，想获得别人的尊重，首先得提升自己的价值，正所谓：人必自重而后人重之……同时收获的还有一个心得，就是“世间无难事，只怕有心人”。自此我仿佛重获新生，人也变得自信开朗。

三、小荷才露尖尖角

大学期间我去了一次义乌，一直神往的亚洲第一小商品集散地。《鸡毛换糖》是这个城市中心的雕塑，早期的浙商不过是些小商小贩走南闯北走街串巷，以红糖、草纸等低廉物品，换取百姓手中的鸡毛等，以赚取微薄利润，经历漫长的发展成为今日名副其实的浙商。义乌之大让人惊讶，一个工艺品大楼我逛了两天都没逛完，也第一次看到这么多豪车，清一水的宝马、奔驰、宾利，第一次感受到了商业的魅力与震撼。于是，我也动了做生意的念头，揣着奖学金加上家里的支援一共12000元钱开始了商业实践。我跟在其他老板背后学习他们讨价还价的本事，自己也依葫芦画瓢，进了一批货。但进货容易卖货难，回到学校以后想摆地摊，去了5次天桥都无功而返，因为抹不开面子都没敢开始。直到放暑假，不得不给家里一个交代，回家以后挣扎着出去，摆出了我生命中的第一个地摊。刚开始我头都不敢抬，生怕被以前的同学和老师认出来，丢了面子，但没想到生意兴隆，顾客络绎不绝，卖出东西的成就感，使我很快就将面子俩字抛之脑后。在摆摊期间我学会了与人交流，学会了察言观色，每天都能挣千八百元。那可是2000年，我父母的工资每月才1200元左右，也就是说我摆摊一天抵得上父母工作一个月。

说这些并不是炫耀我初入商场就小获成功，而是想告诉大家，改变自己的生活状态很难，但一旦勇敢走出去，无论成功和失败，都会得到宝贵的收获和经验，你所需要做的，就是迈出第一步，Just do it!

另外一个意外收获，就是在进货期间，了解到义乌对工艺品原型师的需求特别大，工资也特别高，所以回学校后我用挣来的第一桶金报名学了面塑。面塑需要揉、搓、捏、塑，无一不考验手法和表现力。面团软了不行，容易变形；硬了也不行，容易脱落，如此等等，只能一遍一遍地反复调试。

功夫不负有心人，经过刻苦努力练习，我做的作品越发逼真传神，赢得了师父——四川省工艺美术大师王龙先生的认可，并荣获“天府著名民间艺术家”的称号。为了更上一层楼，我白天忙着上课，晚上则琢磨练习。

在之后的几年大学生涯里，我越努力成绩就越好，成绩越好就越自信，年年都获一等奖学金，被评为优等生、校三好生，还得到免考升本的机会。临近毕业，很多家大型酒店都伸来了橄榄枝。本来我准备就这样进入社会，然而此时一件偶然的事，使我的人生发生了更大的转折，从此走上了一条完全不一样的道路……

四、梅花香自苦寒来

再次改变我人生轨迹的，是一本书——严长寿先生的《总裁狮子心》。书里记载了严长寿从一名服务生做起，如何通过一系列的努力和正确的选择，一路擢升为亚都饭店总裁的心路历程。

掩上书卷的我如梦初醒，开始正视自己的内心，应聘到酒店，拿着一份还不错的薪水，安安稳稳地过一生，并不是我想要的。我想走的是一条充满荆棘，隐藏着风险的不寻常之路，我不甘心过那种一眼就能望到头的生活，我要闯出自己的一番事业。

但是我必须先找到一份能够自力更生的工作，然后才能规划未来。工作以后，我白天上班，晚上依然坚持学习食品雕刻和面塑。家和公司距离约25千米，为了节约路费，我每天骑车往返，耗时3小时，晚上9点下班，10点半开始学习，然后练习到凌晨3点左右，每日睡眠只有三四个小时。为了避免迟到，我会上两个闹钟，白天休息时，我就躲在厨房的操作台下面补觉，有时睡熟了，滚到冰凉的地板上，甚至弄湿了衣服都浑然不觉，醒来时很纳闷：“咦，怎么会躺在地上？”然而转眼又再次睡着了。就这样，经过了一年的潜心学习和苦练，我的手艺已经到了手刀合一、心至手到的水平，酒店的重点项目指定我参加，非常受器重。

这一年里，除了练习的艰辛之外，经济上的压力也不小。不想给家里增加负担，房租、水电费以及雕刻材料费对我而言都是问题。为了节流，每天只吃清水挂面，半年里把市面上所有的挂面都吃了一遍，以至于现在我都不愿意吃清汤面条了。为了补充营养，我和同学会趁着菜场收工后捡一些零散的菜叶，有一次竟然捡到一棵新鲜饱满的西蓝花，当时如获至宝，当作山珍海味美餐了一顿。

面对生活的窘迫，唯一支持我坚持下去的意念就是把雕刻和面塑一定要做到极致，做到第一。日以继夜的努力让我逐渐获得了专业领域的认可，在圈内也有了一定的名气。那年师父王龙引荐我去昆明的一个庙会制作面塑作品，结果供不应求，最多时一天卖了8000多元，而这时我父母的月工资也只有1500元。通过这次活动，我认识到市场上对优秀面塑产品的需求，看到了商机。就在这一年，我被评选为四川省民间美术家。

五、山重水复疑无路

此时我的技术已臻炉火纯青，在技术上已经没有问题。但很快我意识到面塑产品的市场瓶颈，因为它既不能吃，也不像其他工艺品一样具有较高的收藏价值，难有大成。

前路的迷茫并没有让我气馁，反而一直磨砺着自己的技艺，找出适合自己的道路。在一次西点比赛中，我接触到了拉糖。那时国内还少有拉糖艺人，当我见识到这种神奇的工艺以后，又开始自学拉糖。因为有食品雕刻和面塑的功底，造型对我来说已经是手到擒来，这让学习拉糖的过程顺利多了。在我的带动下，小兄弟们和我一同摸索着前进，成为国内独树一帜的拉糖制作团队。

年少初成的我并没有停止自己的脚步，心中始终清楚地知道自己要去的方向。那几年，我一边开工作室教学一边承接项目制作，从食雕到面塑再到拉糖，学员遍布大江南北，很多人不远千里赶来就为跟我学习精湛的技艺。然而尴尬的是，前一分钟还火爆异常的拉糖技术，一段喧嚣之后就少有人问津了，虽然这在商业上都是非常正常的“新老交替”。

不是市场没需求，不是工作不好找，是真正热爱手工艺的年轻人太少了。外人看糖艺晶莹剔透、精致华丽，可只有自己知道，糖艺现在的处境有多尴尬：需求是有的，岗位是有的，糖艺师工资也是高的，可就是没什么人愿意去做了。我明白，单从一个继承的方式让一门手艺保留和传承下来是不现实的，必须要创造它的附加值。

为了寻找新的出路，我又开始学习烘焙，多次到国外向最优秀的烘焙大师学习，同时在各大平台宣传传统手工艺，出版图书，上传视频等分享翻糖、雕刻、面塑教程，希望通过学习能让更多的餐饮人提高自己的综合能力，适应不同客户的各种需求。我期待着传统手工艺在我的手中焕发新机，期待着年轻人带来的改变。

六、柳暗花明又一村

从博客到微博再到微信，从早期的贴吧、相册到百度空间，一直到现在的公众号，我几年如一日地坚持更新。期望我们历练出来的匠心精神能够影响这个行业，也希望我自己能成为行业领袖，带动这个行业，渴望自己能从专业走向权威，形成更大的影响力，使工匠精神能够一脉传承下去。

为了提升专业素养，2015年，32岁的我再次踏上了求学之路，远赴法国拜访世界糖王学习糖艺技艺。这一次的法国之旅，让我视野更加开阔，不再局限于国内，而是放眼世界，不再满足于作品的“像”和“好”，而是希望自己的作品“活起来”，更加有神韵，打动人心。

熟悉我的人都知道，生活中我是一个没心没肺的人。但一旦涉及作品，我就像变了一个人：做不好重来，做不好不睡，一遍一遍地扒了重做。学生们对我有一个爱称——“周扒皮”。

不久之后，又发生了一件小事，再次改变了我的人生方向……

七、路漫漫其修远兮

有一次，我接到一个小小的订单，与之前不同的是，顾客要求定做翻糖蛋糕。嗅觉敏锐的我立即查询相关的工艺、用料等，这让我像发现了新大陆一样，激起了极大的兴趣。

面对未知的挑战，已经拥有“糖王”称谓的我没有故步自封。我再一次站在了起点，开始了翻糖工艺的学习。

翻糖最早起源于英国，主要成分是一些从乳品糖和水果中提炼出来的酸和香料。翻糖具有比面皮更好的延展性和塑型性，常用于高档的发布会和明星宴会现场的造型蛋糕。

领略了翻糖良好的性能后，我想：为什么看到的翻糖蛋糕作品都是国外的，材料也是国外的，难道只有国外才能制作翻糖蛋糕吗？糖是一种材料，只要把我们的想法和灵魂注入其中，就可以让它变成我们想要的样子。糖是没有国界的，我为什么不把咱5000年的文明融入其中，做属于中国人自己的翻糖蛋糕呢？

这一次新目标的确立，对于我而言并不仅仅是简单的学习和摸索。我仔细研究了翻糖的特性，希望不仅能达到国外同等的水平，而且能够超越从前，达到让全世界都能看见的高度。

在制作工艺上我也对翻糖做出了重要改进。国外翻糖蛋糕的制作工艺是对翻糖整体进行捏、塑的工艺类型，有很多细节无法做精细化处理。而我拥有扎实的雕刻、面塑基础，能够把翻糖蛋糕的人物表情、眼神甚至是动作肌理都刻画得栩栩如生。我没有沿袭国外整体塑型的方法，而是拆分，把服装、饰品等分别捏塑、雕刻完成之后，再像真人一样，一件一件穿戴上，从而达到灵动飘逸、惟妙惟肖的层次。我开创了真正把翻糖蛋糕做成具有收藏价值的艺术品的时代。

我还将自己喜欢的二次元和古风动漫的人物形象融合进翻糖蛋糕的制作中，不再局限于传统的老人、小孩和小动物的形象，这样一下吸引了大量的年轻人。潜心研发的创意造型也收获了众多的拥趸和好评，越来越多的年轻人愿意投入进来，这是一段从青涩走向成熟，从成熟走向专业，再从专业走向权威的匠心之路。

八、长风破浪会有时

2017年11月，我带领团队，参加了在英国举行的世界权威性翻糖蛋糕大赛——“Cake International”，一举获得三金两铜的好成绩，还获得全场最高奖，并且是第一个获得这一最高荣誉的中国人！在西点这个本来外国专属的领域，头一次有中国人站在了最高位置！

作品《武则天》《醉卧忘忧境》因刻画的服装和器物过于逼真、细腻，评委几乎不敢相信自己的眼睛，一直在追问这真的是用糖做的么，在得到肯定答复后惊呼“Amazing！Amazing！Amazing!”

各大媒体如人民网、CCTV、中国国际电视台、英国BBC、新华社、人民日报、环球时报、北京青年报、扬子晚报、法制晚报、中国新闻网、搜狐网、今日头条、阿里巴巴造物节、苏州电视台、重庆卫视、网易新闻、腾讯新闻、新浪新闻、苏州新闻、泉州广播电视台、哔哩哔哩、梨视频、腾讯视频、爱奇艺、二更视频、芭莎艺术、知音等，争相报道这一为国争光的喜讯，两次荣登新浪微博热搜榜。

我还受邀参加了《快乐大本营》《天天向上》《CCTV-1相聚中国节·端午正风华》《CCTV-3过年七天乐》《有请主角儿》《中国梦想秀》《了不起的匠人》《开学第一课》等电视节目并受到热烈欢迎。

时隔一年，2018年10月，我获得了被誉为蛋糕界的奥斯卡奖——Cake Masters（蛋糕大师组织）全球提名！从全球10万多名候选人中脱颖而出，拿到了国际人偶蛋糕最佳设计师奖（Modelling Excellence Award），同时摘得2018年年度国际翻糖蛋糕设计全场最高艺术家奖（Cake Artist of the Year）的桂冠。在这种权威的国际评选中，我成为两次获奖的中国人，再一次为祖国赢得荣誉……当天晚宴，英国爵士带领上千名来自全世界的最顶尖蛋糕师，起立为我们鼓掌欢呼。

九、归来仍是少年

我是幸运的，我和我的作品引起国人的关注，也吸引了无数国外同行的关注，每天都有全世界的学员排队预约我的课程及产品。一名艺术匠人所肩负的责任，不仅仅是对技艺的传承，同时在于结合现代的审美和品位，想办法让中国的传统艺术匠人不再尴尬，让中国的传统技艺得以更好地传承和发扬。

虽然我已不再年轻，但在心里，
仍如少年一般，不忘初心继续前进。
我是周毅，我做我自己！
大家从我身上可以看到你们青春的背影！
以及我们不容人忽视的青春。
比赛赢了，重要吗？
其实一点都不重要。
我看到的，
重要的不是拿了第一，
因为没有人会真正在意。
重要的是，
这么多年过去了，
仍有人付出青春和匠心力争上游。
我不是为了打榜，为了排名，
而是为了致敬我们转瞬即逝的青春，
为我们共同的青春增添光彩。
回首过去，你是否和我一样拼尽全力，
想要通过努力闯出一片天地！
兴趣、热情、正确的思维方式、匠心、正直、善良是道，
项目、商业、选择是术，
先有道而术自成。

卡莱恩翻糖馆

创意翻糖

波斯菊　大丽菊　帝王花　大绣球花

洋桔梗花　毛茛花　银叶菊花　尤加利花

郁金香花　水仙百合　丁香花　玫瑰花

58件套更实惠

欧式装饰模具

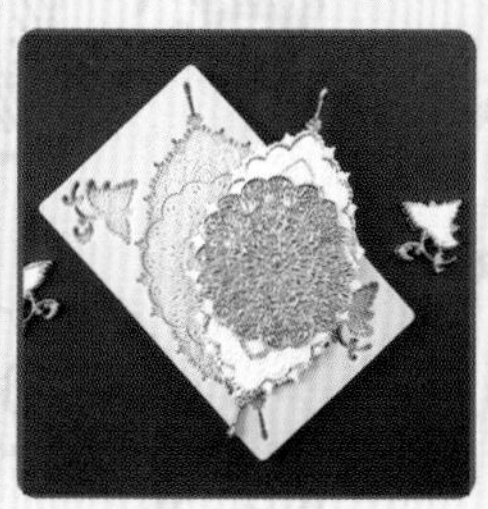

更多产品手机淘宝扫一扫

SHANIABELLE

仙妮贝儿食品有限公司

www.shaniabelle.com

仙妮贝儿一直致力于翻糖原料及烘焙相关产品的研发及生产。翻糖是由欧洲传入国内的，最开始只能选择进口原料，价格昂贵，产品单一，配料比例并不适合国内翻糖蛋糕制作。仙妮贝儿推陈出新，针对翻糖工艺操作细节，自主研发出3个大类9个小类的翻糖原料，其翻糖膏、干佩斯及防潮系列独创人偶、柔瓷、糖牌干佩斯成为业界翘楚。防潮系列产品使翻糖进入了更多领域，奶油、冰淇淋、甜品上都可以见到翻糖的身影。仙妮贝儿本着对烘焙事业的热爱，用心做好每一份产品。

仙妮贝儿经营产品

翻糖膏、奶香味翻糖膏、人偶干佩斯、花卉干佩斯、柔瓷干佩斯、防潮糖牌干佩斯、防潮人偶干佩斯、防潮花卉干佩斯、即时蕾丝膏、蕾丝酱料、蕾丝预拌粉。

图书在版编目（CIP）数据

糖王周毅翻糖蛋糕之卡通集 / 周毅主编. — 北京：机械工业出版社，2021.5

（周毅翻糖教室）

ISBN 978-7-111-67934-9

Ⅰ. ①糖… Ⅱ. ①周… Ⅲ. ①蛋糕 – 糕点加工 Ⅳ. ①TS213.2

中国版本图书馆CIP数据核字（2021）第060306号

机械工业出版社（北京市百万庄大街22号 邮政编码100037）

策划编辑：范琳娜　　　　责任编辑：范琳娜

责任校对：张玉静　樊钟英　　责任印制：李　昂

北京瑞禾彩色印刷有限公司印刷

2021年5月第1版第1次印刷

190mm × 260mm · 14印张 · 2插页 · 203千字

标准书号：ISBN 978-7-111-67934-9

定价：98.00元

电话服务

客服电话：010－88361066

010－88379833

010－68326294

网络服务

机　工　官　网：www. cmpbook. com

机　工　官　博：weibo. com/cmp1952

金　　书　　网：www. golden-book. com

机工教育服务网：www. cmpedu. com